"十四五"职业教育国家规划教材

"十三五"职业教育国家规划教材
机械工业出版社精品教材

工程制图

第③版

广东省教育厅　组编

主　编　林晓新　陈　亮
参　编　管巧娟　杨福祥　徐　瑾
主　审　陈锦昌

机械工业出版社

本书为"十三五"和"十四五"职业教育国家规划教材。

本书是基于新工科建设理念编写的"互联网+"3D立体动态交互新形态教材，融入了立德树人等思政元素。书中提供了大量二维码链接，可在手机及其他移动设备下进行人机动态交互学习。本书采用双色印刷。

本书主要内容有：制图的基本知识与基本技能，点、直线、平面的投影，基本几何体，轴测图，组合体的视图，零件常用的表达方法，标准件和常用件，零件图，装配图，其他工程图样，AutoCAD绘图基础，共11章。

本书配有全新的"互联网+"3D立体动态交互新形态教学课件，教学课件中的内容、顺序与纸质教材无缝对接，可以完全替代教学模型和挂图。教学课件中的三维立体图可以进行多视角观察、剖切、装配体一键进行分解与装配等操作，便于教师课堂教学和学生课后自学。使用本书的教师可登录机械工业出版社教育服务网 www.cmpedu.com 注册后免费获得教学课件。

与本书配套的《工程制图习题集》（第3版）配有全新开发的习题解交互课件和习题解答课件，可供师生选用。

本书可作为高职高专院校机械类和近机械类专业工程制图课程的教材，也可作为函授大学、技师学院和有关专业岗位的培训用书，还可供相关工程技术人员参考。

图书在版编目（CIP）数据

工程制图/林晓新，陈亮主编. —3版. —北京：机械工业出版社，2018.8
（2024.8重印）

高等职业教育"十三五"规划教材　机械工业出版社精品教材

ISBN 978-7-111-60928-5

Ⅰ.①工…　Ⅱ.①林…②陈…　Ⅲ.①工程制图–高等职业教育–教材　Ⅳ.①TB23

中国版本图书馆CIP数据核字（2018）第213042号

机械工业出版社（北京市百万庄大街22号　邮政编码100037）

策划编辑：薛　礼　责任编辑：薛　礼

责任校对：刘　岚　封面设计：马精明

责任印制：刘　媛

天津嘉恒印务有限公司印刷

2024年8月第3版第11次印刷

184mm×260mm·20.75印张·509千字

标准书号：ISBN 978-7-111-60928-5

定价：59.80元

电话服务　　　　　　网络服务

客服电话：010-88361066　机 工 官 网：www.cmpbook.com

　　　　　010-88379833　机 工 官 博：weibo.com/cmp1952

　　　　　010-68326294　金 书 网：www.golden-book.com

封底无防伪标均为盗版　机工教育服务网：www.cmpedu.com

关于"十四五"职业教育
国家规划教材的出版说明

为贯彻落实《中共中央关于认真学习宣传贯彻党的二十大精神的决定》《习近平新时代中国特色社会主义思想进课程教材指南》《职业院校教材管理办法》等文件精神，机械工业出版社与教材编写团队一道，认真执行思政内容进教材、进课堂、进头脑要求，尊重教育规律，遵循学科特点，对教材内容进行了更新，着力落实以下要求：

1. 提升教材铸魂育人功能，培育、践行社会主义核心价值观，教育引导学生树立共产主义远大理想和中国特色社会主义共同理想，坚定"四个自信"，厚植爱国主义情怀，把爱国情、强国志、报国行自觉融入建设社会主义现代化强国、实现中华民族伟大复兴的奋斗之中。同时，弘扬中华优秀传统文化，深入开展宪法法治教育。

2. 注重科学思维方法训练和科学伦理教育，培养学生探索未知、追求真理、勇攀科学高峰的责任感和使命感；强化学生工程伦理教育，培养学生精益求精的大国工匠精神，激发学生科技报国的家国情怀和使命担当。加快构建中国特色哲学社会科学学科体系、学术体系、话语体系。帮助学生了解相关专业和行业领域的国家战略、法律法规和相关政策，引导学生深入社会实践、关注现实问题，培育学生经世济民、诚信服务、德法兼修的职业素养。

3. 教育引导学生深刻理解并自觉实践各行业的职业精神、职业规范，增强职业责任感，培养遵纪守法、爱岗敬业、无私奉献、诚实守信、公道办事、开拓创新的职业品格和行为习惯。

在此基础上，及时更新教材知识内容，体现产业发展的新技术、新工艺、新规范、新标准。加强教材数字化建设，丰富配套资源，形成可听、可视、可练、可互动的融媒体教材。

教材建设需要各方的共同努力，也欢迎相关教材使用院校的师生及时反馈意见和建议，我们将认真组织力量进行研究，在后续重印及再版时吸纳改进，不断推动高质量教材出版。

机械工业出版社

党的二十大报告指出："建设现代化产业体系。坚持把发展经济的着力点放在实体经济上，推进新型工业化，加快建设制造强国、质量强国、航天强国、交通强国、网络强国、数字中国"。党的二十大报告进一步凸显了建设制造强国，推动制造业向高端化、智能化、绿色化发展的现代化建设全局中的战略定位。工程制图是装备制造业中的一门专业基础课程，在培养学生的科学素养、思维能力和工程应用能力方面发挥了重要的作用。

本书在第 2 版的基础上进行了修订，为"互联网＋"3D 立体动态交互新形态教材。本书修订后的特点如下：

1）以学生为中心，融入了立德树人等素质教育元素。

2）本书全部采用了现行技术制图与机械制图国家标准。

3）根据现行国家标准要求，重新编写了"表面结构"和"几何公差"等相关章节内容。

4）根据近年来工程技术人员对 AutoCAD 软件的实际使用情况和本课程的教学内容，重新编写了"AutoCAD 绘图基础"一章。

5）为便于通过对照三维模型识读二维工程图样，在零件常用的表达方法部分增加了较多的三维实体模型图样，便于学生分析与自学。

6）开发了全新的教学课件、移动端学习课件、习题解交互课件和习题解答课件，可免费提供给任课教师使用。教学课件中的内容、顺序与纸质教材一一对应，无缝对接。纸质教材以及习题集中嵌入了大量的二维码链接，通过手机扫码可以动态浏览三维立体。教学课件、移动端学习课件、习题解交互课件以及习题解答交互课件提供二维投影图和三维立体图，三维立体图可以进行多视角观察、剖切和缩放、装配体一键进行分解与装配等操作，完美实现了立体结构和投影工程图的交互式认知，为任课教师课堂上教学和学生课后自学与练习提供了极大的方便。本书还配备了广东省绘图员技能等级考试模拟试题。

7）全书采用双色印刷。

本书可作为高职高专院校机械类和近机械类专业的教材，也可作为夜大、函授大学以及技师学院和有关专业岗位的培训用书，还可供相关工程技术人员使用。

本书由惠州经济职业技术学院林晓新、华南理工大学陈亮担任主编。编写人员有：林晓新（绪论、第一章、第三章、第五章、第八章）、深圳职业技术学院管巧娟（第二章、第六章）、华南理工大学陈亮（第四章、第七章、附录）、东莞职业技术学院杨福祥（第九章、第十章）、广东培正学院徐瑾（第十一章）。与本书配套的教学课件、移动端学习课件由林晓新、陈亮和徐瑾编制。

全书由教育部高等学校工程图学课程教学指导委员会原副主任委员、广东省工程图学学会原理事长、华南理工大学陈锦昌教授主审。本书在编写过程中参考了一些同类著作，在此一并表示感谢！

由于编者水平有限，书中难免存在错误和缺点，恳请广大读者批评指正，编者联系邮箱为：xxlinhz@163.com。

编　者
2018 年 2 月

本书是在 2001 年第 1 版的基础上修订而成。2001 年第 1 版出版以来，本书被许多高职高专院校使用，印刷 11 次，2002 年获机械工业出版社优秀教材二等奖。与本书同时修订的有与之配套的电子课件光盘及《工程制图习题集》，并配有《工程制图习题解》。

本书修订时，保留了第 1 版的特点，根据教学需要，增加了 AutoCAD 部分。修订后的特点如下：

1）全部采用了国家最新颁布的《机械制图》及《技术制图》等国家标准。

2）适当降低了画法几何的难度，删去了直线与平面、平面与平面相交部分，但能保证作为工程制图理论基础的基本内容。

3）为适应计算机绘图和计算机辅助设计发展的需求，增加了 AutoCAD 部分。介绍了绘图软件功能、绘图命令、绘图方法和技巧。通过教学及上机实践，学生可以运用典型的软件进行绘图，满足将来用计算机辅助设计图形的要求。

4）为精简教材篇幅，便于学生查阅，将形位公差带定义及标注示例部分移入附录中。

5）为适应本课程教学方法与教学手段改革的需要，配套了 CAI 课件（光盘），亦可供学生自学之用。

本书可作为高职高专院校机械类和近机械类专业的教材，也可作为夜大、函授大学和有关专业岗位的培训用书，也可供相关工程技术人员参考。

本书由惠州学院林晓新任主编，华南理工大学陈炽坤、东莞理工学院李奎山任副主编。编写人员有：林晓新（绪论、第一章、第五章、第八章）、深圳职业技术学院管巧娟（第二章、第六章），广东交通职业技术学院王力夫（第三章、第四章）、华南理工大学陈炽坤（第七章、第十一章、附录），东莞理工学院李奎山（第九章、第十章）。

本书由教育部高等学校工程图学教学指导委员会副主任、广东省工程图学学会理事长、华南理工大学陈锦昌教授任主审，在此表示感谢。本书在编写过程中，参考了一些同类著作，在此特向有关作者致谢！

由于编者水平有限，书中难免存在错误和缺点，恳请广大读者批评指正。联系方式为 E-mail：xxlinhz@163.com。

编　者
2007 年 1 月

前言 第1版
PREFACE

本书是根据教育部1999年制定的高职高专院校"工程制图课程教学基本要求",结合高职高专院校教学改革的实际经验,由广东省教育厅组织编写的。同时还编写了与之配套使用的《工程制图习题集》。

本书是广东省高职高专机电工程类规划教材之一,与同时出版的另一本教材《AutoCAD2000应用教程》是姊妹篇。编写过程中,在认真总结、吸取有关高校近年来教学改革经验与成果的基础上,精选了本学科的传统内容、新知识,具有以下特点:

1)根据高职高专教育的培养目标和特点,贯彻"基础理论教育以应用为目的,以必需、够用为度,以掌握概念、强化应用为教学重点"的原则,在教材内容的选择及课程结构体系方面做到适应高职高专技术教育的要求,充分体现高职高专技术教育的特点。

2)全面贯彻、采用《技术制图》及《机械制图》的最新国家标准及与制图有关的其他标准。

3)在保证能正确、熟练表达工程图样的前提下,适当降低画法几何中偏深的内容及立体表面交线理论的难度,并可根据不同专业要求,或选修或删减。

4)为拓宽专业知识面,根据教改要求对课程进行综合,将公差与技术测量中的表面粗糙度、极限与配合和形位公差等内容结合到本课程中。

5)以增强应用性和注重培养能力与素质为指导,加强实践性教学环节,加大徒手画草图的训练力度,提高读图能力,培养学生分析和解决实际工程绘图的能力,以适应生产第一线对应用型人才的要求。

6)本书内容翔实,文字精练,语言通俗,图例丰富,理论联系实际,便于教学。

本书可作为大专、高职院校机械类和近机械类各专业的教材,也可作为夜大、函授大学和有关专业岗位培训用书,亦可供有关工程技术人员参考。

本书由惠州学院林晓新任主编,顺德职业技术学院姜蕙任副主编。编写人员有:林晓新(绪论、第一章、第八章),深圳职业技术学院管巧娟(第二章、第六章),广州白云职业技术学院付晓光(第三章),广东轻工职业技术学院徐华良(第四章、第五章),姜蕙(第七章、附录),东莞理工学院李奎山(第九章、第十章)。

本书由广东省工程图学学会理事长、华南理工大学陈锦昌教授任主审,并经高职高专机电工程类专业规划教材审稿会审阅通过;广州大学黄水生副教授对本书提出了许多宝贵意见,编者特表示感谢。本书在编写过程中,参考了一些国内同类著作,在此也特向有关作者致谢!

由于编者水平有限,缺点和错误在所难免,恳请广大读者批评指正。

编 者
2001 年 1 月

目录

绪　　论

一、本课程的研究对象、性质

1. 本课程的研究对象

根据投影原理、标准或有关规定，表示工程对象，并有必要的技术说明的图，称为图样（GB/T 13361—2012）。图样是本课程的研究对象。在工程技术中，机械设计制造、建筑施工等生产过程都离不开图样。设计者通过图样表达设计思想和要求，制造者依据图样进行加工生产，使用者借助图样了解结构、性能、使用及维护方法。可见图样不仅是指导生产的重要技术文件，而且是进行技术交流的重要工具，是"工程技术界的共同语言"。图样的绘制和阅读是工程技术人员必须掌握的一种技能。

2. 本课程的性质

本课程是高职高专机械类（近机械类）专业的一门主干技术基础课程。

二、本课程的任务

通过本课程的学习，在培养学生爱国主义情怀和民族精神的基础上，使学生能基本上掌握绘制和阅读工程图样的理论与方法，掌握绘图、读图技能并具备相应的空间想象力。

1）学习投影法，掌握正投影法的基本理论及应用。

2）培养学生空间构思能力、分析能力、空间问题的图解能力以及科学的创新思维与能力。

3）培养学生遵守国家法律法规的意识和生产规范化的习惯。学习、贯彻《技术制图》与《机械制图》国家标准及有关规定，具有查阅标准和手册的初步能力。

4）培养学生使用仪器、徒手绘图的基本能力以及精益求精、严谨务实的工匠精神。

5）培养阅读工程图样的基本能力以及综合分析问题和解决问题的能力。

6）培养计算机绘图的初步能力。

三、本课程的学习方法

1）本课程注重实际应用及技能的培养，是一门实践性较强的主干技术基础课程。因此，除上课认真听讲、积极思考、课后看书自学外，更重要的是多画图、多读图、多想象，深入理解从三维立体到二维图形之间的转换规律及由二维图形想象出三维立体形状的正确方法。

2）在仪器绘图及徒手绘图练习中，应注意掌握正确的绘图和读图方法及步骤，不断提高绘图和读图的技能。在学习计算机绘图时，应争取多上机操作训练。

3）图样在工程技术上是指导设计生产的依据，绘图和读图中的任何一点疏忽，都会给生产带来不应有的损失。所以，在课程的学习及完成作业时，应注意培养耐心细致、一丝不苟的良好作风。

4）国家标准《技术制图》及《机械制图》是评价图样是否合格的重要依据，所以，应认真学习国家标准，并以国家标准来规范自己的绘图行为。

5）在由浅入深的学习过程中，要有意识地培养自学能力和创新能力，这是工程技术人员必须具备的基本素质。

第一章
CHAPTER 1

制图的基本知识与基本技能

本章主要介绍常用绘图工具的使用方法、《技术制图》和《机械制图》国家标准的基本规定，以及平面图形的分析与画法等。

第一节　常用绘图工具的使用方法

在绘图过程中，正确、熟练地使用各种绘图工具，才能保证图面的质量，提高绘图的准确度和绘图速度。另外，学生应形成生产规范意识、质量意识和遵守国家标准意识。

一、图板、丁字尺和三角板

1. 图板

图板用于固定图纸及绘图，其板面要求光滑平整，左、右侧导边必须平直。

2. 丁字尺

丁字尺用于画水平直线。绘画时，应使尺头内侧边紧靠图板左侧的导边，上下移动，从而沿尺身的工作边自左向右画出水平线（图1-1）。

注意：不能用丁字尺直接画垂直线。

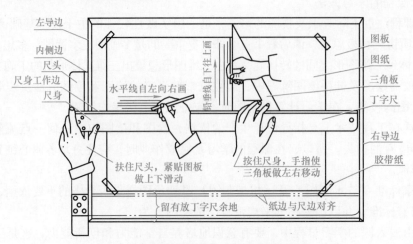

图1-1　图板、丁字尺、三角板及其使用

3. 三角板

一副三角板分 45°和 30°、60°两块，可配合丁字尺画出垂直线及 15°倍角的斜线，或用两块三角板配合画出任意方向的平行线和垂直线（图 1-2）。

二、绘图铅笔

绘图铅笔的笔芯有 2B、B、HB、H、2H 等多种标号。B 前面的数字越大则笔芯越软，H 前面的数字越大则笔芯越硬，HB 的笔芯软硬适中。建议按表 1-1 选用各种绘图铅笔及圆规的笔芯。

三、圆规、分规

1. 圆规

圆规（图 1-3）用于画圆和圆弧。使用前，应将针尖调整为略长于铅芯，并使铅芯与针尖台肩平齐。应按顺时针方向画圆或圆弧，且圆规与前进方向略倾斜 15°左右（图 1-4）。

注意：不能正反向重复描画圆或圆弧。

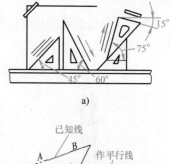
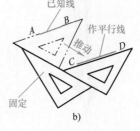

图 1-2　三角板用法

表 1-1　绘图铅笔及圆规笔芯的选用

类　别	铅　笔				圆　规		
笔芯软硬	2H	H	HB	B	H	HB	B、2B
用　途	画底稿线	画点画线、细实线	写数字、画箭头	描深粗实线	画底稿线	画点画线圆、细实线圆、虚线圆	描深粗实线圆
笔芯形式	（圆锥形）		（四棱柱磨斜）		（圆柱磨斜）		（四棱柱磨斜）

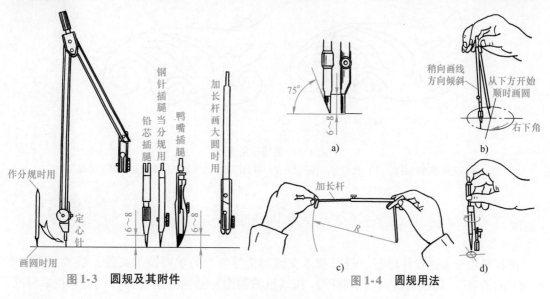

图 1-3　圆规及其附件　　　　图 1-4　圆规用法

2. 分规

分规用于量取线段长度或等分已知线段。使用前，两个针尖应调整平齐。分规的用法如图 1-5 所示。

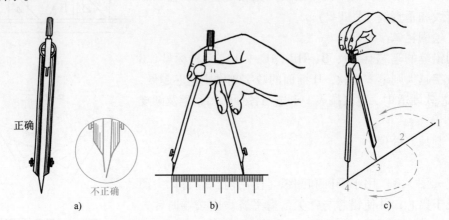

正确

不正确

a)   b)   c)

图 1-5   分规用法

a）针尖对齐   b）量取线段   c）等分线段

四、曲线板

曲线板用于绘制非圆曲线，作图要点为"找四连三，首尾相叠"，其用法如图 1-6 所示。

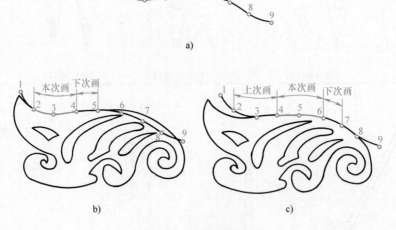

a)

本次画   下次画   上次画   本次画   下次画

b)   c)

图 1-6   曲线板用法

a）先徒手连接各点   b）找四点，连三点   c）再找四点，连三点，依次类推，直至完成

第二节 《技术制图》和《机械制图》国家标准的基本规定

图样是用于表达设计思想、进行技术交流和指导生产的重要技术文件，是"工程技术界的共同语言"。国家标准《技术制图》和《机械制图》是国家制定的一项基本技术标准，

绘图时必须严格遵守其有关规定。

一、图纸幅面和格式（GB/T 14689—2008）⊖

1. 图纸幅面

绘制图样时，图纸的幅面应优先采用表 1-2 中所规定的基本尺寸，如图 1-7 粗实线所示。当基本幅面不能满足视图的布置时，允许选用加长幅面。加长幅面的尺寸是由基本幅面的短边成整数倍增加得到的，如图 1-7 细实线（第二选择）和虚线（第三选择）所示。

表 1-2　图纸基本幅面尺寸　　　　　　　　　　　　　　（单位：mm）

幅面代号	A0	A1	A2	A3	A4
$B \times L$	841×1189	594×841	420×594	297×420	210×297
e	20			10	
c	10			5	
a	25				

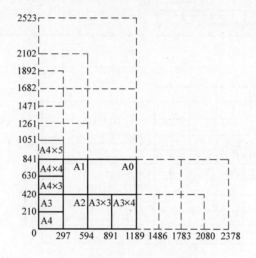

图 1-7　图纸基本幅面与加长边

2. 图框格式

图纸上必须用粗实线画出图框。图框有不留装订边和留装订边两种格式，见表 1-3（其尺寸见表 1-2）。

注意：同一产品的图样只能采用同一种图框格式。

3. 标题栏

每张图纸都必须有标题栏，其格式和尺寸按 GB/T 10609.1—2008 的规定（图 1-8）。标题栏一般位于图纸的右下角。在制图中，推荐采用图 1-9 所示的简化标题栏。

⊖　GB/T 14689—2008 是图纸幅面和格式的标准号。GB/T 是国家标准（简称国标）的代号（T 表示推荐），"14689" 是标准的编号，"2008" 表示该标准是 2008 年颁布的。

表1-3 图框格式和尺寸

图纸形式	X型 标题栏的长边置于水平方向且与图纸长边平行	Y型 标题栏的长边置于水平方向且与图纸短边平行
不留装订边（优先选用）	A3	A4
留装订边	A3	A4

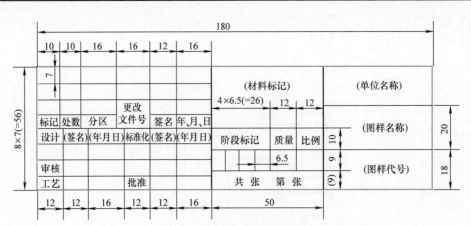

图1-8 标题栏的格式和尺寸

图1-9 简化的零件图标题栏

图纸分 X 型和 Y 型两种。通常选用表1-3所示的形式。此时，看图方向与看标题栏的方向一致。为了利用预先印刷的图纸，允许将 X 型图纸竖起或将 Y 型图纸横放使用（表1-4）。

4. 对中符号与方向符号

（1）对中符号　为图样复制或缩微时准确定位，应在图纸各边的中点处分别画出对中符号。对中符号用粗实线绘制，从图纸的边界开始伸入图框内约为 5mm。当对中符号位于标题栏范围内时，则伸入标题栏部分省略不画（图1-10 及表1-4）。

（2）方向符号　对于使用预先印刷的图纸（表1-4），为明确绘图和看图的方向，应在图纸的下边对中符号处画出一个高 6mm、细实线等边三角形的方向符号（图1-10）。

表1-4　图纸型式

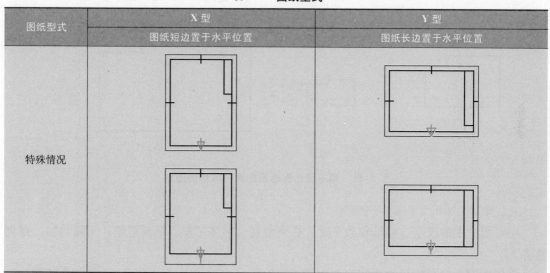

图纸型式	X 型	Y 型
	图纸短边置于水平位置	图纸长边置于水平位置
特殊情况		

二、比例（GB/T 14690—1993）

图样中图形与其实物相应要素的线性尺寸之比称为比例。绘图时，应优先选用表1-5 规定的比例，并尽量采用原值比例。必要时，允许选用表1-6 中规定的比例。比例符号用"："表示，如 1:1，5:1，1:2 等。比例一般应标注在标题栏中的比例栏内，必要时，可在视图名称的下方或右侧标注比例，如：

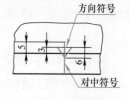

图1-10　对中符号
与方向符号

$$\frac{\text{I}}{5:1} \qquad \frac{A}{1:50} \qquad \frac{B—B}{2:1}$$

表1-5　比例

种　类	比　　例		
原值比例	1:1		
放大比例	5:1 $5 \times 10^n:1$	2:1 $2 \times 10^n:1$	$1 \times 10^n:1$
缩小比例	1:2 $1:2 \times 10^n$	1:5 $1:5 \times 10^n$	1:10 $1:1 \times 10^n$

注：n 为正整数。

表1-6 比例

种 类	比 例				
放大比例	4:1 $4 \times 10^n:1$	2.5:1 $2.5 \times 10^n:1$			
缩小比例	1:1.5 $1:1.5 \times 10^n$	1:2.5 $1:2.5 \times 10^n$	1:3 $1:3 \times 10^n$	1:4 $1:4 \times 10^n$	1:6 $1:6 \times 10^n$

注：n 为正整数。

不论图形采用何种比例，在标注尺寸时，一律标注零件的真实尺寸（图1-11）。

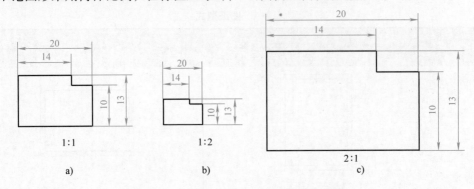

图1-11 用不同比例画出的同一零件的图形

三、字体（GB/T 14691—1993）

书写图样中的汉字、字母和数字时，必须做到：字体工整、笔画清楚、间隔均匀、排列整齐。

字体高度 h 的公称尺寸系列为1.8、2.5、3.5、5、7、10、14、20mm。字体高度即为字体的号数。若需书写更大的汉字，则字体高度按 $\sqrt{2}$ 的比率递增。

1. 汉字

汉字应写成长仿宋体，并应采用国家正式公布推行的简化字。汉字的高度 h 不应小于3.5mm，其字宽一般为 $h/\sqrt{2}$。长仿宋体的书写要领是：横平竖直，注意起落，结构均匀，填满方格。书写时，应下笔有力，一笔写成且不要勾描。汉字的基本笔划见表1-7，汉字的示例如图1-12所示。

表1-7 汉字的基本笔画与写法

名 称	横	竖	撇	捺
基本 笔画	平横 斜横	竖	平撇 斜撇 直撇	斜捺 平捺

（续）

名　　称	横	竖	撇	捺
字体写法	上七右代	中干	千川人石	大木边起
基本笔画	 尖点 1 2 垂点 3 2 1 撇点 1 2 上挑点 2 1	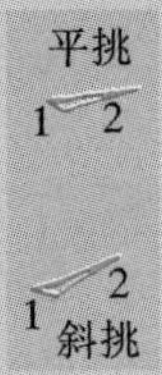 平挑 1 2 斜挑 2 1	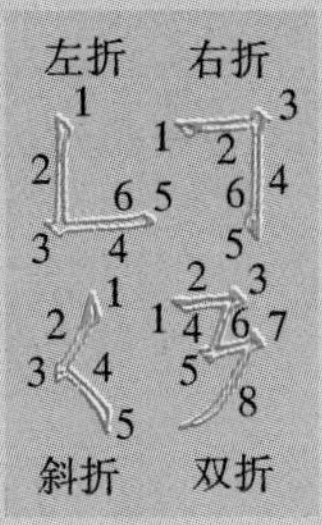 左折 右折 斜折 双折	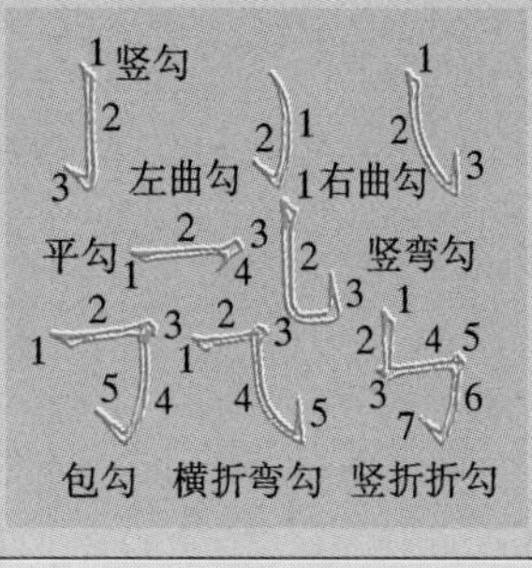 1 竖勾 左曲勾 右曲勾 平勾 竖弯勾 包勾 横折弯勾 竖折折勾
字体写法	六光必江	均练公托	每周好级	水独代买电力气马

10号字

字体工整 笔画清楚 排列整齐 间隔均匀

7号字

零件装配图螺纹紧固件键销滚动轴承弹簧齿轮

表面粗糙度极限与配件尺寸工艺结构

5号字

技术制图要求图号标题栏明细表比例数量材料优质碳素钢
灰铸铁铝青铜锡热处理退淬火渗碳抛光研磨等级

图 1-12　汉字示例

2. 字母和数字

字母和数字分为 A 型和 B 型两种。

A 型字体的笔画宽度 d 为字体高度 h 的 1/14，B 型字体的笔画宽度 d 为字体高度 h 的 1/10。同一图样上，只允许选用一种形式的字体。

字母和数字可写成斜体和直体。斜体字字头向右倾斜，与水平基准线成75°。

用作指数、分数、极限偏差、注脚等的字母和数字，一般采用小一号字体。字体示例如图 1-13 和图 1-14 所示。

拉丁字母示例

大写斜体

小写斜体

大写直体

小写直体

阿拉伯数字示例

斜体

直体

罗马数字示例

斜体

直体

图 1-13　字母及数字示例

应用示例

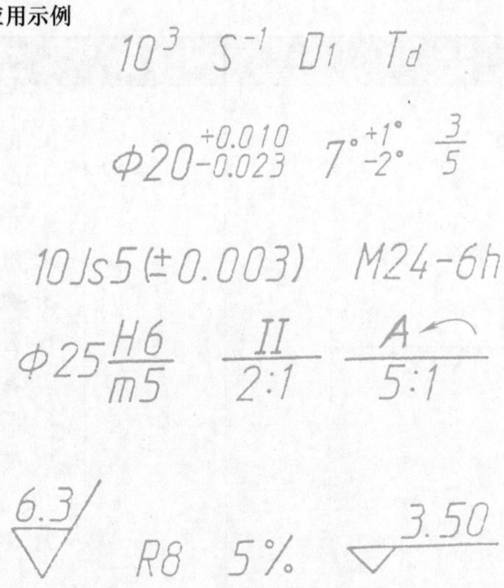

$$10^3 \quad S^{-1} \quad D_1 \quad T_d$$

$$\Phi 20^{+0.010}_{-0.023} \quad 7^{\circ}{}^{+1^{\circ}}_{-2^{\circ}} \quad \frac{3}{5}$$

$$10\,Js5\,(\pm 0.003) \quad M24\text{-}6h$$

$$\Phi 25\frac{H6}{m5} \quad \frac{II}{2:1} \quad \frac{A}{5:1}$$

$$\frac{6.3}{\sqrt{}} \quad R8 \quad 5\% \quad \sqrt{}\,\overline{3.50}$$

图 1-14　字体应用示例

四、图线 （GB/T 4457.4—2002、GB/T 17450—1998）

1. 线型及其应用

绘制图样时，所采用的各种图线的代码、名称、线型、线宽及应用如表 1-8 和图 1-15 所示。

表 1-8　线型及其应用

代码 No.	名　　称	线　　型	线　　宽	一 般 应 用
01.1	细实线	——————	$d/2$	1. 过渡线 2. 尺寸线 3. 尺寸界线 4. 指引线和基准线 5. 剖面线 6. 重合断面的轮廓线 7. 短中心线 8. 螺纹牙底线 9. 尺寸线的起止线 10. 表示平面的对角线 11. 零件成形前的弯折线 12. 范围线及分界线 13. 重复要素表示线 14. 锥形结构的基面位置线 15. 叠片结构位置线 16. 辅助线 17. 不连续同一表面连线 18. 成规律分布的相同要素连线 19. 投影线
	波浪线	～～～	$d/2$	断裂处边界线；视图与剖视图的分界线
	双折线	╱╲╱	$d/2$	断裂处边界线

（续）

代码 No.	名　称	线　型	线　宽	一　般　应　用
01.2	粗实线		d	1. 可见棱边线 2. 可见轮廓线 3. 相贯线 4. 螺纹牙顶线 5. 螺纹长度终止线 6. 齿顶圆（线） 7. 表格图、流程图中的主要表示线 8. 系统结构线（金属结构工程） 9. 模样分型线 10. 剖切符号用线 11. 网格线
02.1	细虚线	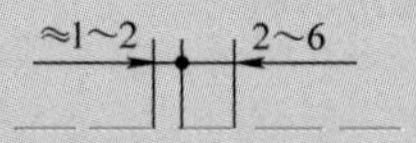 ≈1～2　2～6	$d/2$	1. 不可见棱边线 2. 不可见轮廓线
02.2	粗虚线	 —　—　—　—　—	d	允许表面处理的表示线
04.1	细点画线	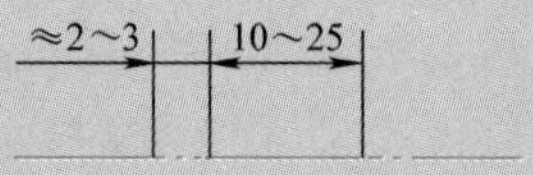 ≈2～3　10～25	$d/2$	1. 轴线 2. 对称中心线 3. 分度圆（线） 4. 孔系分布的中心线 5. 剖切线
04.2	粗点画线	 ·—·—·—·—	d	限定范围表示线
05.1	细双点画线	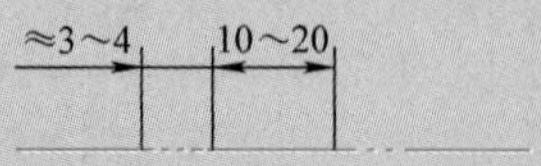 ≈3～4　10～20	$d/2$	1. 相邻辅助零件的轮廓线 2. 可动零件的极限位置的轮廓线 3. 重心线 4. 成形前轮廓线 5. 剖切面前的结构轮廓线 6. 轨迹线 7. 毛坯图中制成品的轮廓线 8. 特定区域线 9. 延伸公差带表示线 10. 工艺用结构的轮廓线 11. 中断线

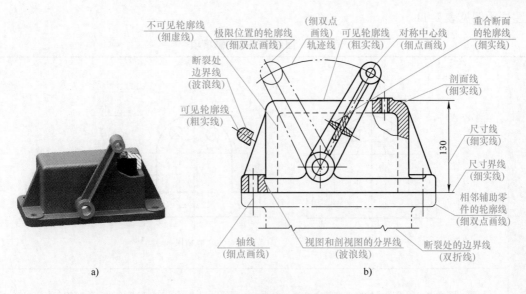

图 1-15 线型及其应用示例

2. 图线的宽度和图线组别

图线的宽度和图线组别见表1-9。工程制图中一般采用粗细两种线宽，它们之间的比例为2:1。在同一图样中，同类图线的宽度应一致。

表 1-9 图线宽度和图线组别 （单位：mm）

线型组别	与线型代码对应的线型宽度	
	01.2；02.2；04.2	01.1；02.1；04.1；05.1
0.25	0.25	0.13
0.35	0.35	0.18
0.5①	0.5	0.25
0.7①	0.7	0.35
1	1	0.5
1.4	1.4	0.7
2	2	1

注：① 优先采用的图线组别。

3. 图线画法的注意事项

图线画法的注意事项见表1-10。

注意：当有两种以上图线重合时，应按可见轮廓线、不可见轮廓线、辅助线型用的细实线、轴线和对称中心线、双点画线的次序画出。

五、尺寸注法（GB/T 4458.4—2003、GB/T 16675.2—2012）

图样只能描述零件的形状，而零件的大小必须依靠标注尺寸才能确定。标注尺寸是一项极为重要的工作，应严格遵守国家标准所规定的规则和方法。尺寸注法的基本规则及常用尺寸注法示例见表1-11。

表1-10 图线画法的注意事项

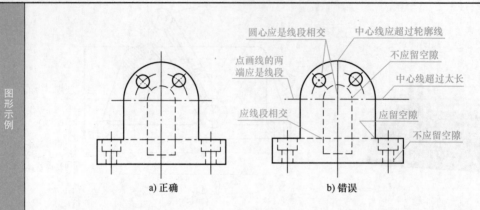

图形示例	
a) 正确	b) 错误

说明：
1) 同一图样中，同类图线的宽度应基本一致。虚线、点画线、双点画线的线段长度和间隔应各自大致相等
2) 绘制圆的对称中心线时，圆心应是线段的交点
3) 点画线和双点画线的首末两端是线段而不是短画，点画线应超出轮廓线2~5mm
4) 小圆（直径小于12mm）的中心线，可用细实线代替
5) 点画线、虚线、双点画线自身相交或与其他图线相交时，都应在线段处相交，不应在空隙或点处相交
6) 当虚线处于粗实线的延长线上时，粗实线画到分界点，而虚线在连接处应留有间隙。当虚线圆弧与虚线直线相切时，虚线圆弧的线段画到切点，而虚线直线在连接处应留有间隙

表1-11 尺寸注法的基本规则及常用尺寸注法示例

项 目	图 例	说 明
基本规则	15 90° 7 6 12 23 1:1　　15 90° 7 6 12 23 1:2	1）零件的真实大小应以图样上所注的尺寸数值为依据，与图形的大小及绘图的准确度无关 2）图样中的尺寸，以mm为单位时，不需标注单位符号（或名称）。若采用其他单位，则必须注明相应的单位符号（如90°） 3）图样中所标注的尺寸，为该图样所示零件的最后完工尺寸，否则应另加说明 4）零件的每一尺寸，一般只标注一次，并应标注在反映该结构最清晰的图形上

（续）

项　目	图　　例	说　　明
尺寸界线	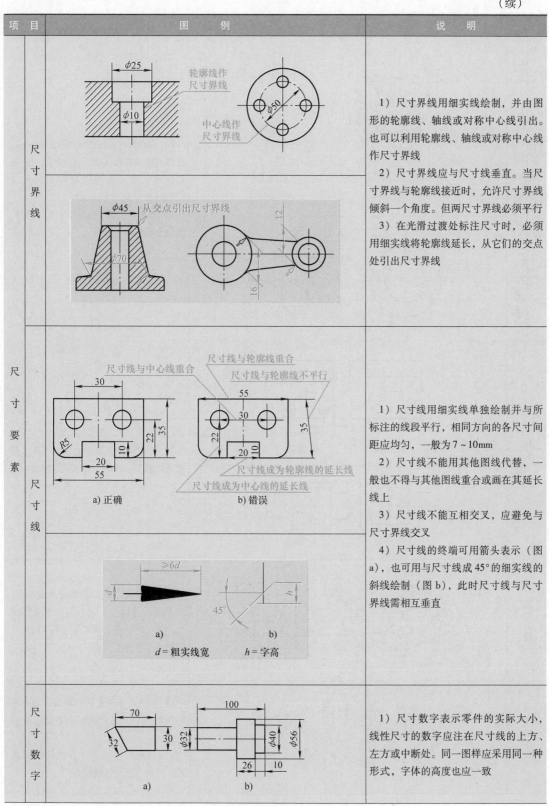	1）尺寸界线用细实线绘制，并由图形的轮廓线、轴线或对称中心线引出。也可以利用轮廓线、轴线或对称中心线作尺寸界线 2）尺寸界线应与尺寸线垂直。当尺寸界线与轮廓线接近时，允许尺寸界线倾斜一个角度。但两尺寸界线必须平行 3）在光滑过渡处标注尺寸时，必须用细实线将轮廓线延长，从它们的交点处引出尺寸界线
尺寸要素　尺寸线		1）尺寸线用细实线单独绘制并与所标注的线段平行，相同方向的各尺寸间距应均匀，一般为 7～10mm 2）尺寸线不能用其他图线代替，一般也不得与其他图线重合或画在其延长线上 3）尺寸线不能互相交叉，应避免与尺寸界线交叉 4）尺寸线的终端可用箭头表示（图 a），也可用与尺寸线成 45° 的细实线的斜线绘制（图 b），此时尺寸线与尺寸界线需相互垂直
尺寸数字		1）尺寸数字表示零件的实际大小，线性尺寸的数字应注在尺寸线的上方、左方或中断处。同一图样应采用同一种形式，字体的高度也应一致

（续）

项 目		图 例	说 明
尺 寸 要 素	尺 寸 数 字	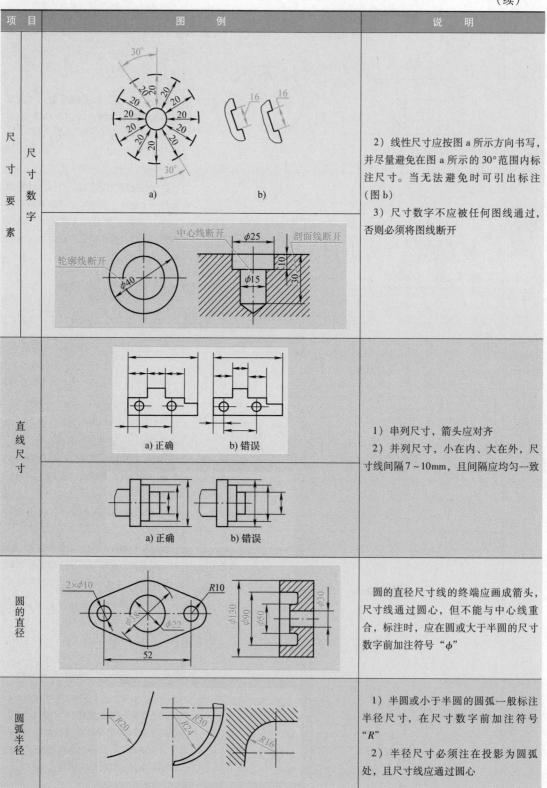	2）线性尺寸应按图 a 所示方向书写，并尽量避免在图 a 所示的30°范围内标注尺寸。当无法避免时可引出标注（图 b） 3）尺寸数字不应被任何图线通过，否则必须将图线断开
直 线 尺 寸			1）串列尺寸，箭头应对齐 2）并列尺寸，小在内、大在外，尺寸线间隔 7～10mm，且间隔应均匀一致
圆 的 直 径			圆的直径尺寸线的终端应画成箭头，尺寸线通过圆心，但不能与中心线重合，标注时，应在圆或大于半圆的尺寸数字前加注符号"ϕ"
圆 弧 半 径			1）半圆或小于半圆的圆弧一般标注半径尺寸，在尺寸数字前加注符号"R" 2）半径尺寸必须注在投影为圆弧处，且尺寸线应通过圆心

（续）

项　目	图　　例	说　　明
大圆弧	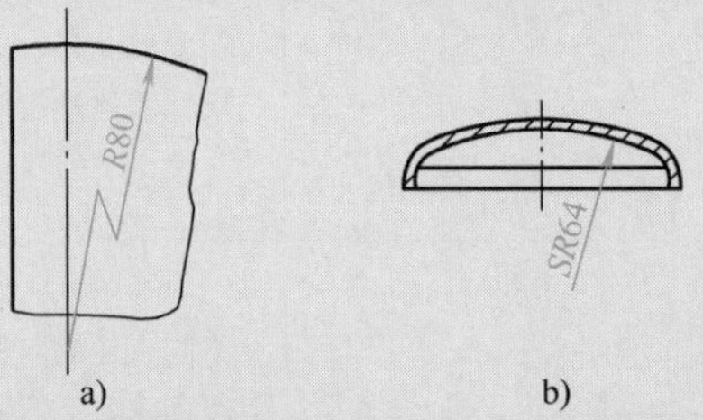 a)　　　　　　b)	当半径过大，或在图纸范围内无法标出其圆心位置时，可按图 a 的形式标注。若不需标出其圆心位置时，可按图 b 的形式标注
球面尺寸	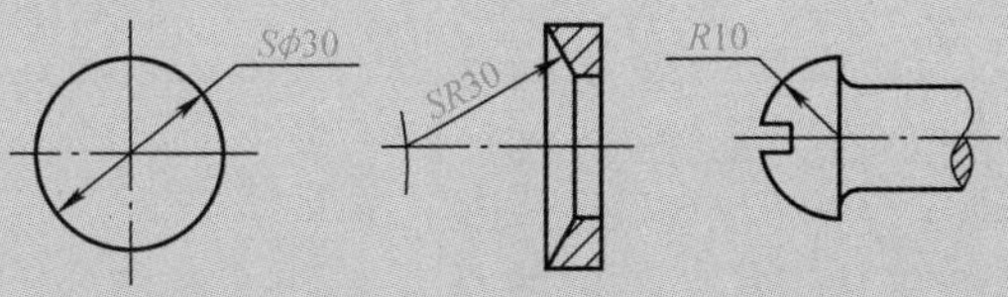 a)　　　b)　　　c)	1）标注球的直径时，在尺寸数字前加注"$S\phi$" 2）标注球的半径时，在尺寸数字前加注"SR" 3）对于螺钉、铆钉的头部、轴及手柄的端部，在不致引起误解时，允许省略"S"
角度	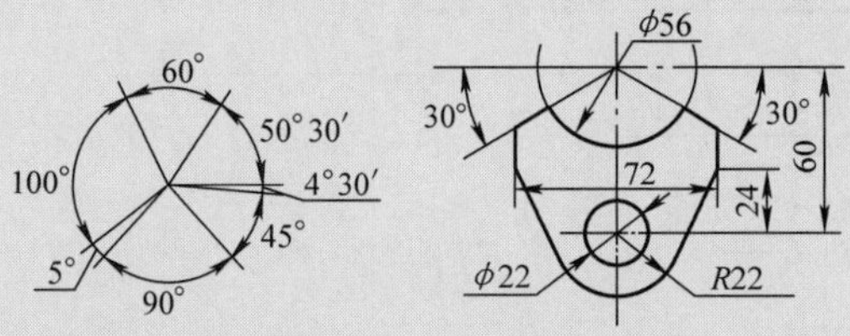	1）角度的尺寸界线必须沿径向引出，尺寸线应画成圆弧，圆心为该角的顶点 2）角度的尺寸数字一律水平书写，且一般注写在尺寸线的中断处，必要时允许写在尺寸线的外面或引出标注
小尺寸	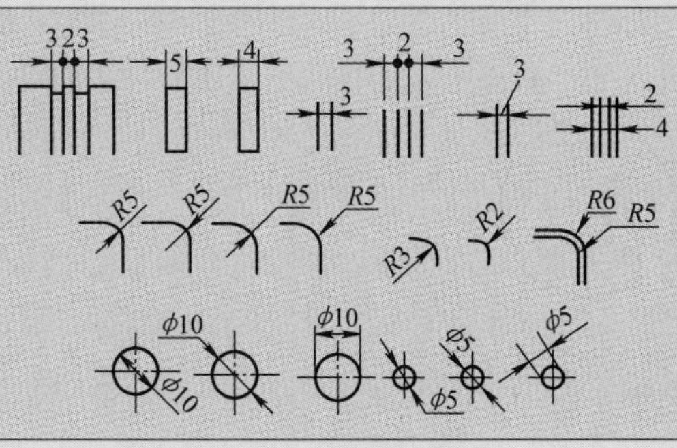	1）在没有足够位置画箭头或写数字时，可按图例所示的形式标注 2）标注一连串串列小尺寸时，可用圆点或45°斜线代替中间的箭头
对称图形	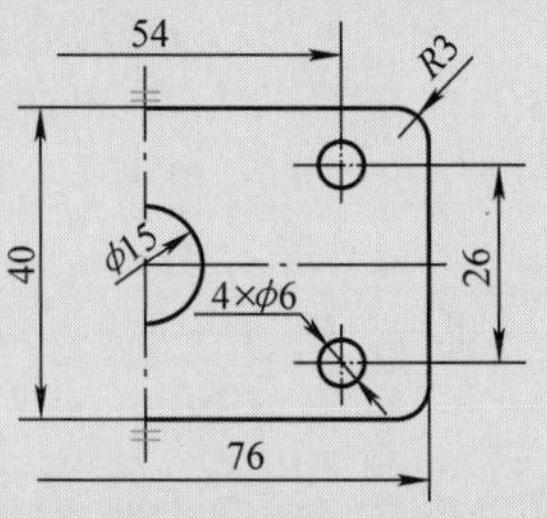	当对称图形只画出一半或略大于一半时，尺寸线应略超过对称中心线或断裂处的边界，此时仅在尺寸线的一端画出箭头
板状零件	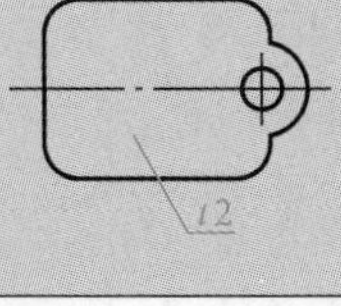	标注板状零件的厚度时，可在尺寸数字前加注符号"t" $t2$ 表示该零件厚度为2mm

— 17 —

（续）

项 目	图 例	说 明
简化 注法 （GB/T 16675.2 —2012）	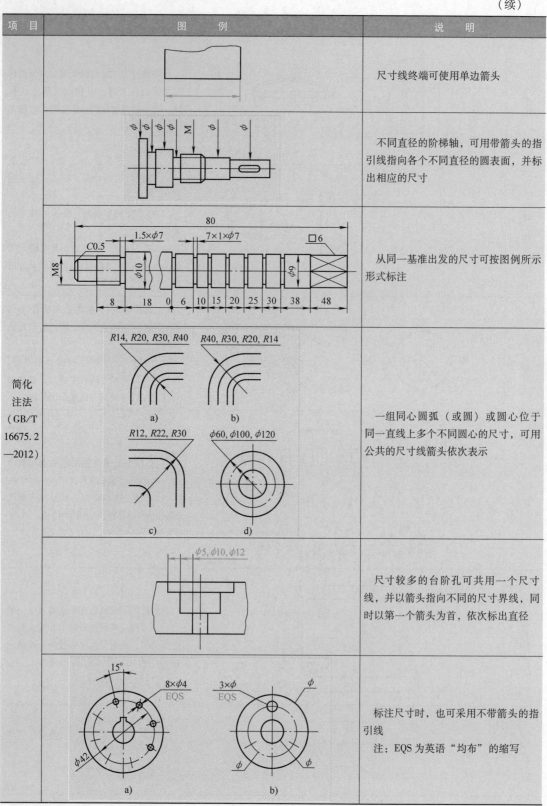	尺寸线终端可使用单边箭头
		不同直径的阶梯轴，可用带箭头的指引线指向各个不同直径的圆表面，并标出相应的尺寸
		从同一基准出发的尺寸可按图例所示形式标注
		一组同心圆弧（或圆）或圆心位于同一直线上多个不同圆心的尺寸，可用公共的尺寸线箭头依次表示
		尺寸较多的台阶孔可共用一个尺寸线，并以箭头指向不同的尺寸界线，同时以第一个箭头为首，依次标出直径
		标注尺寸时，也可采用不带箭头的指引线 注：EQS 为英语"均布"的缩写

第三节　平面几何图形的画法

图样中的图形，都是由各种类型的图线（直线、圆弧或曲线）组成的平面图形。因此，应熟练掌握平面图形的画法。

一、作正多边形

用绘图工具作正六边形、正五边形、正 n 边形的方法如图 1-16 ~ 图 1-18 所示。

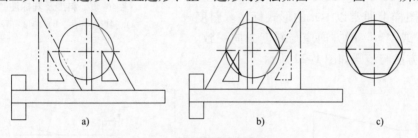

图 1-16　正六边形

a）作正六边形外接圆；用 60°三角板紧靠丁字尺，过水平中心线与圆周的两交点作斜线

b）用三角板作另外两条斜线

c）过斜线与圆周的交点分别作上、下水平线，即为所求

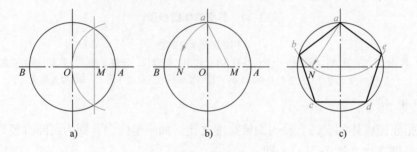

图 1-17　正五边形

a）作正五边形外接圆；平分半径 OA，得点 M

b）以点 M 为中心，Ma 为半径作弧，交 OB 于点 N，线段 Na 即为正五边形边长

c）以 Na 为边长，自点 a 起等分圆周，顺序连接点 b、c、d、e 成圆内接正五边形

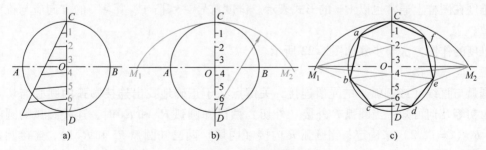

图 1-18　正 n 边形

a）作正 n 边形外接圆；n 等分铅垂直径（本例 $n = 7$）

b）以 D 为圆心，DC 为半径，作圆弧交 AB 的延长线于点 M_1 和点 M_2

c）将点 M_1、M_2 分别与 CD 上的偶数点连接并延长，与圆周相交得点 a、b、c、d、e、f，连接各点即为所求

二、斜度和锥度

1. 斜度（GB/T 4458.4—2003）

斜度是指一直线（或平面）对另一直线（或平面）的倾斜程度。其大小用该两直线（或平面）间夹角的正切值来表示（图1-19），即

$$斜度 = \tan\alpha = \frac{BC}{AB} = \frac{H}{L} = 1 : \frac{L}{H}$$

斜度在图样上通常以 $1:n$ 的形式标注。斜度符号"∠"或"⊿"的方向应与斜度方向一致。作斜度线的方法与步骤如图1-20所示。

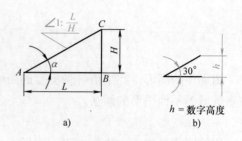

图 1-19 斜度及其标注
a) 斜度及标注 b) 斜度符号

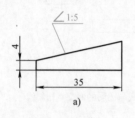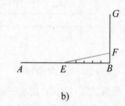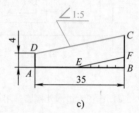

图 1-20 斜度的作图步骤

a) 求作如图所示的斜度

b) 作 $AB \perp BG$，在 BG 上任取 1 个单位并在 AB 上作出 5 个单位，连接 E 和 F，即为 1:5 的斜度

c) 按尺寸定出点 D，过点 D 作 EF 的平行线交 BF 的延长线于点 C，DC 即为所求

2. 锥度（GB/T 15754—1995）

锥度是指正圆锥体的底圆直径与圆锥高度之比。如果是圆台，则为底圆直径与顶圆直径之差与圆台高度之比（图1-21a），即

$$锥度 = \frac{D}{L} = \frac{D-d}{l} = 2\tan\frac{\alpha}{2} = 1 : n$$

锥度及其符号与标注如图1-21所示。

锥度在图样上通常也以 $1:n$ 的形式表示。锥度符号"◁"或"▷"的方向应与锥度方向一致。

锥度的作图方法与步骤如图1-22所示。

三、圆弧连接

圆弧与直线（或圆弧）的光滑连接，关键点在于正确地找出连接圆弧的圆心与切点位置。由初等几何可知：当圆弧 R 外接（外切）两已知圆弧 R_1 和 R_2 时，连接圆弧的圆心要用 $R + R_i$（$i = 1, 2$）来确定；当圆弧 R 内接（内切）两已知圆弧 R_1 和 R_2 时，连接圆弧的圆心要用 $R - R_i$（$i = 1, 2; R > R_i$）或 $R_i - R$（$i = 1, 2; R_i > R$）来确定。各种圆弧连接的画法见表1-12。

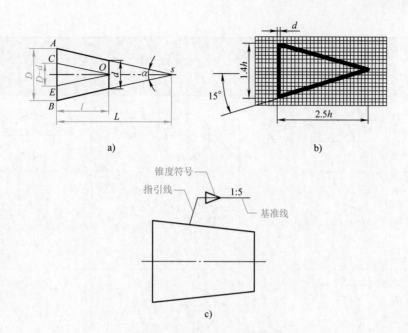

图 1-21　锥度及其符号与标注

a）锥度　b）锥度符号　c）锥度标注

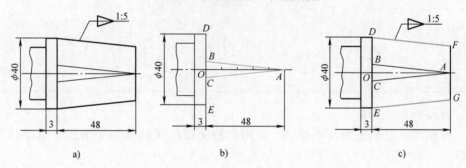

图 1-22　锥度的作图步骤

a）求如图所示锥度

b）画出已知部分，取 $BC=1$ 单位，$OA=5$ 单位，连接 AB、AC，即为 1:5 的锥度

c）分别过点 D、E 作 AB、AC 的平行线 DF、EG，即为所求

表 1-12　圆弧连接的作图方法与步骤

连接方式	方法与步骤		
	求连接弧的圆心 O	求出两个切点 M、N	以 O 为圆心，R 为半径从点 M 至 N 画圆弧
用半径为 R 的圆弧连接两已知直线			

（续）

连接方式	方 法 与 步 骤		
	求连接弧的圆心 O	求出两个切点 M、N	以 O 为圆心，R 为半径 从点 M 至 N 画圆弧
用半径为 R 的圆弧连接已知直线和外接已知圆弧			
用半径为 R 的圆弧外接两已知圆弧			
用半径为 R 的圆弧内接两已知圆弧			
用半径为 R 的圆弧分别与两已知圆弧内、外接			

四、椭圆的近似画法

常用的椭圆近似画法为四心圆法，即用四段圆弧依次连接起来的图形近似代替椭圆（图 1-23）。

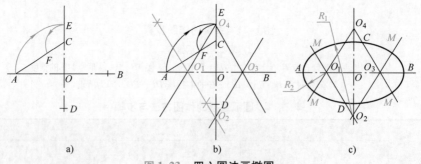

图 1-23　四心圆法画椭圆

a）作长轴 AB，短轴 CD；连 AC；以 O 为圆心，OA 为半径画圆弧交 OC 延长线于点 E，以 C 为圆心，CE 为半径画圆弧交 AC 于点 F

b）作 AF 的中垂线，分别与长、短轴交于 O_1、O_2；作 O_1，O_2 的对称点 O_3、O_4，即为所求四圆心；连接 O_2O_1、O_2O_3、O_4O_1、O_4O_3 并延长之

c）分别以 O_2、O_4 为圆心，O_2C 为半径 R_1 画弧；以 O_1、O_3 为圆心，O_1A 为半径 R_2 画弧，并分别相切于切点 M，即为所求椭圆

第四节　平面图形的分析与绘图步骤

要正确地画出平面图形，必须对平面图形进行尺寸分析和线段分析，才能了解它的画法，并确定其作图方法与步骤。

一、平面图形的分析

1. 平面图形的尺寸分析

平面图形的尺寸分为两类：

（1）定形尺寸　确定平面图形中各线段形状大小的尺寸称为定形尺寸。例如线段的长度、圆弧的半径或直径及角度大小等。图 1-24 中的 20mm、ϕ27mm、ϕ20mm、ϕ15mm、R40mm、R32mm、R28mm、R27mm、R15mm、R3mm 等为定形尺寸。

（2）定位尺寸　确定平面图形中各线段之间相对位置的尺寸称定位尺寸。图 1-24 中的 60mm、10mm、6mm 等为定位尺寸。

标注平面图形的尺寸时，首先应确定长度方向和高度方向的尺寸基准。尺寸的起点称为尺寸基准。一般用较大的圆的中心线、图形的对称线或较长的直线作为平面图形的尺寸基准。如图 1-24 中，主要是以 ϕ27mm 的水平和垂直的两条中心线分别作为高度方向和长度方向的尺寸基准。

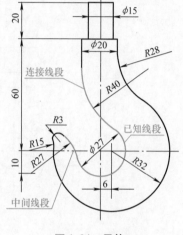

图 1-24　吊钩

2. 平面图形的线段分析

平面图形中的线段（直线或圆弧），根据其定位尺寸是否齐全分为三类：

（1）已知线段　具有完整的定形尺寸和定位尺寸的线段称已知线段。作图时，可根据已知尺寸直接绘出，如图 1-24 中的 ϕ27mm 及 R32mm。

（2）中间线段　具有定形尺寸和一个定位尺寸的线段称为中间线段。作图时，其另一个定位尺寸需依靠与相邻已知线段的几何关系求出，如图 1-24 中的 R27mm、R15mm 等。

（3）连接线段　只有定形尺寸而没有定位尺寸的线段称为连接线段。作图时，需待与其两端相邻的线段作出后，才能确定其位置，如图 1-24 中的 R40mm、R28mm 及 R3mm。

平面图形的绘图顺序为：先作基准线，画出已知线段，再画出中间线段，最后画出连接线段（图 1-25）。

二、平面图形的绘图方法与步骤

（1）绘图准备工作

1）分析图形的定形尺寸、定位尺寸及各种线段。

2）定比例，定图幅，固定图纸。画图框，画标题栏。

（2）绘制底稿　匀称布置图形，作出基准线，画出已知线段，再画中间线段，最后画连接线段（图 1-25）。

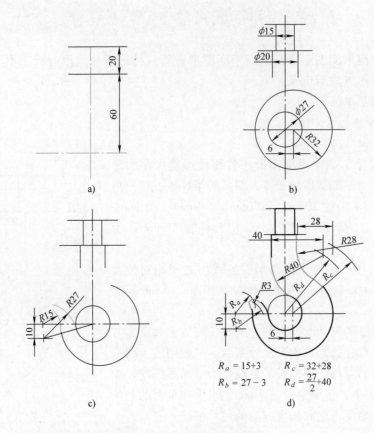

图 1-25 吊钩的作图步骤

a）画出图形的基准线 b）画已知线段 c）画中间线段 d）画连接线段

（3）描深 描深前应全面检查，擦去多余的图线。描深步骤为：

1）先粗后细。依次画出粗实线、细虚线、细实线、细点画线、细双点画线、波浪线等。

2）先曲后直。描深同类型图线，一般先画圆弧曲线，后画直线。

3）先上后下，从左至右，先水平线，后垂直线，最后画斜线。

（4）标注尺寸。

（5）填写标题栏内容。

第五节　徒手画草图的方法

草图是一种按目测比例徒手画出的图样。在零件设计阶段或现场测绘时，通常先画草图，再画正规图样。因此，应熟练掌握徒手画草图的方法。

一、徒手画平面草图

徒手画草图的基本要求是：图形正确，比例匀称，线型分明，符合制图标准。徒手画草图的方法见表 1-13。

表 1-13 徒手画草图方法

徒手项目	图 例	说 明
画直线		1) 眼睛注视图线终点，均匀用力，自然运笔 2) 画水平线：从左至右 3) 画垂直线：从上至下 4) 画斜线：由左下向右上方倾斜，或由左上向右下方倾斜
画角度		按直角比例关系，确定直角边两端点并连之，即为所求
画圆		过圆心画出水平与垂直两条中心线及两条45°斜线，按半径目测定出8个点，连点成圆
画大圆		在图纸上，用手握铅笔作圆规，小指尖作圆心，铅笔与指尖之距为半径，顺时针方向转动图纸，即为所求
画圆角		用与正方形相切的特点画圆角
画椭圆		1) 过长、短轴作矩形 *EFGH* 2) 作对角线 *EG*、*FH*，目测取 $Oa:aE=7:3$，得点 *a*。同理作出点 *b*、*c*、*d*，连接 *AdDbBcCaA* 即为所求（图a、b） 3) 用与菱形相切的特点画椭圆（图c）

二、在网格纸上徒手画草图

在网格纸上徒手画草图，容易准确地利用网格线画出中心线、对称轴线、水平线或垂直线以及倾斜线，便于控制图形的比例，从而正确地画出草图（图1-26）。

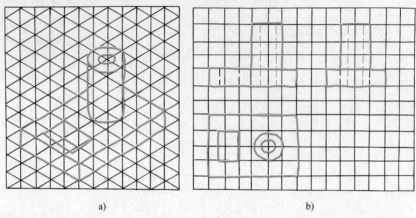

a)   b)

图1-26　草图示例

第二章
CHAPTER 2

点、直线、平面的投影

点、直线和平面是构成物体的基本几何元素，用辩证的思维分析并掌握这些几何元素的正投影规律是学好本课程的基础。本章介绍点、直线和平面的投影概念以及作图方法。

第一节 投影法的基本知识

一、投影的基本概念

物体被灯光照射，在地面上就会留下影子，这就是投影现象（图2-1）。常言道"身正不怕影子斜"，体现了"影子"现象和"身正"本质的辩证关系。日常中，"影子"虽然可以反映物体某个方面的外廓形状，却不能反映出物体各表面间的界限和被挡部分。于是人们经过研究，从物体和投影的对应关系中总结出了投影方法，即从光源发出的投射线通过物体向选定的面投射，并在该面上得到图形的方法，称为投影法（图2-2）。这里提到的投射线实际上是指假想的光线或人的视线。

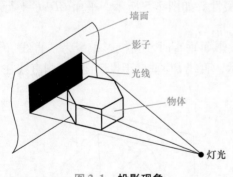

图 2-1 投影现象

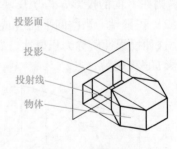

图 2-2 投影的产生

二、投影的分类

投影法分为两类：中心投影法和平行投影法。

1. 中心投影法

投射线汇交一点的投影法，称为中心投影法（图2-3）。所有投射线的起源点，称为投射中心。

中心投影通常用于在单一投影面上绘制建筑物或有逼真感的产品的立体图，也称为透视图。

2. 平行投影法

假如将投射中心移至无穷远处，则所有的投射线可看作相互平行的线，这种投射线相互平行的投影法，称为平行投影法（图2-2、图2-4）。平行投影法中，又以投射线是否垂直于投影面分为正投影法和斜投影法两种。

（1）正投影法　正投影法是投射线垂直于投影面的平行投影法（图2-4a）。

（2）斜投影法　斜投影法是投射线倾斜于投影面的平行投影法（图2-4b）。

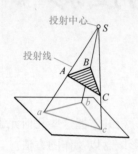

图2-3　中心投影法

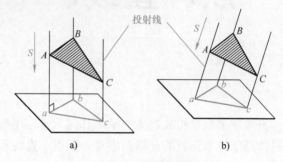

图2-4　平行投影法
a）正投影法　b）斜投影法

由于用正投影法得到的投影图能够表达物体的真实形状和大小，绘制方法也较简单，因此在机械工程图样上得到了普遍采用。而用中心投影法和斜投影法绘制的图形在尺寸表达上有失真感，不适合绘制机械工程图样。本书在后面章节中主要介绍正投影法，并将"正投影"简称为"投影"。

三、投影的基本性质

任何物体的形状都是由点、线、面等几何元素构成的。因此物体的投影，就是组成物体的点、线和面的投影总和。研究投影的基本性质，主要是研究线和面的投影特性。

（1）真实性　当空间平面（或直线）与投影面平行时，其投影反映空间平面（或直线）的实形（或实长），这种投影性质称为真实性。如图2-5所示，平面 $CDEF$ 平行于投影面 V，则在 V 面的投影 $c'd'e'f'$ 反映实形。

（2）积聚性　当空间平面（或直线）与投影面垂直时，其投影积聚为一直线（或一个点），这种投影性质称为积聚性。如图2-6所示，直线 BC 垂直于投影面 V，则直线在 V 面上的投影 $b'c'$ 积聚为一点。

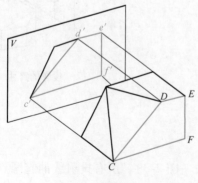

图2-5　真实性

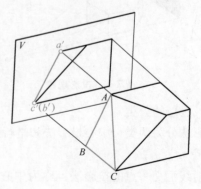

图2-6　积聚性

（3）类似性　当空间平面（或直线）与投影面倾斜时，其投影的形状虽与原来形状相类似，但投影变小（或变短），这种投影性质称为类似性。如图2-7所示，平面ADC与投影面V倾斜，则其投影a'd'c'与平面ADC类似。

四、三投影面体系

根据有关标准和规定，用正投影法所绘制出物体的图形，称为视图。图2-8所示的是两个不同的物体，当它们都向平面P进行投射时，得到的投影（或视图）都是圆。由此可见，一个视图不能唯一完整地确定物体的空间形状。要准确地反映物体的空间形状，就要用两个或两个以上的视图，为此必须多设几个投影面。一般选取互相垂直的三个投影面构成三面投影体系。这三个投影面的名称和代号分别为：

正立投影面，简称正面，用V表示。

水平投影面，简称水平面，用H表示。

侧立投影面，简称侧面，用W表示。

相互垂直的投影面之间的交线称为投影轴。它们分别为：

OX轴——V面与H面的交线，代表长度方向。

OY轴——H面与W面的交线，代表宽度方向。

OZ轴——V面与W面的交线，代表高度方向。

三根投影轴互相垂直（图2-9）。

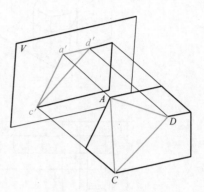

图2-7　类似性

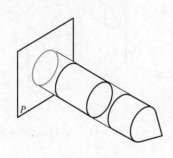

图2-8　一个视图不能确定
物体的空间形状

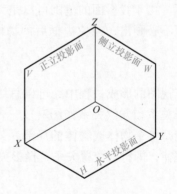

图2-9　三投影面体系

五、三视图的投影规律

1. 三视图的形成

假设把物体放在三投影面体系之中，将物体由前向后投射在V面上的视图，称为主视图；由上向下投射在H面上的视图，称为俯视图；由左向右投射在W面上的视图，称为左视图（图2-10a）。我们将物体向这三个投影面投射得到的视图称为三视图。

为了把物体的三个视图画在一个平面上，就必须把三个投影面展开。展开方法如图2-10b所示，规定：V面不动，将H面绕OX轴向下旋转90°，将W面绕OZ轴向右旋转90°，

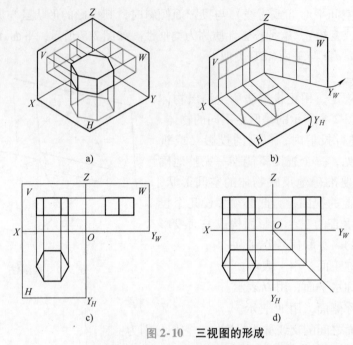

图 2-10 三视图的形成

a）物体向三个互相垂直的投影面投影 b）投影面的展开

c）投影面展开后的三视图位置 d）三视图

使三个投影面展开在一个平面上（图 2-10c）。旋转时 OY
轴被拆分为两处，在 H 面上用 OY_H 表示，在 W 面上用
OY_W 表示。由于投影面的范围可以是无边际的，所以投影
面的边框不必画出，去掉边框后的物体三视图如图 2-10d
所示。

2. 三视图的对应关系

从三视图的形成过程中，可以总结出三视图的位置关
系、投影关系和方位关系如图2-11、表 2-1 所示。应当指
出，无论是整个物体或物体的局部，其投影的结果都应符
合投影规律，即符合位置关系、投影关系和方位关系。

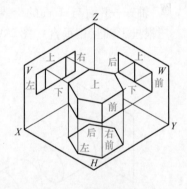

图 2-11 三视图的对应关系

表 2-1 三视图的对应关系

对应关系	图 例	说 明
位置关系和 投影关系 （"三等"关系）		主视图 俯视图——在主视图的下方 左视图——在主视图的右方 主、俯视图——长对正（等长） 主、左视图——高平齐（等高） 俯、左视图——宽相等（等宽）

（续）

对应关系	图 例	说 明
方位关系	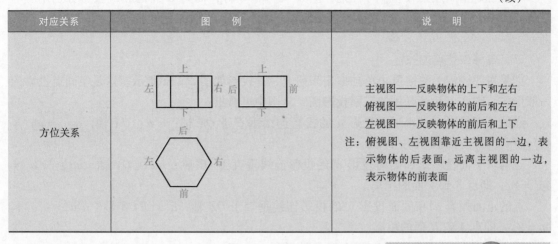	主视图——反映物体的上下和左右 俯视图——反映物体的前后和左右 左视图——反映物体的前后和上下 注：俯视图、左视图靠近主视图的一边，表示物体的后表面，远离主视图的一边，表示物体的前表面

第二节 点 的 投 影

　　点、线和面是构成物体形状的基本几何元素，其中点是最基本、最简单的几何元素。研究点的投影，掌握其投影规律，能为正确地理解和表达物体的空间形状打下坚实的基础。

一、空间点的位置和直角坐标

　　图 2-12 是四棱锥的三面投影，如果把三投影面体系看作是直角坐标系，则投影面 H、V、W 面和投影轴 OX、OY、OZ 可分别看作是坐标面和坐标轴，三坐标轴的交点 O 看作是坐标原点。锥顶 A 的空间位置取决于它到 W、V、H 面的距离，这些距离可分别沿 OX、OY、OZ 轴方向度量。点的坐标值的书写形式，通常采用 A（X，Y，Z）表示，如 A（17，10，36），即表示点 A 的 X 坐标为 17，Y 坐标为 10，Z 坐标为 36，或者说点 A 到 W、V、H 三投影面的垂直距离分别是 17、10、36。

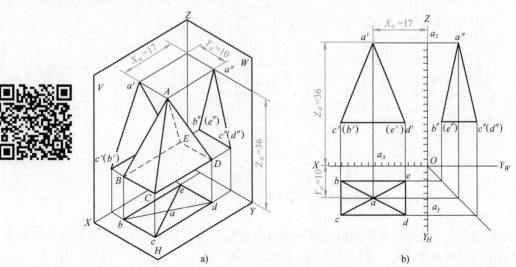

图 2-12　四棱锥的三面投影

一般规定空间点用大写字母标记，例如 A、B、C 等，而其 H 面的相应投影分别用小写字母 a、b、c 等标记，V、W 面的相应投影分别用小写字母在右上角加"′"和"″"标记，即 a'、b'、c' 和 a''、b''、c'' 等。

二、各种位置点的投影

如果将四棱锥上的锥顶 A 单独取出来研究，其投影如图 2-13a 所示。这是空间点投影的一般形式。图 2-13b 是点 A 的三面投影图，从图中可看出：

点的正面投影 a' 和水平面投影 a 的投影连线垂直于 OX 轴；$a'a \perp OX$ 轴，$a'a_z = aa_y = Aa'' = X_A$，即点 A 到 W 面的距离。

点的水平面投影 a 和侧面投影 a'' 的投影连线垂直于 OY 轴；$aa'' \perp OY$ 轴，$aa_x = a''a_z = Aa' = Y_A$，即点 A 到 V 面的距离。

点的正面投影 a' 和侧面投影 a'' 的投影连线垂直于 OZ 轴；$a'a'' \perp OZ$ 轴，$a'a_x = a''a_y = Aa = Z_A$，即点 A 到 H 面的距离。

图中的 45°斜线是为方便作图而画的辅助线，由于 $aa_x = a''a_z$，所以过点 O 作与 OY 成 45°的斜线就可方便地求出水平面投影或侧面投影。

综上分析，可以得出点在三投影面体系中的投影规律：

1）点的两面投影连线垂直于相应的投影轴。

2）点的投影到投影轴的距离等于该点到相应投影面的距离，等于点的相应坐标。

空间点的三面投影图可以确定空间点的惟一位置。在三面投影体系中，若去掉侧立投影面，则构成两面投影体系。空间点的两面投影也能确定空间点的惟一位置。当空间几何元素（或物体）不复杂时，可用两投影面体系研究问题（图 2-13c）。在后面的内容中，常常用 V/H 代表由 V 和 H 两投影面组成的两面体系，并在这体系中讨论问题。

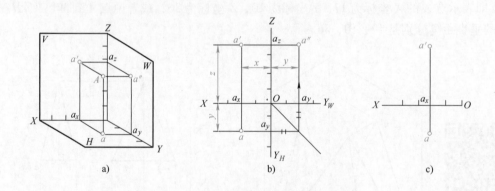

图 2-13　点的投影

a）立体图　b）点的三面投影图　c）点的两面投影图

空间点在三面投影体系中的形式多种多样。表 2-2 列出了空间点的特殊位置及其投影，同时给出两点的相对位置、重影点以及可见性的判断。

表2-2　点在空间各种位置的投影

点的位置	立 体 图	投 影 图	说 明
点在投影面、投影轴和坐标原点上			(1) 点 A 在 V 面上，故 $Y_A = 0$ (2) 点 B 在 X 轴上，故 $Z_B = Y_B = 0$ (3) 点 C 在原点上，故 $Z_C = Y_C = X_C = 0$ 若点 D 在 H、W 面上或在 Y、Z 轴上，其投影是怎样的呢？请读者自行分析
两点间的相对位置			(1) 点 A 在点 B 上方（$Z_A > Z_B$） (2) 点 A 在点 B 右方（$X_A < X_B$） (3) 点 A 在点 B 前方（$Y_A > Y_B$）
重影点			(1) 点 A 在点 B 正前方（$X_A = X_B$，$Z_A = Z_B$，$Y_A > Y_B$） (2) 点 A 和点 B 称为 V 面上的重影点（即空间两点向同一投影面投射，其投影重合为一点）。重影时，坐标大者可见，小者不可见（需带括号表示）。因 $Y_A > Y_B$，故 b' 不可见，需用括号括起 若两点在 H、W 面上重影，其投影是怎样的呢？请读者自行分析

例2-1　已知空间点 A 的两面投影（图2-14a），点 C 在点 A 的正右方10mm，求点 C 的三面投影。

分析：点 C 在点 A 的正右方，则两点坐标关系为 $Y_A = Y_C$，$Z_A = Z_C$，$X_A - X_C = 10$。两点是对于 W 面的重影点。

作图步骤：

1）根据点的投影规律求出点 a''。

2）在 W 面上，点 c'' 与点 a'' 重合，$X_A > X_C$，点 c'' 不可见，需带括号。

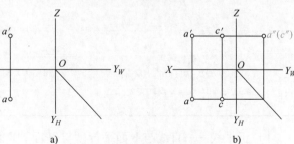

图 2-14　求重影点的三面投影

a）已知条件　b）作图过程

3）在 V 面上，由于 $X_A - X_C = 10$，从点 a' 向右在 $a'a''$ 连线上量取 $a'c' = 10$，得点 c'。

4）在 H 面上，利用点的投影规律，即通过已求出的点 c'、c''，作辅助线求出点 c（图 2-14b）。

第三节　直线的投影

直线的投影一般仍为直线，因此只要作直线上两端点的投影，再将两点的同面投影连接起来，即可得到直线的投影。

一、各种位置直线的投影特性

在三面投影体系中，由于空间的直线相对于三个投影面的位置不同，它们的三面投影特点也就不同。直线在三面投影体系中相对于投影面的位置分为三类：

1. 投影面平行线

平行一个投影面、倾斜另两个投影面的直线称为投影面平行线（表 2-3）。

表 2-3　投影面平行线

名称	正 平 线	水 平 线	侧 平 线
立体图			
投影图			
投影特性	（1）$d'f' = DF = $ 实长 （2）$df \parallel OX$ 轴，$d''f'' \parallel OZ$ 轴 （3）$\beta = 0°$；α、γ 反映实大	（1）$cd = CD = $ 实长 （2）$c'd' \parallel OX$ 轴，$c''d'' \parallel OY_W$ 轴 （3）$\alpha = 0°$；β、γ 反映实大	（1）$e''g'' = EG = $ 实长 （2）$e'g' \parallel OZ$ 轴，$eg \parallel OY_H$ 轴 （3）$\gamma = 0°$；α、β 反映实大

1）正平线——直线与 V 面平行，与 H 面、W 面倾斜。

2）水平线——直线与 H 面平行，与 V 面、W 面倾斜。

3）侧平线——直线与 W 面平行，与 V 面、H 面倾斜。

直线与 H、V、W 三面倾斜的倾角分别用字母 α、β、γ 表示。

投影面平行线的投影特性为：

1）直线在所平行的投影面上的投影反映实长。

2）直线在另两个投影面上的投影平行于相应的轴（所平行投影面上的坐标轴）。

2. 投影面垂直线

垂直一个投影面、平行另两个投影面的直线称为投影面垂直线（表2-4）。

1）正垂线——直线与 V 面垂直，与 H 面、W 面平行。

2）铅垂线——直线与 H 面垂直，与 V 面、W 面平行。

3）侧垂线——直线与 W 面垂直，与 V 面、H 面平行。

表 2-4　投影面垂直线

名称	正 垂 线	铅 垂 线	侧 垂 线
立体图			
投影图			
投影特性	（1）V 面投影积聚为一点 （2）$de \perp OX$ 轴，$d''e'' \perp OZ$ 轴，两投影反映实长 （3）$\beta = 90°$；$\alpha = \gamma = 0°$	（1）H 面投影积聚为一点 （2）$a'b' \perp OX$ 轴，$a''b'' \perp OY_W$ 轴，两投影反映实长 （3）$\alpha = 90°$；$\beta = \gamma = 0°$	（1）W 面投影积聚为一点 （2）$gd \perp OY_H$ 轴，$g'd' \perp OZ$ 轴，两投影反映实长 （3）$\gamma = 90°$；$\alpha = \beta = 0°$

投影面垂直线的投影特性为：

1）直线在所垂直的投影面上的投影积聚为一点。

2）直线的另两个投影垂直于相应的轴（所垂直投影面上的坐标轴），且反映实长。

投影面平行线和投影面垂直线又称为特殊位置直线。

3. 一般位置直线

与 V、H、W 三个投影面都倾斜的直线称为一般位置直线（表2-5）。

表 2-5　一般位置直线

立 体 图	一般位置直线的投影图	投 影 特 性
		（1）$a'b' < AB$ 实长；$ab < AB$ 实长；$a''b'' < AB$ 实长 （2）投影图上不反映 α、β、γ 实大

一般位置直线的三面投影既不垂直于投影面，也不平行于投影面，是一条小于实长的倾斜线。

二、直线上的点

1. 从属性

点在直线上，则该点的各面投影必在该直线的同面投影上；反之亦然。如表 2-5 中，点 K 在直线 AB 上，则 k' 在 $a'b'$ 上，k 在 ab 上，k'' 在 $a''b''$ 上。直线 AB 上点 K 的投影也一定符合点的投影规律。

2. 定比性

点分割的线段之比，等于点的各面投影分割线段的同面投影之比。如表 2-5 中，$AK:KB = a'k':k'b' = ak:kb = a''k'':k''b''$。

例 2-2　判别点 C 是否在侧平线 AB 上（图 2-15a）。

解法 1：作出点 C 和直线 AB 的侧面投影 c'' 和 $a''b''$，由于点 c'' 不在 $a''b''$ 上，所以点 C 不在直线 AB 上（图 2-15b）。

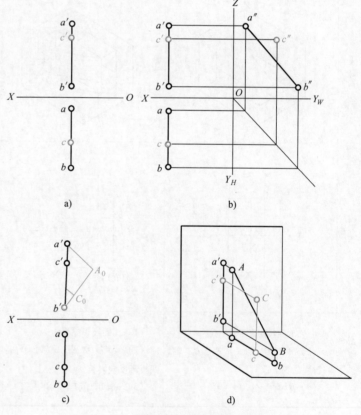

图 2-15　判别点与直线的相对位置

a）已知条件　b）解法 1　c）解法 2　d）立体图

解法 2：根据直线上点分割线段的定比性，过 b' 作任意直线段 $b'A_0$，使线段 $b'A_0 = ab$，并取 $b'C_0 = bc$，连 A_0a'，过 C_0 作直线平行于 A_0a'。从图 2-15c 可看出 $ac:cb \neq a'c':c'b'$，故点 C 不在直线 AB 上（图 2-15d）。

三、直角三角形法求直线的实长及倾角

特殊位置直线在三面投影中能直接显示直线实长及对投影面的倾角，而一般位置直线则不能直接显示直线实长和对投影面的倾角，用直角三角形法可以解决这一问题。

图 2-16 给出了一般位置直线 AB 及其两面投影。从立体图上分析得知：在过直线 AB 上点 A、B 向 H 面所引的投射线形成的平面 $ABbaA$ 内，作 $BK \parallel ab$，在空间构成直角三角形 ABK。在这个直角三角形中，一直角边 $BK = ab$，即为直线 AB 的水平面投影长度，另一直角边 $AK = Aa - Ka = \Delta Z$，即为 AB 两端点的 Z 坐标差，斜边 AB 就是实长。AB 与 BK 之间的夹角 $\angle ABK = \alpha$，即直线 AB 对 H 面的倾角。这种求实长和倾角的方法称为直角三角形法。

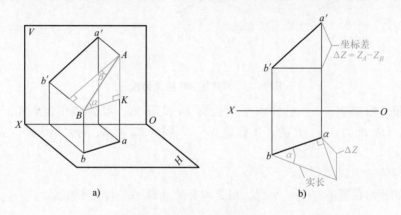

a)   b)

图 2-16 用直角三角形法求直线的实长和倾角

a）立体图 b）投影图

图 2-16b 是用直角三角形法求实长和倾角的作图方法。按照这一方法，也可以以 $a'b'$ 或 $a''b''$ 为一直角边，两端点与 V 面或 W 面的距离差为另一直角边，从而作出 AB 的实长及其对 V 面的倾角 β 或对 W 面的倾角 γ。求直线实长及对某一投影面倾角的作图步骤归纳如下：

1）将线段某一投影（如水平面投影）的长度作为一直角边。

2）将线段某一投影（如水平面投影——坐标由 X 和 Y 决定）所缺另一维的两端点的坐标差（如 ΔZ）作另一直角边。

3）作直角三角形的斜边，即为线段的实长。

4）在这一直角三角形中，实长与投影的夹角即为直线与该投影面的倾角。

一般位置直线 AB 与它的各面投影以及坐标差线段所构成的直角三角形，其直角边和斜边的关系见表 2-6。

表 2-6 线段 AB 的各种直角三角形边、角构成

倾角	直角边		斜边（实长）	示意图
	倾角邻边	倾角对边		
α	水平面投影 ab	Z 坐标差 ΔZ_{AB}	实长 AB	倾角对边 · 斜边(实长)
β	正面投影 $a'b'$	Y 坐标差 ΔY_{AB}	实长 AB	倾角
γ	侧面投影 $a''b''$	X 坐标差 ΔX_{AB}	实长 AB	倾角邻边

表2-6列出的各个直角三角形的四个几何元素中，若知任意两个元素，则可求出其他两个元素。

例2-3 已知线段 AB 的水平投影 ab 和点 A 的正面投影 a'，并已知 $\alpha = 30°$（图2-17a），完成 AB 的正面投影。

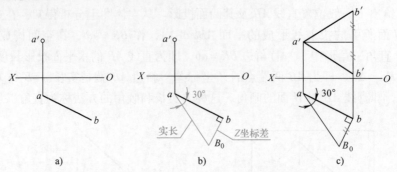

图2-17 求线段 AB 的正面投影

分析与解：根据表2-6，已知水平面投影 ab 及 α 角，可直接作出直角三角形 $\triangle abB_0$（图2-17b），bB_0 即为点 A、B 的 Z 坐标差 ΔZ_{AB}，因为 Z_A 和 Z_B 的大小未知，故本题有两个解（图2-17c）。

四、两直线的相对位置

两直线的相对位置有三种：平行、相交和交叉（既不平行又不相交）。

1. 平行两直线

若两直线 AB 和 CD 在空间相互平行（图2-18a），则它们在 V、H、W 投影面上的投影也分别相互平行，即 $a'b' \parallel c'd'$，$ab \parallel cd$，$a''b'' \parallel c''d''$（图2-18b）。反之，若两直线的三面投影都互相平行，则此两直线在空间必定相互平行。平行的两直线是共面的直线。

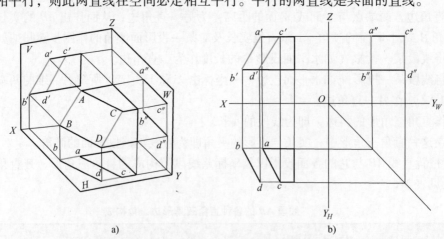

图2-18 空间平行两直线的三面投影

a）立体图 b）投影图

2. 相交两直线

若两直线 AC 和 CD 在空间相交（图2-19a），则它们在 V、H、W 投影面上的投影也是相交的，其交点 C 一定符合点的三面投影规律（图 2-19b）。相交两直线是共面的直线。

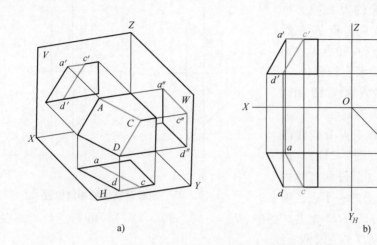

a)   b)

图 2-19　空间相交两直线的三面投影

a）立体图　b）投影图

3. 交叉两直线

若两直线在空间既不平行也不相交，则为交叉两直线。交叉两直线是异面直线（图 2-20a）。交叉两直线的同面投影或其延长线大多表现"相交"关系，但这些同面投影的"交点"不符合点的投影规律。这个所谓的"交点"，实际上是一对重影点。要判断重影点的可见性，关键是找出此两点不重影的投影，距投影面坐标大的点是可见的，反之不可见。图 2-20b 中，点 C 与点 E 在 W 面重影，即 c'' 与 e'' 重合，由于 $X_C > X_E$，所以点 C 在左（可见），点 E 在右（不可见）。

利用重影点可以判断交叉两直线在空间的上、下、左、右、前、后的相对位置。如图 2-20c 中直线 AB 与 CD 是交叉两直线，设点 E 在直线 AB 上，

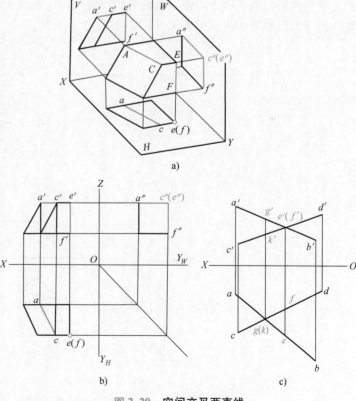

a)

b)   c)

图 2-20　空间交叉两直线

a）立体图　b）投影图　c）可见性判断

点 F 在直线 CD 上，E、F 两点在 V 面的投影重合，从它们不重合的 H 面投影可知，$Y_E > Y_F$，即点 E 在前，点 F 在后（其 V 面投影不可见）。点 G 和点 K 在 H 面投影的可见性问题请读者自行分析。

例 2-4　判别一般位置直线 AB 和侧平线 CD 是否相交（图 2-21a）。

分析与解：利用直线上点分割线段定比性的方法进行判断（图 2-21b）。若点 K 是两直线的公有点（假设两直线相交），即 K 也是线段 CD 上的一个点，则

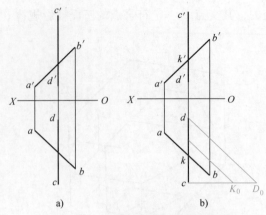

图 2-21　判断两直线的相对位置

$ck:kd = c'k':k'd'$。现 $ck:kd \neq c'k':k'd'$（图中 $cD_0 = c'd'$，$cK_0 = c'k'$），可见，点 K 不在线段 CD 上，因此直线 AB 和 CD 是交叉两直线。

第四节　平面的投影

本节所研究的平面，均指平面的有限部分，即平面图形。平面通常用确定该平面的点、直线或平面图形等几何元素表示（图 2-22）。

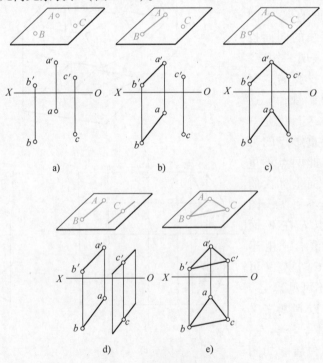

图 2-22　平面的表示方法

a）不在同一直线上的三点　b）一直线和直线外一点　c）相交两直线
d）平行两直线　e）任意平面图形（三角形等）

一、各种位置平面的投影特性

平面在三面投影体系中相对于投影面的位置分为三类：

1. 投影面平行面

平行一个投影面、垂直另两个投影面的平面称投影面平行面（表2-7）。

1）正平面——平面与 V 面平行，与 H、W 面垂直。

2）水平面——平面与 H 面平行，与 V、W 面垂直。

3）侧平面——平面与 W 面平行，与 V、H 面垂直。

表2-7 投影面平行面

名称	正 平 面	水 平 面	侧 平 面
立体图	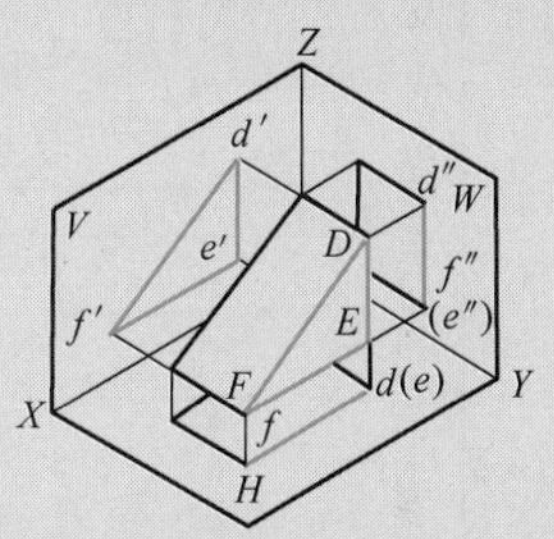	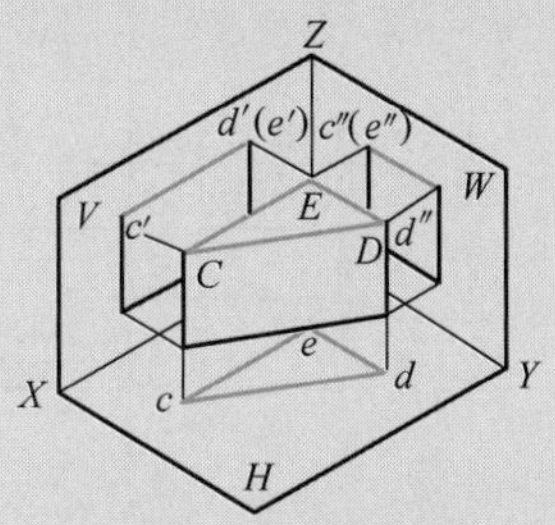	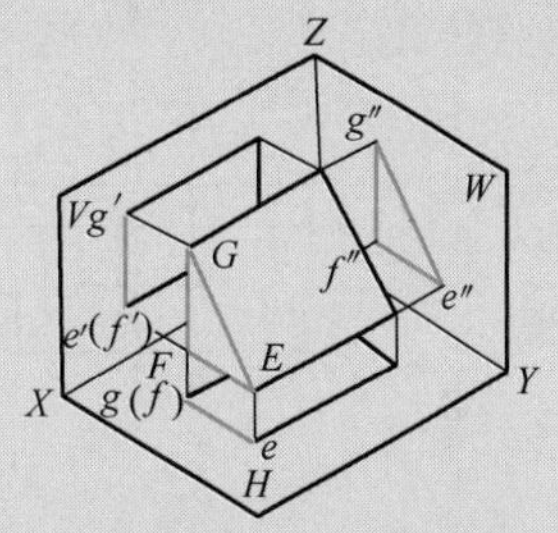
投影图	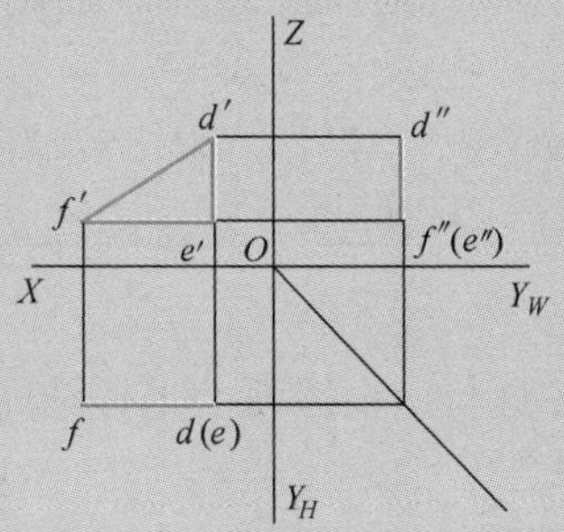	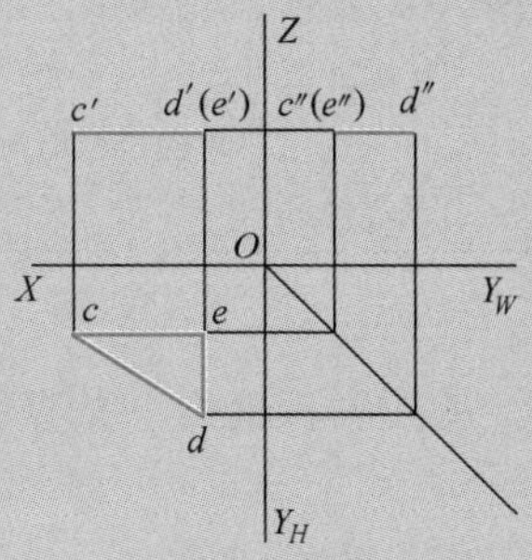	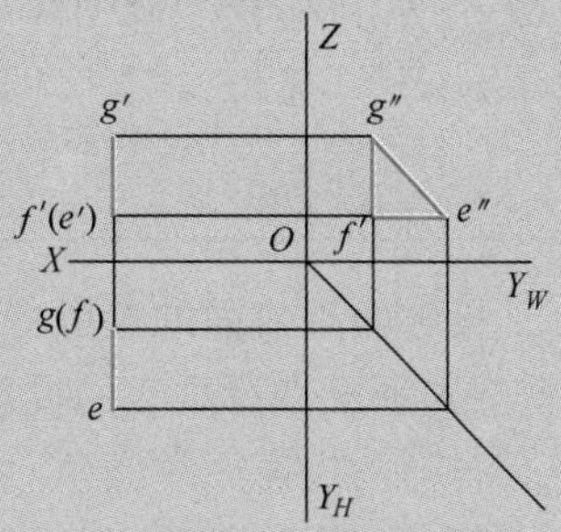
投影特性	（1）V 面投影反映实形 （2）H 面、W 面投影积聚成直线，且分别平行于 OX 轴和 OZ 轴	（1）H 面投影反映实形 （2）V 面、W 面投影积聚成直线，且分别平行于 OX 轴和 OY_W 轴	（1）W 面投影反映实形 （2）V 面、H 面投影积聚成直线，且分别平行于 OZ 轴和 OY_H 轴

投影面平行面的投影特性如下：

1）平面在所平行的投影面上的投影反映实形。

2）平面在另两个投影面上的投影积聚为直线且平行于相应的轴（所平行投影面上的坐标轴）。

2. 投影面垂直面

垂直一个投影面、倾斜另两个投影面的平面称投影面垂直面（表2-8）。

1）正垂面——平面与 V 面垂直，与 H、W 面倾斜。

2）铅垂面——平面与 H 面垂直，与 V、W 面倾斜。

3）侧垂面——平面与 W 面垂直，与 V、H 面倾斜。

表 2-8 投影面垂直面

名称	正 垂 面	铅 垂 面	侧 垂 面
立体图	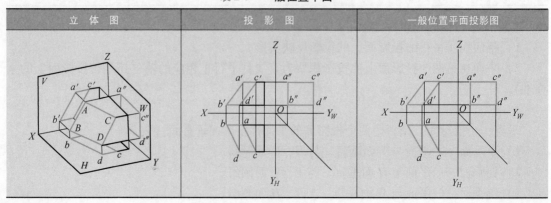		
投影图			
投影特性	（1）V 面投影积聚成一条与 OX、OZ 轴倾斜的直线，且反映 α 角和 γ 角实大，β = 90° （2）H、W 面投影均为平面原形的类似形	（1）H 面投影积聚成一条与 OX、OY_H 轴倾斜的直线。且反映了 β 角和 γ 角实大，α = 90° （2）V、W 面投影均为平面原形的类似形	（1）W 面投影积聚成一条与 OZ、OY_W 轴倾斜的直线，且反映 α 角和 β 角实大，γ = 90° （2）V、H 面投影均为平面原形的类似形

投影面垂直面的投影特性如下：

1）平面在所垂直的投影面上的投影积聚为一条直线，且与该投影面上坐标轴的夹角反映其与另两投影面的倾角。

2）平面的另两个投影为小于实形的类似形。

投影面平行面和投影面垂直面也称为特殊位置平面。

3. 一般位置平面

与三个投影面都倾斜的平面称为一般位置平面（表2-9）。

表 2-9 一般位置平面

立 体 图	投 影 图	一般位置平面投影图

一般位置平面投影特性如下：

1）三面投影为原平面图形的类似形，面积缩小。

2）平面的三个投影都不能直接反映平面对投影面的真实倾角。

二、平面上的点和直线

点和直线在平面上的几何条件如下：

1）点在平面上，则该点必定在这个平面的一条直线上。

2）直线在平面上，则该直线必定通过这个平面上的两个点；或者通过这个平面上的一个点，且平行于这个平面上的另一条直线。

例2-5 已知三角形 ABC 平面上点 D 的 V 面投影，求其 H 面投影（图2-23a）。

分析：因点 D 在平面 $\triangle ABC$ 上，所以点 D 一定通过 $\triangle ABC$ 平面上的一条直线。在 $\triangle ABC$ 平面中过点 D 作辅助直线 AK，由于点 D 在直线 AK 上，因此 d' 在 $a'k'$ 上，d 也在 ak 上。作图过程如图 2-23b 所示。

例2-6 点 K 属于由两相交直线 AB、BC 组成平面上的点，已知点 K 在 H 面上的投影 k，求 k'（图 2-24a）。

分析：因为点 K 属于两相交直线 AB、BC 组成的平面（简称平面 ABC）上的点，所以点 K 一定通过平面 ABC 上的一条直线 MN，且 MN 平行于平面 ABC 上的一条直线 AB。

作图步骤（图2-24b）：

1）连 $a'c'$ 和 ac。

2）作 km（$km // ab$）交 ac 于 n，作 n 的 V 面投影 n'。

3）连 $m'n'$ 并延长之。

4）利用投影关系求出 k'，即为所求。

例2-7 试完成平面四边形在 H 面的投影（图2-25a）。

分析：若 $ABCD$ 是平面，则两对角线必相交。

作图步骤（图2-25b）。

1）连 $a'c'$、$b'd'$，得交点 k'。

2）连 ac，在 ac 上求出 k。

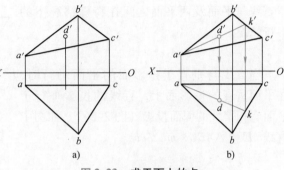

图 2-23　求平面上的点

a）已知条件　b）作图过程

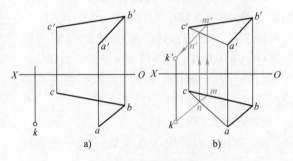

图 2-24　求平面上的点

a）已知条件　b）作图过程

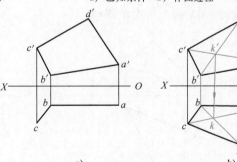

图 2-25　求平面四边形在 H 面的投影

a）已知条件　b）作图过程

3）连 bk 并延长之。

4）利用投影关系求出 d，连 cd、ad，即为所求。

三、直线与平面、平面与平面平行

直线与平面以及两平面之间的相对位置有平行、相交和垂直三种情况。下面主要介绍直线与平面及两平面之间在特殊情况下的平行情况。

1. 直线与平面平行

当直线与垂直于投影面的平面平行时，在平面垂直的投影面上，直线的投影平行于平面有积聚性的同面投影（图 2-26）。如图中直线 $MN/\!/\triangle ABC$，$mn/\!/abc$。

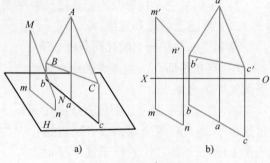

图 2-26　**直线与平面平行**

a）立体图　b）投影图

2. 平面与平面平行

当垂直于同一投影面的两平面平行时，两平面有积聚性的同面投影相互平行（图 2-27）。如图中 $\triangle ABC/\!/\triangle DEF$，$abc/\!/def$。

例 2-8　已知 $\triangle ABC$ 和点 M 的投影（图 2-28a），过点 M 作一正平线 MN 平行于 $\triangle ABC$。

分析：若一条直线 MN 与 $\triangle ABC$ 内的一条直线平行，则直线 MN 平行于 $\triangle ABC$。

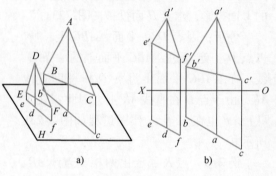

图 2-27　**两垂直平面平行**

a）立体图　b）投影图

作图步骤（图 2-28b）：

1）先在 $\triangle ABC$ 中过点 A 取一正平线 AE。过 a 作 ae 平行 OX 轴，求出 $a'e'$。

2）过点 m 作 mn 平行 ae，过点 m' 作 $m'n'$ 平行 $a'e'$。

3）直线段 MN 即为所求正平线。

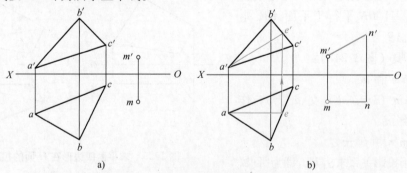

图 2-28　**过点作正平线平行已知平面**

a）已知条件　b）作图过程

第五节　换　面　法

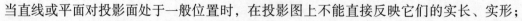

当直线或平面对投影面处于一般位置时，在投影图上不能直接反映它们的实长、实形；

当它们处于特殊位置时，在投影图上就可直接得到它们的实长、实形。如果把空间几何元素对投影面的相对位置由一般位置变换成特殊位置，则实长、实形问题就容易解决了。换面法就是解决这种问题的一种方法。

一、换面法的基本概念

让空间几何要素的位置保持不动，用一个新的投影面代替原来的一个投影面，构成新的投影体系，使空间几何要素对新投影面处于有利于解题的特殊位置，这种方法称为变换投影面法，简称换面法。

图 2-29 表示了换面法的原理。在 V、H 两投影面体系 V/H 中有一般位置直线 AB，求作其实长和对 H 面的倾角 α。从图中看到，直线 AB 的两个投影都不反映实长。如果设置一新的投影面 V_1 平行于直线 AB 且又与 H 面垂直，则 V_1 取代了投影面 V，V_1 和 H 组成了新投影体系 V_1/H。这时直线 AB 在 V_1 面上的投影便反映实长了。

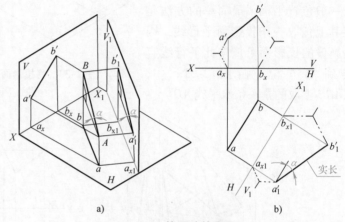

图 2-29　换面法的原理
a）立体图　b）投影图

由以上分析可知，新投影面的设置必须符合两个条件：

1）新投影面必须垂直原投影面体系中的一个投影面。

2）新投影面必须使空间几何要素处于有利于解题的位置。

二、换面法的基本作图问题

1. 把一般位置直线变换成投影面的平行线

如图 2-29a 所示，AB 为一般位置直线，若要变换为正平线，则必须变换 V 面。

作图步骤（图 2-29b）：

作新投影轴 $X_1 /\!/ ab$；由 a、b 两点分别作 X_1 轴的垂线交 X_1 于 a_{x1} 和 b_{x1} 并延长；在垂线上截取 $a_{x1}a_1' = a_x a'$，$b_{x1}b_1' = b_x b'$，$a_1'b_1'$ 即为新投影体系 V_1/H 中的正平线的投影，也即直线 AB 的实长，$a_1'b_1'$ 与 X_1 轴的夹角 α 即为直线 AB 与 H 面的夹角。

若要把直线变换成水平线，则需变换 H 面，用新投影面 $H_1 /\!/ AB$，即用新投影面体系 V/H_1 代替旧投影面体系 V/H，作图时使 $X_1 /\!/ a'b'$ 即可。请读者思考并完成。

2. 将投影面平行线变换成投影面垂直线

如图 2-30a 所示，在 V/H 两投影面体系中有正平线 AB，因为垂直于 AB 的平面也垂直于 V 面，所以用 H_1 面来代替 H 面，使 AB 成为 V/H_1 中的 H_1 面垂直线。

作图步骤（图 2-30b）：

作新投影轴 $X_1 \perp a'b'$；由 a'、b' 作 X_1 轴的垂线并延长，在垂线上截取 $a_{x1}a_1 = a_x a$，$b_{x1}b_1 = b_x b$，得 $a_1 b_1$ 积聚为一点，AB 即垂直 H_1 面。

3. 将一般位置平面变换成投影面垂直面

图 2-31 中 $\triangle ABC$ 是 V/H 两投影面体系中的一般位置平面，要把它变成投影面垂直面，

新的投影面该如何设置呢？根据初等几何知识，当一平面垂直于另一平面上的任一直线时，则这两个平面互相垂直。据此，只需在 $\triangle ABC$ 上任取一直线，使新设的投影面与其垂直，则 $\triangle ABC$ 就变成新投影面的垂直面。如何取这条直线呢？对于一般位置平面，最简单的方法是在其上任取一条投影面平行线，因为新设的投影面可依据此平行线直接确定方位。在图 2-31a 中，$\triangle ABC$ 上取的是一条水平线 AD。

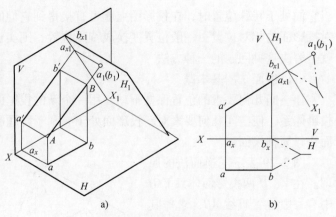

图 2-30　将投影面平行线变换成投影面垂直线
a）立体图　b）投影图

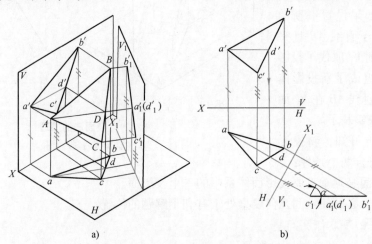

图 2-31　将一般位置平面变换成投影面垂直面
a）立体图　b）投影图

作图步骤（图 2-31b）：

作 $a'd' \, /\!/ \, X$ 轴，并求出 ad；作 X_1 轴垂直于 ad；在 V_1/H 体系中，分别过投影点 a、b、c 作 X_1 轴的垂线并延长到 V_1 面，按图 2-29b 作图方法，逐一截取相应距离。其结果使平面 $\triangle ABC$ 的投影 $a_1'b_1'c_1'$ 积聚为一直线（投影面的垂直面）。

也可取 $\triangle ABC$ 内的正平线作辅助线以确定 H_1 面的方位，此时应用 H_1 代替 H，使 $\triangle ABC$ 变换成 H_1 面上的垂直面。

4. 将投影面垂直面变换成投影面平行面

图 2-32 中的 $\triangle ABC$ 是 V/H 两投影面体系中的铅垂面，要将它变成投影面平行面，必须更换 V 面，使新设置的 V_1 面与 $\triangle ABC$ 平行并与 H 面垂直，这样在 V_1 面上就反映出 $\triangle ABC$ 的实形。

作图步骤（图 2-32b）：

作新投影轴 $X_1 \, /\!/ \, abc$；在 V_1/H 体系中，分别过投影点 a、b、c 作垂直于 X_1 的垂线并延长到 V_1 面区域；按图示方法截取距离，得 $\triangle a_1'b_1'c_1'$，即为 $\triangle ABC$ 实形。

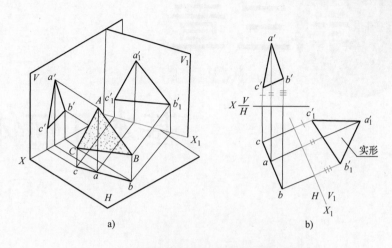

图 2-32　将投影面垂直面变换成投影面平行面

a）立体图　b）投影图

若要将正垂面换成投影面平行面，则需变换 H 面，使 H_1 面与 $\triangle ABC$ 平行，即可得到投影面的平行面，请读者思考。

第三章

CHAPTER 3

基本几何体

工程中一般的零件可以看成是由一些简单的基本几何体（图3-1）按一定的方式组合而成的。例如螺栓坯可看成是圆锥台、圆柱和六棱柱的组合（图3-2a），手柄可以看成是圆柱、圆锥台和圆球的组合（图3-2b）。

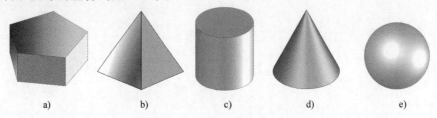

图 3-1　**基本几何体**

a）正五棱柱　b）正四棱锥　c）圆柱　d）圆锥　e）圆球

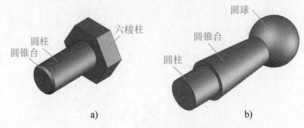

图 3-2　**螺栓坯、手柄组成**

a）螺栓坯　b）手柄

基本几何体分为平面立体和曲面立体两大类。本章介绍常见平面立体和曲面立体的表达。

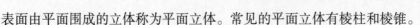

第一节　平面立体

表面由平面围成的立体称为平面立体。常见的平面立体有棱柱和棱锥。

一、棱柱

1. 棱柱的组成

棱柱由互相平行的上、下两底面和与底面垂直的若干个棱面围成。棱面与棱面之交线称为棱。常见的棱柱有三棱柱、四棱柱、五棱柱、六棱柱等。

在三面投影体系中，棱柱一般按如下位置放置：上、下底面为投影面平行面，其他的棱面则为投影面垂直面或投影面平行面。

2. 棱柱的投影分析

六棱柱（图3-3a）的上、下底面为水平面，在 H 面的投影为正六边形，且反映实形，在 V、W 面上积聚为一直线。六个棱面和六条棱线分别垂直于 H 面，在 H 面的投影分别积聚在正六边形的六条边和六个顶点上。前棱面和后棱面与 V 面平行，其 V 面投影反映实形；W 面投影积聚为直线。其他四个侧棱面的 V 面和 W 面投影则为类似形（图3-3b）。

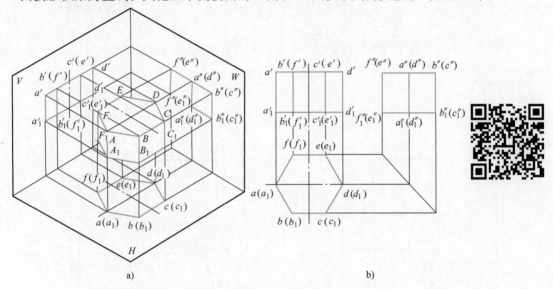

a)   b)

图3-3　六棱柱

3. 棱柱的绘图步骤

以五棱柱为例，其绘图的步骤如下：

1）用细点画线绘出五棱柱对称平面的投影（图3-4b）。

2）绘出上、下底面的三面投影。在 H 面上，棱柱的投影是反映实形的五边形，也是五棱柱的特征投影，上、下底面的投影重合。因为上、下底面是两个水平面，因此它们在 V 面和 W 面积聚为直线（图3-4c）。

3）绘出各棱线的三面投影。五棱柱的五条棱线均为铅垂线，其 H 面投影积聚于五边形的五个顶点，V 面和 W 面投影为反映棱柱高的直线。不可见的棱线投影用细虚线表示（图3-4d）。

4. 棱柱表面上的点

棱柱的某些表面在某个投影上具有积聚性，棱柱表面上点的投影可利用表面投影的积聚性来作图。

在图3-4的五棱柱中，已知点 M 的正面投影 m'，求 m 及 m''。因为 m' 可见，故 m' 在矩形 $a'a_1'b_1'b'$ 中，即点 M 在五棱柱的 AA_1B_1B 的铅垂面上。利用该面在 H 面上投影的积聚性，可求出点 M 的 H 面投影 m。再利用投影规律，求出点的侧面投影 m''。可见性的分析：因为点 M 在棱柱的前、左表面，故点 M 在三面投影上均是可见的。

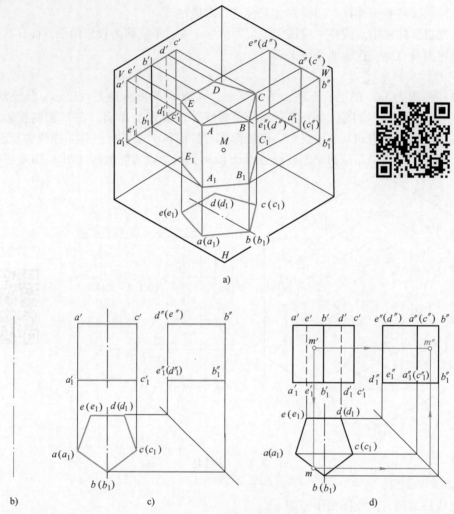

图 3-4 正五棱柱的绘图步骤

5. 棱柱的尺寸标注

棱柱体的完整尺寸包括长、宽、高三个方向的尺寸。底面尺寸尽量标注在反映实形的视图上（图 3-5）。

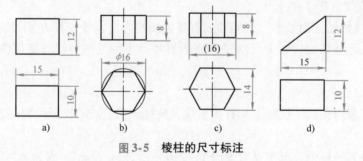

图 3-5 棱柱的尺寸标注

二、棱锥

1. 棱锥的组成

棱锥是由一底面和若干个棱面围成且所有棱线汇交于顶点的立体。棱锥的底面为多边形，侧面为三角形（图 3-6a）。

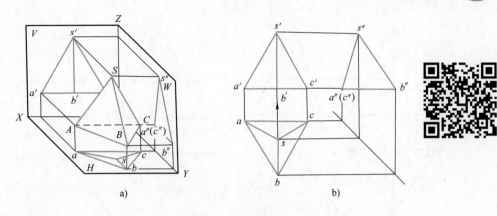

图 3-6　正三棱锥

2. 棱锥的投影分析

图 3-6b 中，三棱锥的底面为水平面，在 H 面的投影为具有真实性的三角形，V 面和 W 面投影积聚为一条水平直线。△SAC 为侧垂面，在 W 面的投影积聚为一条直线，H 面和 V 面投影具有类似性；△SAB 与△SBC 是一般位置平面，它们的三面投影均为缩小的三角形。

3. 棱锥的绘图步骤

以四棱锥为例，其绘图的步骤如下：

1）用点画线绘出棱锥对称平面的投影（图 3-7a）。

2）绘出底面 ABCD 的三面投影，绘出棱锥顶点 S 三面投影（图 3-7b）。

3）绘出各棱线的三面投影（图 3-7c）。

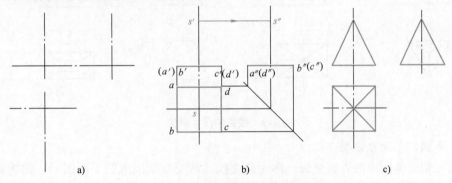

图 3-7　四棱锥的绘图步骤

4. 棱锥表面上的点

当所求点位于棱锥底面或具有积聚性的侧面上时，可利用积聚性求出。但一般棱面投影不具有积聚性，这时需作辅助线求点。辅助线求点常用的方法有连线法和平行线法（图 3-8），其做法是：直线上点的投影在直线的同名投影上，作一条过所求点且易求的辅助直线，求出该直线投影，进而求出点的投影。

（1）连线法　过顶点 S 与所求点 M 连线，延长交底边 AB 于 D，SD 为辅助线。作出 SD 在 V、H、W 面上的投影，再利用点 M 的投影关系，即可求出点 M 在棱锥 SAB 平面 SD 线上的三面投影（图 3-8a）。

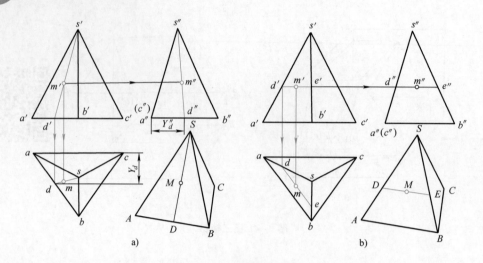

图 3-8　棱锥表面求点

（2）平行线法　平行辅助线是过所求点 M 作底边 AB 的平行线交棱 SA、SB 于点 D、E，DE 为辅助线。点 M 的三面投影求法同上（图 3-8b）。

5. 棱锥的尺寸标注

棱锥的完整尺寸包括长、宽、高三个方向的尺寸，底面尺寸尽量标注在反映实形的视图上（图 3-9）。

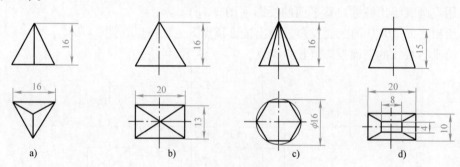

图 3-9　棱锥的尺寸标注

三、平面与平面立体相交

平面截切立体所得的表面交线，称为截交线。截交线所围成的平面图形，称为截断面。截切立体的平面称为截平面。被截切后的立体称为截断体。

截交线具有以下两个基本性质：

1）截交线是截平面与立体表面的公共线。

2）截交线一般是封闭的平面多边形（图 3-10a）。

当平面立体被平面截切时，平面立体上会出现斜面、凹槽、缺口、孔洞等结构。画截断体的投影，应在掌握基本平面立体视图画法的基础上，结合表面求点的方法和点、线、面的投影特点，画出截断体的三视图。

1. 单一平面与平面立体截交

单一平面与平面立体的截交线为一个平面多边形。其作图的方法是先求出平面立体上被截断的各棱线或底边与截平面的一系列共有点，判断可见性，然后依次连线。

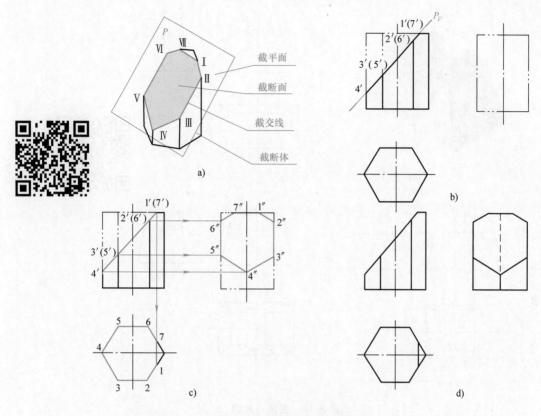

图 3-10　平面截交正六棱柱

例 3-1　六棱柱被正垂面 P 截切（图 3-10b），试完成截断体的三视图。

分析：截平面为正垂面，与六棱柱的棱面和上底面都相交，截断面为七边形，其 V 面投影积聚为直线，H 面和 W 面投影为类似的七边形。截平面分别与棱面、上底面交于点 I、II、III、IV、V、VI、VII，截交线段VII I 在上底面上，其余各段位于棱柱棱面上。

作图步骤：

1）确定截平面与棱柱各交点在 V 面的投影（图 3-10b）。

2）各交点为棱线或上底面边上的点，由此分别求出交点在 H 面和 W 面的投影（图 3-10c）。

3）依次连接各交点同名投影，擦去被截去的图线。

4）判断各棱线的可见性，并完成被截六棱柱的三面投影，即为所求三视图（图 3-10d）。

2. 若干平面截切平面体

当平面立体同时被几个平面截切时，情况较为复杂。这时，不但截平面与立体表面之间产生截交线，截平面之间也将产生新的交线，截断面多边形的顶点也不完全在平面立体的棱或底边上。

例 3-2　求中间切槽的四棱台的三视图（图 3-11a）。

分析：三个截平面分别为一个水平面和两个侧平面，均是特殊位置平面，因此，截交线在 V 面和 W 面的投影积聚为直线。点 I、IV在上底面边上，容易确定，关键是如何确定点

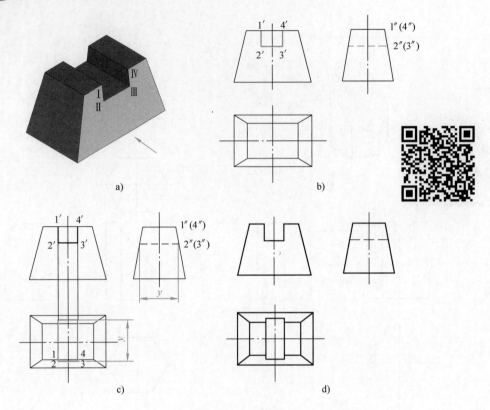

图 3-11　四棱台截切

Ⅱ、Ⅲ。

作图步骤：

1）在四棱台上利用积聚性分别求出三个截平面在 V 面、W 面上点 1′、2′、3′、4′和 1″、2″、3″、4″的投影（图 3-11b）。

2）在 H 面上，利用投影关系求出点 1、2、3、4 的投影，并利用图形对称性，完成三个截平面在 H 面上的投影（图 3-11c）。

3）判断各交线的可见性，并完成截四棱台的三面投影，即为所求的三视图（图 3-11d）。

例 3-3　完成正三棱锥截切后的投影（图 3-12a）。

分析：正三棱锥被水平面 Q、正垂面 P 截切，平面 Q 和 P 截切后交于正垂线 ⅡⅢ（图 3-12a）。

作图步骤（图 3-12b）：

1）作出完整三棱锥的 H、W 面投影，并在 V 面中标出平面 q′、p′与各棱线截切后的共同点 1′、2′、3′、4′、5′。

2）利用棱柱表面的求点方法及投影关系，分别求出 Q、P 截面在 H、W 面的投影 1、2、3、4、5 与 1″、2″、3″、4″、5″。

3）将同一投影面上的点依次连接成线，判断各线的可见性，完成正三棱柱被截切后的三视图。

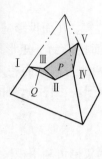
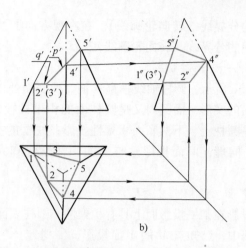

图3-12 正三棱锥的截切

第二节 曲面立体

由曲面或由曲面与平面围成的形体称为曲面立体。零件中常见的曲面立体是回转体。

一动线（直线或曲线）绕一定直线旋转而成的面，称为回转面。定直线称为回转轴，动线称为母线。母线处于回转面上任意位置时，称为素线。母线上任意一点的旋转轨迹都是圆，称为纬圆。由回转面或回转面与平面围成的立体，称为回转体。

常见的回转体有圆柱、圆锥、圆球等。

一、圆柱

1. 圆柱的形成

动直线 SS_1 绕与之平行的轴线 OO_1 旋转而成的回转面称为圆柱面（图3-13a）。圆柱由圆柱面及上、下两底面（平面）围成。

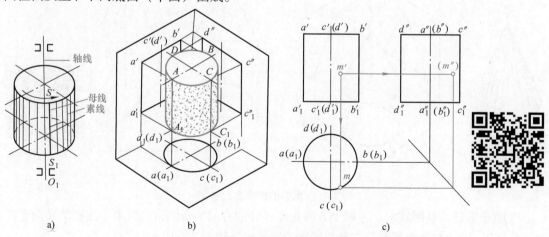

图3-13 圆柱的形成及三视图

在圆柱面上，有四条特殊的素线，AA_1、BB_1、CC_1、DD_1 分别处于圆柱面的最左、最右、最前、最后处（图3-13b）。沿主视方向看过去，AA_1、BB_1 是可见的前半圆柱与不可见的后半圆柱的分界线（转向轮廓线）。在左视方向上，CC_1、DD_1 是可见的左半圆柱与不可见的右半圆柱的分界线（转向轮廓线）。

2. 圆柱的三视图及画法

如图 3-13c 所示，圆柱轴线垂直 H 面，两底面处于水平位置。H 面投影是一个圆，反映上、下两底面的实形，而圆周又是圆柱面的积聚性投影。V 面投影为一矩形线框，线框的上、下两边是圆柱上、下两底面积聚性投影；线框的左、右两边是圆柱面转向轮廓线 AA_1，BB_1 的投影。同理，W 面投影是与 V 面同样形状和大小的矩形。圆柱三视图的画法如图 3-13c所示。

3. 圆柱表面上的点

圆柱的投影在某一投影面上具有积聚性，圆柱表面上点的投影可利用积聚性求出。

图 3-13c 中，已知点 M 的 V 面投影 m'，求点 M 的另两面投影。因为点 m' 在 V 面可见，所以点 M 在前右半圆柱表面的 BCC_1B_1 区域内，H 面的投影积聚在圆上。首先求出点 M 在具有积聚性的 H 面投影 m，根据投影关系，求出 W 面投影 m''（不可见）。

4. 圆柱的尺寸标注

圆柱的完整尺寸包括径向尺寸（底面圆的直径）和轴向尺寸（圆柱的高）。直径尺寸一般标注在非圆视图上。当把圆柱尺寸集中标注在一个非圆视图上时，这个视图已能清楚地表达圆柱的形状和大小（图 3-14）。

图 3-14　圆柱的尺寸标注

二、圆锥

1. 圆锥的形成

直线 SS_1 绕与之斜交的轴线 OO_1 旋转而成的回转面称为圆锥面（图 3-15）。圆锥由圆锥面及圆平面围成。

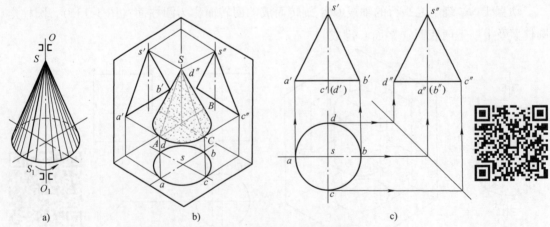

a)　　　　　　　　b)　　　　　　　　c)

图 3-15　圆锥的形成及三视图

类似于圆柱，从圆锥前、左两个方向观察，分别有前半个圆锥与后半个圆锥的转向轮廓线 SA、SB，以及左半个圆锥与右半个圆锥的转向轮廓线 SC、SD。

2. 圆锥的三视图及画法

圆锥底面平行于 H 面，在 H 面上的投影是一个反映实形的圆，在 V 面和 W 面的投影积聚为一直线。圆锥面的水平投影落在圆形内，另两面投影为等腰三角形（图 3-15c）。

3. 圆锥表面上的点

圆锥在三个投影面上的投影不具有积聚性，圆锥表面求点需通过作辅助线来完成。常用的有辅助素线法和辅助纬圆法。

现以图 3-16 为例，已知点 M 的 V 面投影 m'，求点 M 在 H、W 面的投影。

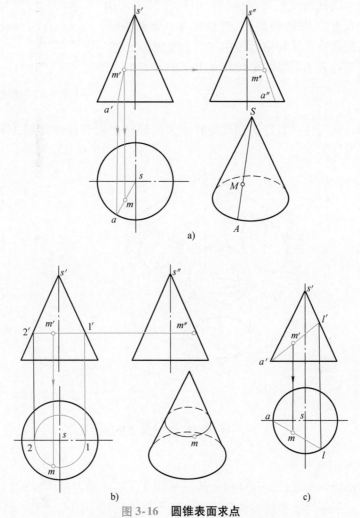

图 3-16 圆锥表面求点

a）辅助素线法 b）辅助纬圆法 c）错误

（1）辅助素线法 过锥顶 S 和锥面上点 M 作一辅助素线 SA，求出直线 SA 的三面投影 $s'a'$、sa、$s''a''$，利用投影关系，由 m' 即可求出 m、m''（图 3-16a）。

（2）辅助纬圆法 过所求点 M 作一水平纬圆，该圆在 V、W 面的投影中积聚为平行于底面的直线，在 H 面的投影为一圆。

作图步骤：

1）过 m' 作直线平行于底圆并交转向轮廓线于点 $1'$、$2'$。

2）作点 $1'$、$2'$ 对应的水平投影点 1、2，在 H 面上以 S1 为半径作辅助圆。

3）过点 m' 向 H 面作投影连线交辅助圆于点 m（因点 m' 可见，故取与前半圆交点）；根据投影关系，由 m、m' 求出 W 面投影 m''。

4）可见性判断：因为点 M 在左前方，故点在三面投影中均可见（图 3-16b）。

注意：圆锥面上只有过锥点沿素线方向的两点连线是直线，图 3-16c 的辅助线求点的方法是错误的。

4. 圆锥的尺寸标注

与圆柱类似，圆锥的完整尺寸包括径向尺寸（底面圆的直径）和轴向尺寸（圆锥的高）。直径尺寸一般标注在非圆视图上。当把圆锥尺寸集中标注在一个非圆视图上时，这个视图已能清楚地表达圆锥的形状和大小（图 3-17）。

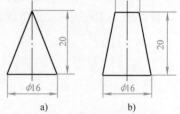

图 3-17　圆锥的尺寸标注

三、圆球

1. 圆球的形成

以圆为母线，圆的任一直径为轴线旋转而成的回转面称为球面（图 3-18a），圆球由球面围成。

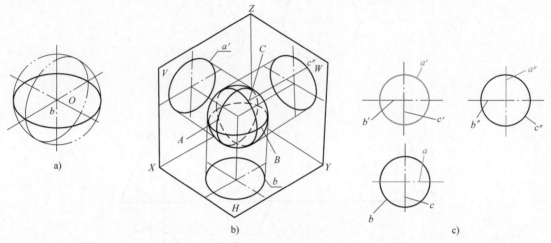

图 3-18　圆球的形成及三视图

2. 圆球的三视图及画法

圆球的三面投影均为圆，即球体最大的正平圆 A（前半球与后半球的转向轮廓线），最大的水平圆 B（上半球与下半球的转向轮廓线）和最大的侧平圆 C（左半球与右半球的转向轮廓线）。在 V 面投影中，前半球可见，后半球不可见；在 H 面投影中，上半球可见，下半球不可见；在 W 面的投影中，左半球可见，右半球不可见。圆球的转向轮廓线在所平行的投影面上的投影为圆，在另两投影面上的投影与中心线重合，不必画出（图 3-18）。

3. 圆球面上的点

圆球表面求点只能用辅助纬圆法（转向轮廓线上点除外）。辅助纬圆可以是水平圆、侧平圆或正平圆。图 3-19a 中，点 A 在球体最大的正平圆上，可利用投影关系直接求出。点 B 为球面上一般位置点，可通过作辅助水平纬圆求解。

作图步骤：

1）在 V 面上，过点 b' 作水平圆的积聚投影（一直线）交圆球转向轮廓线于点 $1'$、$2'$。

2）作点 $1'$、$2'$ 相应的水平投影 1、2，在 H 面上，以 12 为直径作辅助圆，即纬圆的水平投影。

3）过点 b' 向 H 面作投影连线交辅助圆于点 b；由 b、b' 求得 W 面投影 b''。

4）判断可见性：点 B 在圆球右上前方，故 b 可见，b'' 不可见。

因圆球表面不存在直线，故无法用辅助线法求点。图 3-19b 中求点的方法是错误的。

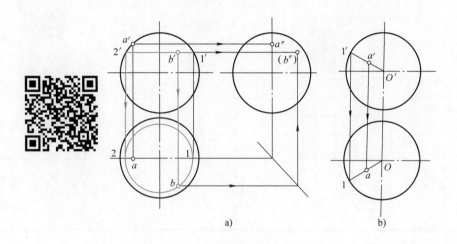

图 3-19　圆球表面求点

a）辅助纬圆法　b）错误

4. 圆球的尺寸标注

圆球只有一个尺寸即直径。注意：在尺寸数字前要加注球体直径代号"$S\phi$"（图3-20）。

图 3-20　圆球的尺寸标注

四、平面与曲面立体相交

平面与曲面立体相交，其截交线通常是封闭的平面曲线或曲线和直线组成的平面图形。

截交线是截平面和曲面立体表面的公有线，截交线上的点也是它们的公有点。截交线上有一些能确定其形状和范围的特殊点，如曲面立体投影的转向轮廓线上的点，以及最高、最低、最左、最右、最前、最后点等，其他的点是一般点。

求作曲面立体截交线的投影时，通常先作出特殊点，然后按需要再作一些一般点，并根据投影的可见性判断，最后将各点依次相连而成截交线投影。

1. 平面与圆柱相交

平面与圆柱相交时，根据截平面与圆柱轴线相对位置不同，其截交线有三种不同的形状（表3-1）。

当截平面与轴线平行或垂直时，直接按截平面位置和投影关系即可得到截交线。当截平面与轴线倾斜时，需求点作图。

例3-4　求斜截圆柱的投影（图3-21a）。

分析：截平面 P 倾斜于圆柱轴线，截交线为椭圆。P 为正垂面，截交线在 V 面的投影积聚为一直线；同时，截交线又在圆柱表面上，在 H 面的投影与圆柱面投影同时积聚成一圆；需要求作的只是 W 面投影，可根据 H、V 两面投影求出。

表 3-1　平面与圆柱相交的截交线

截平面位置	与轴线平行	与轴线垂直	与轴线倾斜
截交线形状	矩形	圆	椭圆
立体图	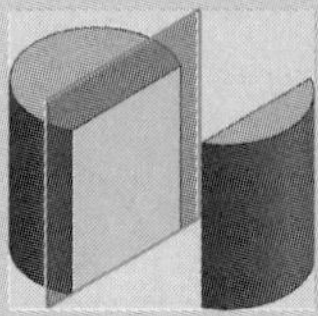	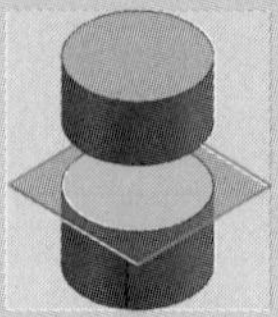	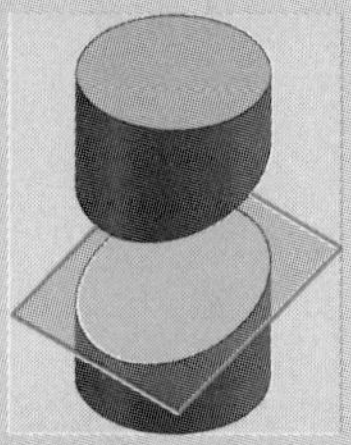
投影图	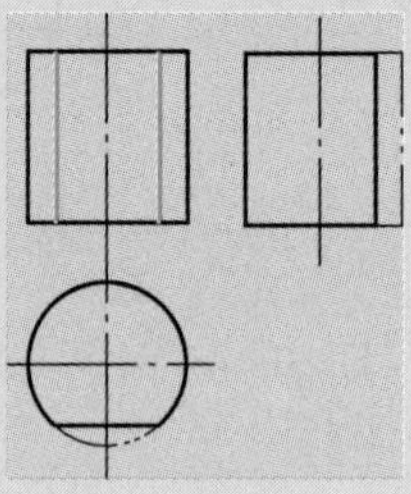	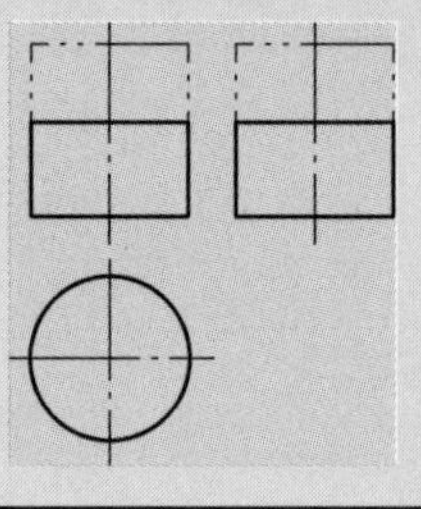	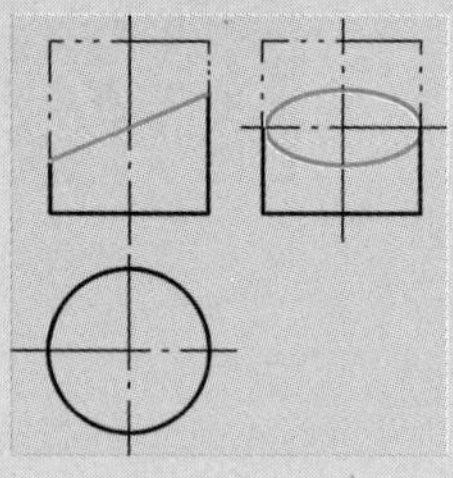

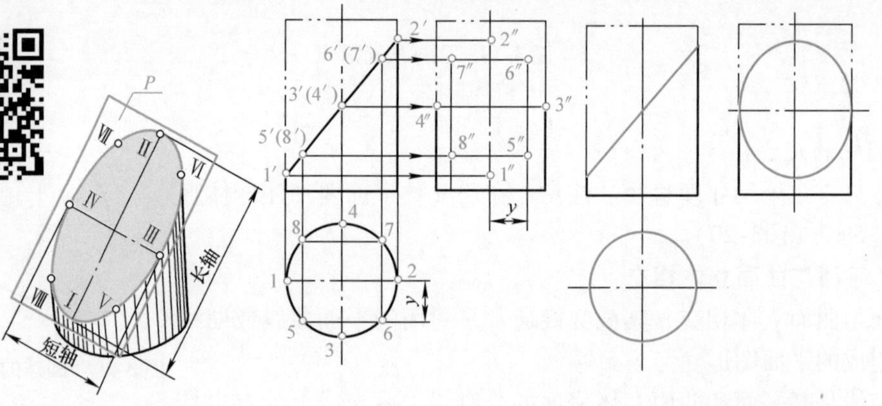

图 3-21　斜截圆柱体

作图步骤：

1）求截交线上特殊点的投影。截交线上的最低、最高、最前、最后点亦即椭圆的长、短轴端点 Ⅰ、Ⅱ、Ⅲ、Ⅳ，它们分别位于圆柱面的四条转向轮廓线上，在 H 面上的投影分别为圆上的点 1、2、3、4，V 面上的投影为直线上点 $1'$、$2'$、$3'$、$4'$，根据点的投影规律，求出侧面投影 $1''$、$2''$、$3''$、$4''$。

2）作出适当数量一般位置点的投影。为了作图方便，选点要有对称性，如图中点 Ⅴ、Ⅵ、Ⅶ、Ⅷ。先确定其 V 面投影 $5'$、$6'$、$7'$、$8'$，根据投影规律求出 H 面投影 5、6、7、8，再由 H、V 面投影求出 W 面投影 $5''$、$6''$、$7''$、$8''$（图 3-21b）。

3）判断各点可见性，依次光滑连接所求各点，即得截交线投影（图 3-21c）。

圆柱体同时被几个平面截切，则是表 3-1 中基本截切形式的组合。此时截断面各是基本截切形式中截断面的一部分，要分别求出，同时要求出各截平面之间的交线。注意截切位置和圆柱被截去的部分对视图的影响。

图 3-22 中，圆柱被水平面 Q、侧平面 P 截切，截断面是表 3-1 中前两种情况的组合，其截交线是圆弧和矩形。作图步骤为：先在截平面都具有积聚性的 V 面作出截切缺口，然后根据"长对正"画出俯视图，最后根据"高平齐、宽相等"和截面的形状，求作左视图。注意，水平截切面只截去了圆柱体上部的最左、最右的素线，并未与圆柱体的最前、最后的两条素线相交，所以图 3-22b 是正确的，而图 3-22c 则是错误的。

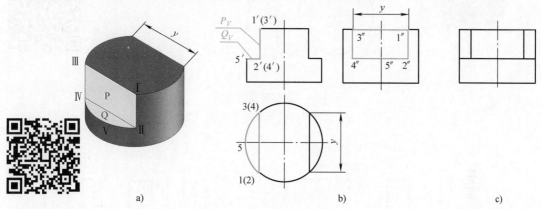

图 3-22　圆柱表面截交线
a）立体图　b）正确　c）错误

图 3-23 与图 3-22 情况类似，只不过截切去圆柱左上方大部分（包括上方的最前、最后素线），留下小部分。

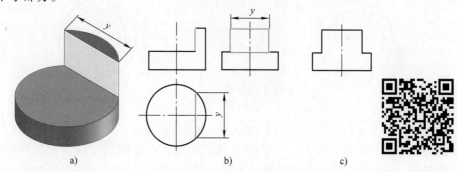

图 3-23　圆柱表面截交线
a）立体图　b）正确　c）错误

图 3-24 与图 3-22 的区别为：主视图切去中间部分，保留了最左、最右的素线。侧平截平面和水平截平面在左视图中为不可见，且圆柱上方的最前、最后的素线被切去；两图的俯视图相同，但各线框代表含义并不完全相同。

截平面与内圆柱面截交，除可见性发生变化外，其他基本相同。圆筒与平面截切是常见的例子。

例 3-5　完成带切口圆筒的 W 面投影（图 3-25a）。

分析：切口是由一个水平面 R 和两个侧平面 P、Q 组合截切而成。侧平面 P、Q 同时截切内外圆柱面，共得四条平行的截交线，其位置可由水平面投影求出，截切内圆柱面得到的

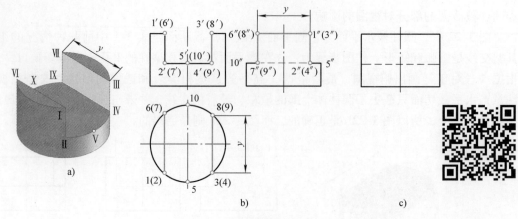

图 3-24 圆柱表面截交线

a) 立体图 b) 正确 c) 错误

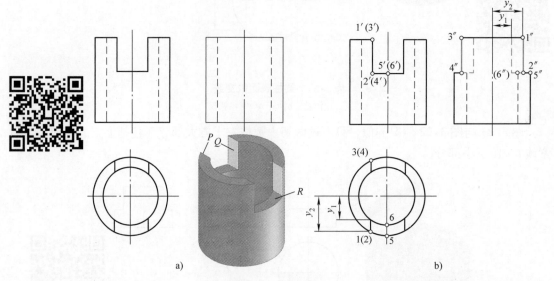

图 3-25 圆筒截切

两条截交线的侧平投影不可见。水平面 R 截切圆筒所产生的截交线为部分环形平面，在 H 面反映实形，V 面投影积聚为两段水平直线，其在 $1''$、$2''$、$3''$、$4''$ 线段外侧部分为可见，在内侧部分为不可见。同时，圆筒中空，中空处无截交线。

作图步骤：

1）作外圆柱面的截交线，由 P 平面的 H 面投影 1、2、3、4 和 V 面投影 $1'$、$2'$、$3'$、$4'$，利用"宽相等"投影关系，求出 W 面投影 $1''$、$2''$、$3''$、$4''$。

2）同理，作内圆柱面的截交线。

3）过 R 平面的 V 面投影 $5'$、$6'$ 作水平直线与 W 面投影中圆筒内外最前轮廓线的投影相交于 $5''$、$6''$，以直线连接 $5''$、$6''$，得 R 平面的侧面投影前面部分，后面部分另可同理作出。

因圆筒中空，所以圆筒在 H 面与 W 面中空处没有截交线（图 3-25b）。

2. 平面与圆锥相交

平面与圆锥相交，根据截平面与圆锥的截切位置和轴线倾角不同，截交线有三角形、圆、椭圆、抛物线、双曲线等五种情况（表3-2）。

表3-2　平面与圆锥相交的截交线

截平面位置	过 锥 顶	不 过 锥 顶			
		与轴线垂直 $\theta=90°$	与轴线倾斜 $\theta>\alpha$	平行于圆锥素线 $\theta=\alpha$	与轴线平行 $\theta<\alpha$
截交线形状	等腰三角形	圆	椭圆	抛物线加直线	双曲线加直线
立体图	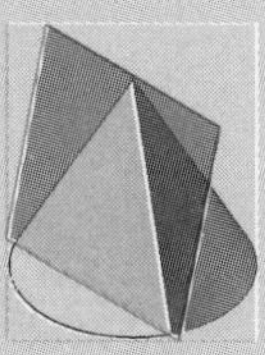	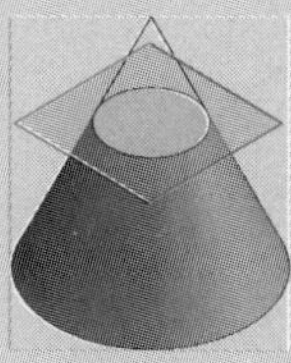	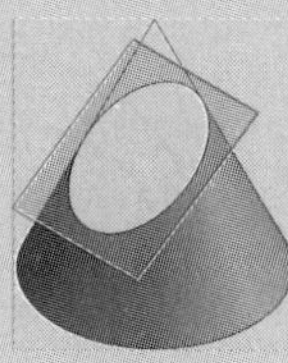	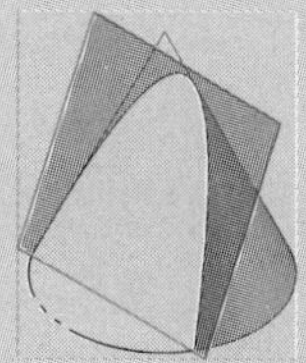	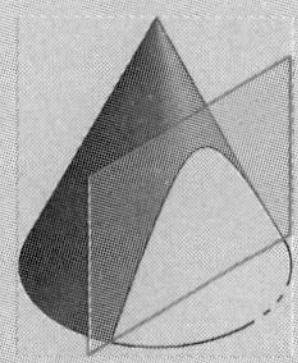
投影图	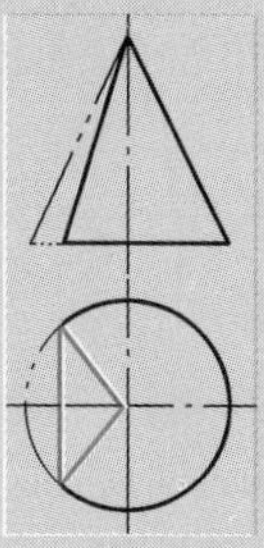	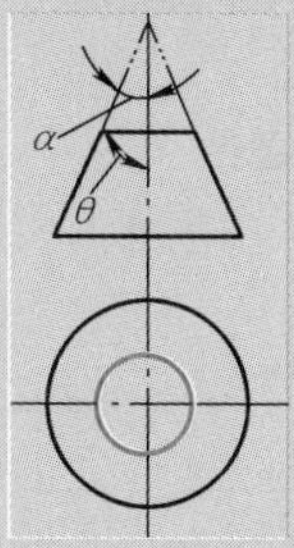	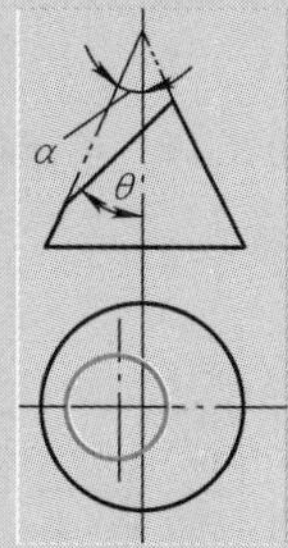	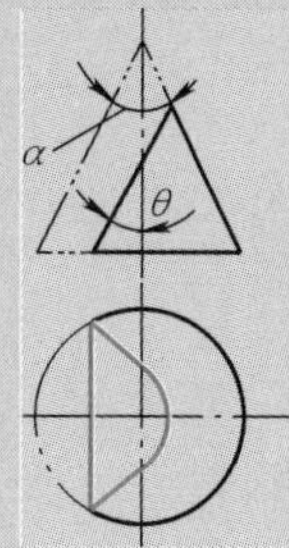	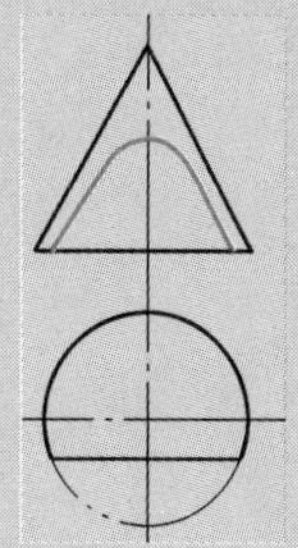

例3-6　求斜截圆锥的三视图（图3-26）。

分析：由图可知，$\theta>\alpha$，截交线为椭圆。截交线在 V 面积聚为一直线，其 H、W 面投影是椭圆而不是圆，截交线需通过作点求出，圆锥面求点可用辅助纬圆或辅助素线法。

作图步骤（图3-26b）：

1）求特殊点。空间椭圆长轴 AB 与短轴 CD 互相垂直平分，A、B 两点是截交线上最低、最高点，其 V 面投影 a'、b' 可直接标出。C、D 是截交线上最前、最后点，且位于 AB 的中点处。在 V 面上 c'、d' 为一对重影点，利用辅助纬圆法可求出它们在 H 面的投影 c、d。点 E、F 分别为圆锥最前、最后素线上的点，由 V 面投影 e'、f' 可求得 W 面投影 e''、f''，然后求出 H 面投影 e、f。

2）求一般位置点。用辅助纬圆法求交一般位置点 G、H。所求的一般点越多，画出的椭圆就越准确。

3）判断可见性。依次用光滑的曲线连接各点，得出椭圆的截交线的投影。

图3-27a 中开槽的圆台可以看作是圆台被三个平面截切。两侧平面与圆台截切，截交线为双曲线（注意，既不是三角形也不是直线），即 ⅠAⅡ、ⅢBⅣ 以及 ⅤCⅥ、ⅦDⅧ 的截交线形状为双曲线（图3-27b）。

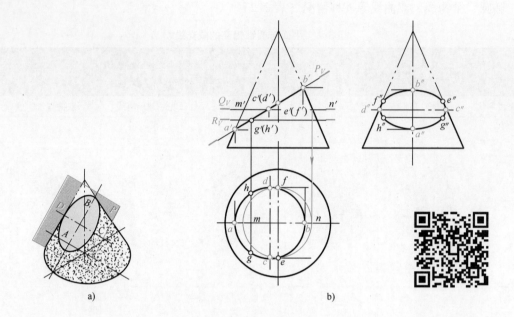

图 3-26 平面斜截圆锥

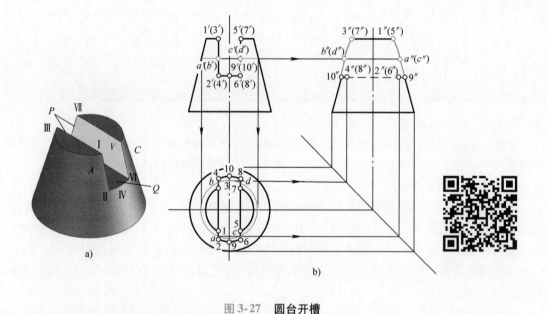

图 3-27 圆台开槽

3. 平面与圆球相交

圆球被平面所截，截交线均为圆，由于截平面相对投影面位置不同，截交线的投影可能是圆、直线或椭圆（表3-3）。

表 3-3　平面与圆球相交的截交线

截平面位置	正 平 面	水 平 面	正 垂 面
截交线投影	V 面投影为圆	H 面投影为圆	H、W 面投影为椭圆
立体图			
投影图			

例 3-7　求半圆球同时被两平面截切的三视图（图 3-28b）。

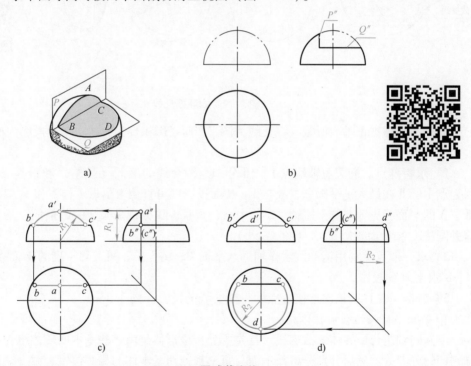

图 3-28　圆球截交线

分析：半圆球被 P、Q 两平面所截（图 3-28a、b），因为截平面 P 是正平面，所以截交线的 V 面投影是圆的一部分，H 面投影积聚为一直线。截平面 Q 是水平面，其截交线的水平面投影是圆的一部分，V 面投影积聚为一直线。

作图步骤：

1）截平面 P 与半圆球截交线圆弧半径的顶点为 a'' 和圆弧端点 b''、c''；因为点 a'' 在最大侧平圆上，所以在 V 面的最大侧平面圆投影（中心线）上，可以求出 a'。以 R_1 为半径，过点 a' 作圆弧交截平面 Q 于点 b'、c'，$\widehat{abc}$ 在 H 面的投影积聚为直线（图 3-28c）。

2）截平面 Q 与半圆球截交线圆弧直径的端点为 d''，圆弧另两个端点是 b''、c''，同样 d'' 在轮廓圆上，求出 d、d'，以 R_2 为半径，过点 d 作圆弧与截平面 P 交于 b、c，其正面投影 b'、d'、c' 积聚为直线（图 3-28d）。

例 3-8　已知圆球被正垂面截去左上方一部分，试补全截断后圆球的水平投影（图 3-29）。

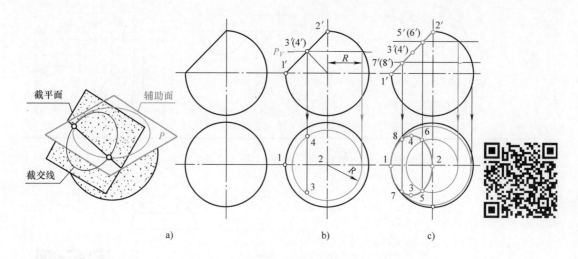

图 3-29　圆球截交线

分析：圆球被正垂面所截，截交线为圆，V 面投影积聚为直线，H 面投影为椭圆。

作图步骤：

1）求特殊点。椭圆短轴端点 Ⅰ、Ⅱ 分别是截交线的最低（最左）和最高（最右）点，因为点 Ⅰ、Ⅱ 在最大正平圆上，故在 V、H 面投影中可直接求出点 $1'$、$2'$ 和 1、2；长轴端点 Ⅲ、Ⅳ 的 V 面投影 $3'4'$ 位于短轴 $1'2'$ 的中点，点 Ⅲ、Ⅳ 分别是截交线的最前、最后点，利用辅助圆法可求 H 面投影 3、4（图 3-29b）。

2）求一般点。利用辅助圆法作辅助水平面 P，由点 Ⅴ、Ⅵ、Ⅶ、Ⅷ 的 V 面投影 $5'$、$6'$、$7'$、$8'$ 求出 H 面投影 5、6、7、8。

3）判断可见性。依次连接各点即得截交线的投影（图 3-29c）。

4. 平面与同轴组合回转体相交

绘制同轴组合回转体的截交线，首先要分析该形体是由哪些基本回转体组合而成，并区分它们的分界处。然后分别分析截平面与每个被截切基本体的相对位置、截交线的形状和投影特性，逐个画出基本体的截交线，连成封闭的图形。

例 3-9　求被互相垂直的水平面 P 和侧平面 Q 截切的顶尖表面截交线的投影（图 3-30a）。

分析：顶尖由同轴的圆锥和圆柱组合而成。截平面 P 截切圆锥所得截交线为双曲线，截切圆柱所得截交线为两条直线。Q 面截切圆柱所得截交线为圆弧。在 W 面投影中，Q 平

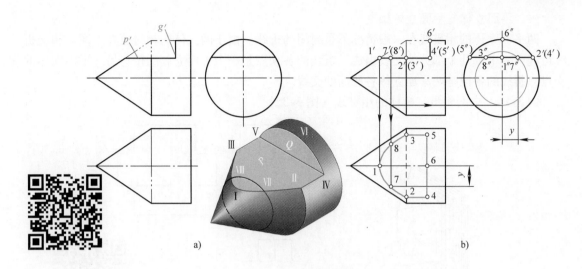

a)   b)

图 3-30   顶尖截交线

面的截交线与圆柱面投影重合，P 平面的截交线积聚为一直线。故只需求出截交线在 H 面的投影即可。

作图步骤（图 3-30b）：

1）求特殊点。根据 V、W 面的投影，可作出截交线上 Ⅰ、Ⅱ、Ⅲ、Ⅳ、Ⅴ、Ⅵ六个特殊点在 H 面的投影 1、2、3、4、5、6。

2）求一般点。利用辅助圆法求出一般点Ⅶ、Ⅷ，通过 W 面投影 7″、8″求出 H 面的投影 7、8。

3）判断可见性：截交线在 H 面投影均为可见，依次将各点光滑连接，即为截交线的投影。

投影 2、3 之间的虚线，表示圆柱与圆锥分界圆在 H 面投影不可见的部分。

第三节   立体与立体相交

物体上常常会出现各种立体相交的情形。例如，汽车刹车总泵泵体的外形是由几个不同方向的圆柱相交而成（图3-31a）；通风管的交叉处则由圆台、圆柱相交而成（图3-31b）。

两立体相交称为相贯，两立体表面的交线称为相贯线。相贯的立体称相贯体。相贯线是两立体表面的公共

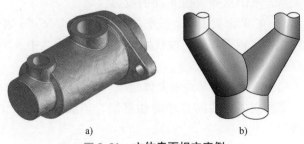

a)   b)

图 3-31   立体表面相交实例
a) 汽车刹车总泵泵体   b) 通风管

线，相贯线上的点是两立体表面的公有点。求相贯线时，一般先作出两立体表面上的一些公有点的投影，再连成相贯线的投影。相贯线可见性的判断原则是：只有当交线同时位于两立体的可见表面上，其投影才是可见的。

— 67 —

一、平面立体与平面立体相交

两平面立体的相贯线在一般情况下是封闭的折线。由于两立体的相对位置不同，相交折线可能由一个或几个部分的交线组成。折线的各顶点是一个平面立体的棱与另一平面立体的交点，折线的各段是两平面立体各侧面的交线。

例 3-10 求两相贯三棱柱的相贯线（图 3-32）。

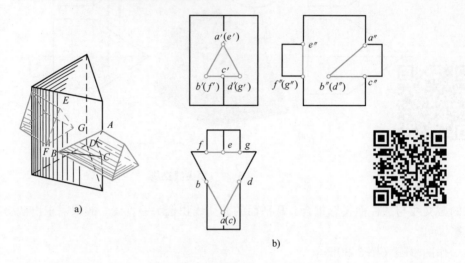

图 3-32 两三棱柱全贯
a）立体图 b）投影图

分析：三棱柱前后有两组相贯线（图 3-32a），分别为封闭空间折线 *ABCDA* 和封闭的平面折线 *EFGE*。由于两个三棱柱的各侧面分别与 *H* 面和 *V* 面垂直，它们分别在 *H* 面和 *V* 面的投影具有积聚性。相贯线为其公共线，相贯线在 *H* 面、*V* 面的投影与棱柱体侧面一起积聚在三角形投影上，故只需求出相贯线在 *W* 面的投影。

作图步骤（图 3-32）：

1）在 *V*、*H* 面上，找出两三棱柱棱线的交点 *a′*、*a*，水平三棱柱与立三棱柱平面的交点 *b′*、*d′*、*e′*、*f′*、*g′* 和 *b*、*d*、*e*、*f*、*g*，立三棱柱棱线与水平三棱柱平面的交点 *c′*、*c*，根据投影关系，求出这些点在 *W* 面的投影。

2）在 *W* 面投影中，按顺序分别连接 *a″b″c″d″a″* 和 *e″f″g″e″*；同时进行可见性的判断。注意：相贯体相贯部分的棱线融合在另一立体之中，不再是独立的线，故 *ae*、*bf*、*dg*、*a′c′*、*a″c″* 等不能连接成线段。

二、平面立体与曲面立体相交

平面立体与曲面立体的相贯线，一般是由若干段平面曲线或直线所组成的空间封闭曲线。

例 3-11 求四棱柱与圆柱的相贯线（图 3-33）。

分析：由图 3-33 可知，相贯线 *CAE* 与 *DBF* 为圆弧，*CD*、*EF* 为直线。相贯线上点 *A*、*B* 分别为圆柱最高素线上的点；点 *C*、*D* 为相贯线最前点（亦为相贯线最低点）；同理，点 *E*、*F* 是相贯线最后点（最低点）。四棱柱侧面分别为正平面和侧平面，相贯线在 *H* 面的投影，积聚在四棱柱的矩形投影上。圆柱轴线与 *W* 面垂直，相贯线在 *W* 面的投影积聚在圆柱的圆形投影上。找出上述各点在 H、W 面中的投影点，依次便可求出其在 V 面上的投影。

作图步骤（图3-33）：

1）在 H 面与 W 面分别作出相贯线的最高点 a、b、a''、b''，最低、最前点 c、d、c''、d''，最低、最后点 e、f、e''、f''。根据投影关系，在 V 面上可求出 a'、b'、c'、d'、e'、f'。

2）判断可见性。因为四棱柱与圆柱前、后、左、右对称且正交相贯，相贯线前后对称，不可见相贯线 $AEFB$ 与可见的相贯线 $ACDB$ 重合，故 V 面投影不需画出虚线 $a'e'f'b'$。连接各相贯点，即为所求的相贯线投影。

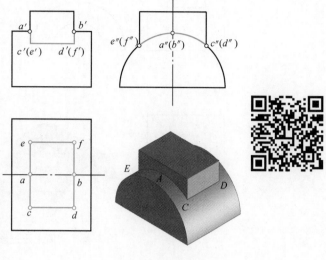

图3-33　四棱柱与圆柱相贯

图3-34 与图3-35 是相贯的另两种形式：圆柱（筒）上开矩形孔，其相贯线由读者自行分析与求解。

三、曲面立体与曲面立体相交

两曲面立体相贯，其相贯线一般为光滑的封闭空间曲线。相贯线上的点，是两曲面立体表面上的公有点。求作相贯线的实质就是求两相贯体表面一系列公有点。

求相贯线常用的方法有：表面取点法和辅助平面法。

1. 圆柱与圆柱相交

当两圆柱轴线垂直于投影面时，应尽量利用积聚性求相贯线。

例3-12　求两正交圆柱的相贯线（图3-36a）。

分析：两正交圆柱轴线分别

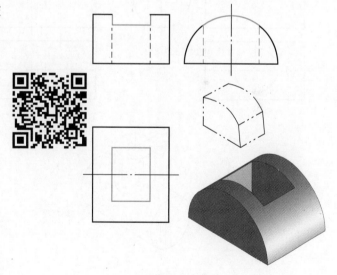

图3-34　圆柱上开矩形孔

垂直于侧面、水平面，大、小圆柱的圆柱面分别在 W 面、H 面的投影积聚为圆。相贯线在 H 面投影积聚在小圆柱的圆上，在 W 面投影则积聚在大、小圆柱公共部分，即积聚在大圆柱上部的一段圆弧上。因此，只需求出相贯线在 V 面的投影。由于相贯体前后左右对称，所以相贯线在 V 面投影的前半部分和后半部分重合。

用表面取点法作图（图3-36b）：

1）求特殊点。相贯线的特殊点一般位于圆柱面的转向轮廓线上。在 H 面上，分别取相

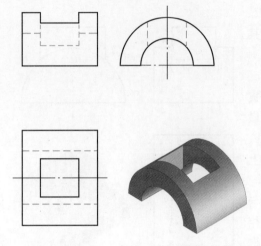

图 3-35　圆筒上开矩形孔

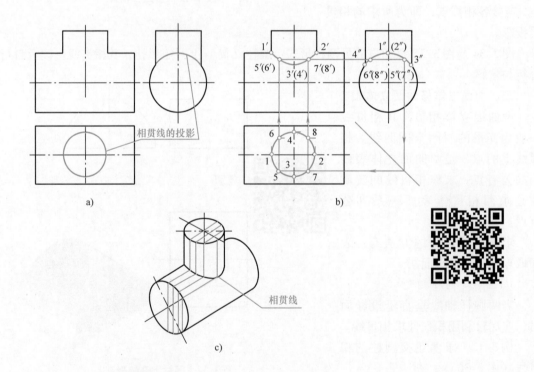

图 3-36　两圆柱相贯

贯线的最上、同时为最左、最右点Ⅰ、Ⅱ（大圆柱最高素线与小圆柱最左、最右素线共有点）以及最下、同时为最前、最后点Ⅲ、Ⅳ（小圆柱最前、最后素线与大圆柱共有点）。上述各点在 H 面上的投影为 1、2、3、4，在 W 面上的投影为 1″、2″、3″、4″，利用投影关系，可作出 V 面投影 1′、2′、3′、4′。

2）求一般点。在 H 面确定一般点的投影 5、6、7、8，根据投影关系找出 W 面中与之

对应的点 5″、6″、7″、8″，再根据点的投影规律
作 V 面投影 5′、6′、7′、8′。

3）判断可见性。V 面后半相贯线投影 1′6′
4′8′2′为不可见，但与可见的前半相贯线投影 1′
5′3′7′2′重合。用光滑的曲线依次将 1′、5′、3′、
7′、2′连起来，即为相贯线的 V 面投影。

当两圆柱直径相差较大时，其相贯线的投
影可采用圆弧代替的近似画法。这时，以大圆
柱的半径作为圆弧半径，圆心在小圆柱轴线上，
相贯线向大圆柱轴线方向弯曲（图 3-37）。

两圆柱轴线垂直相交，它们的相贯线随着
两圆柱直径的变化而变化（表 3-4）。

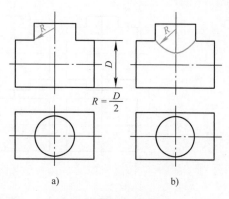

图 3-37　相贯线近似画法

表 3-4　圆柱直径对相贯线弯曲方向及弯度的影响

形式	$\phi1 > \phi2$	$\phi1 = \phi2$	$\phi1 < \phi2$
三视图			
相贯线投影形状	曲线向着 $\phi1$ 大圆柱轴线弯曲	过两轴线交点的相交直线	曲线向着 $\phi2$ 大圆柱轴线弯曲

两圆柱垂直相交，轴线有正交或偏交，当圆柱轴线相对位置发生变化时，其相贯线的形
状也随着变化。如图 3-38 所示，相贯线由两条空间曲线逐渐变为一条空间曲线。

2. 圆柱与圆锥、圆柱与圆球相交

圆锥和圆球的投影不具有积聚性，一般需作辅助平面求其相贯线。所谓辅助平面法，就
是利用辅助平面求相贯线，其基本方法是利用三面共点原理（图 3-39）。

选择辅助平面的原则：辅助平面应在两相交立体相交的范围内，并且使辅助平面与两曲

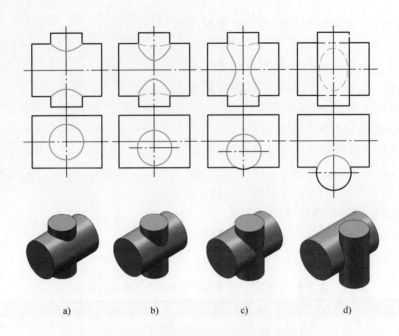

a)   b)   c)   d)

图 3-38　两圆柱轴线偏交时相贯线的变化

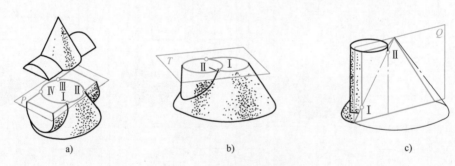

a)   b)   c)

图 3-39　辅助平面法求相贯线

面立体表面的截交线成为最简单的形式（如圆、直线等）。

图 3-39a、b 中，给出了圆柱与圆锥相贯的两种情况及其辅助平面法求相贯线示意图。其中图 3-39a 运用了水平辅助平面方法，该辅助平面与圆柱的交线为矩形、与圆锥的交线为圆。在 H 面投影上，这两条交线具有真实性，而在另外两投影面上又具有积聚性，很容易求出两交线（即矩形与圆）的四个交点（即相贯点Ⅰ、Ⅱ、Ⅲ、Ⅳ）。图 3-39b、c 所示的相贯线由读者自行分析，其中图 3-39c 所示的辅助平面只需求两个特殊点。

例 3-13　求圆柱与半圆球的相贯线（图 3-40a）。

分析：由于圆柱在 W 面具有积聚性，所需求解的是相贯线的 V 面和 W 面投影。

作图步骤（图 3-40b）：

1）求特殊点。相贯线上最高点（亦为最右点）Ⅰ和最低点（亦为最左点）Ⅱ的 V 面投影 1′、2′以及 W 面投影 1″、2″可直接定出，H 面投影 1、2 可根据 V 面投影求出。过圆柱轴线作水平辅助平面 Q，平面 Q 与圆柱的交线在 H 面投影是圆柱轮廓的最前、最后素线，与圆球交线为圆，其交点Ⅴ、Ⅵ即分别为相贯线的最前点与最后点，在 H 面投影为点 5、6。

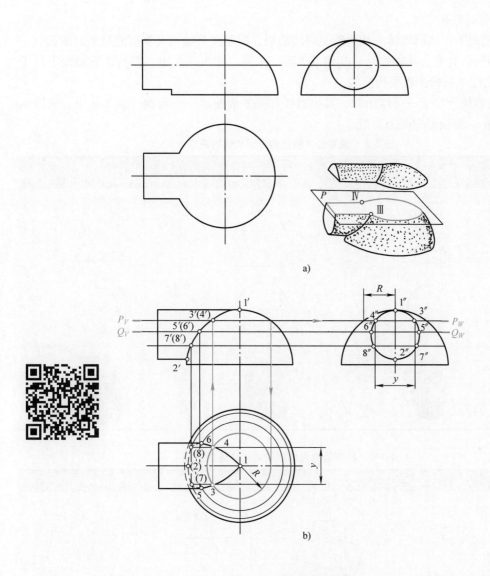

图 3-40　圆柱与圆球相贯

2）求一般点。过一般位置作水平面 P，利用 W 面的积聚性，可求出圆柱与圆球的相贯点Ⅲ、Ⅳ。在 H 面上以 R 为半径作圆，该圆与 P 平面截得圆柱的两条交线的交点为 3、4（宽与 3″、4″同），然后利用投影关系，在 V 面上作出点 3′、4′。同样的方法可求出点 7、8、7′、8′。

3）判断可见性。因相贯体前后对称，所以相贯线在 V 面投影的前半部分、后半部分别重合为一段线。依次连接 2′、7′、5′、3′、1′，即为 V 面所求的相贯线。圆柱最前、最后素线是上半圆柱（其面上点的投影在 H 面可见）与下半圆柱（其面上点的投影在 H 面不可见）的转向轮廓线，因此 5、6 为相贯线在 H 面投影可见与不可见部分的分界点。依次将点 5、3、1、4、6 连成粗实线，将 6、8、2、7、5 连成虚线，即为所求相贯线在 H

面上的投影。

3. 相贯线的特殊情况

在一般情况下，两回转体的相贯线是封闭曲线，但是在特殊情况下可能是平面曲线。

1）两回转体具有公共轴线时，其相贯线为一个圆。在表 3-5 中，回转体的轴线平行于 V 面，相贯线在 V 面投影积聚为直线。

2）两回转体公切于一个球面时，其相贯线都是平面曲线——椭圆。表 3-6 中，椭圆面垂直 V 面，在 V 面投影积聚为直线。

表 3-5　具有公共轴线的两回转体相贯线

形式	圆柱与圆球共轴线	圆锥与圆球共轴线	圆柱与圆锥共轴线
视图	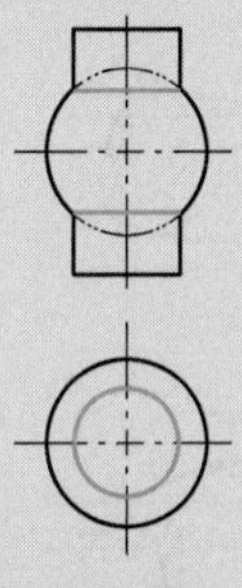	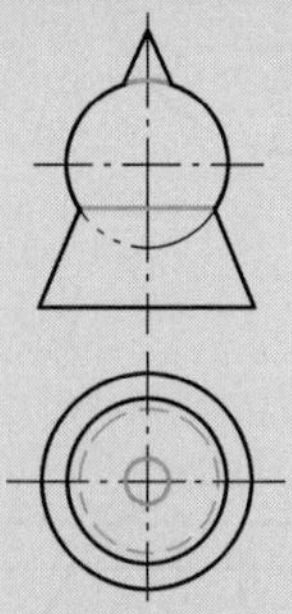	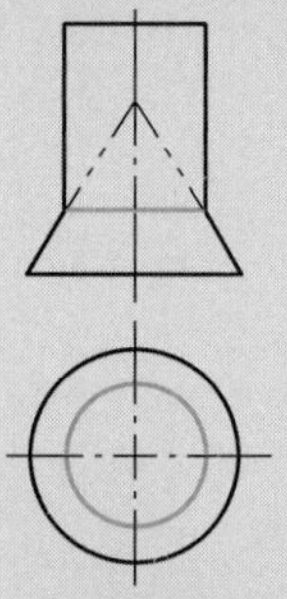
立体图			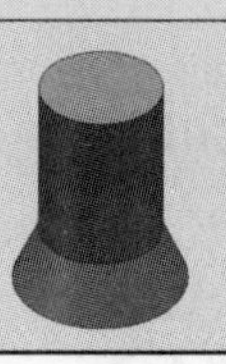

表 3-6　具有公共内切球的两回转体相贯线

形式	圆柱与圆柱公切于一球面		圆柱与圆锥公切于一球面	
视图	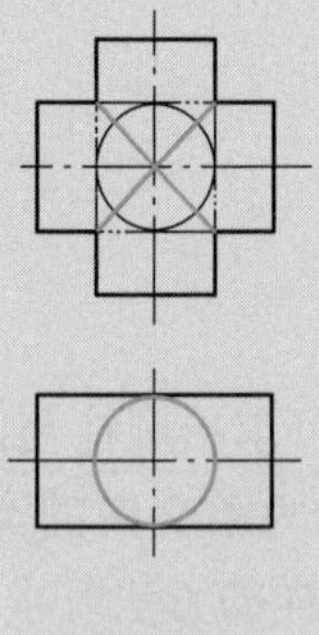	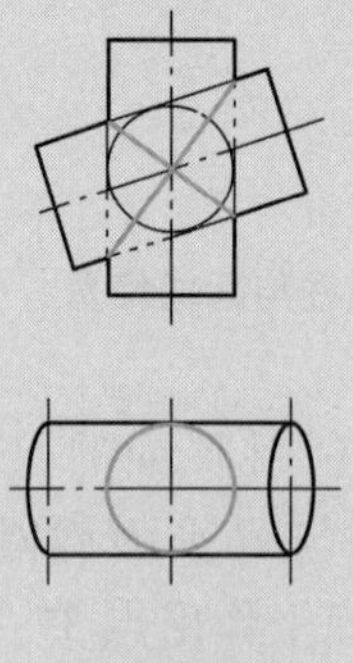	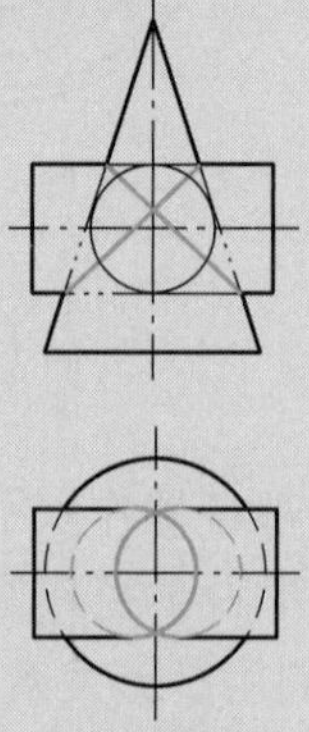	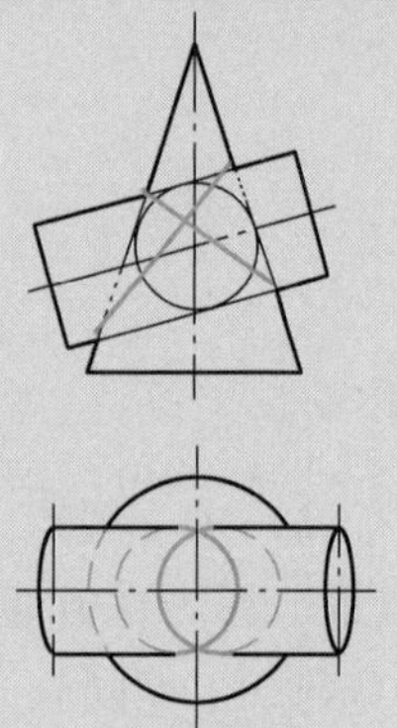
立体图				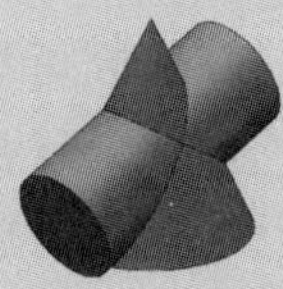

第四章
CHAPTER 4

轴 测 图

物体的三视图具有能够准确地表达物体的形状、绘画方便、度量性强等优点，但是，绘画和看懂这些图样则需要一定的投影理论知识及掌握看图的基本方法。为了弥补不足，工程上常常采用有立体感的轴测图。本章主要介绍常用的正等轴测图、斜二轴测图的特性及画法。

第一节　轴测图的基本知识

一、基本概念

1. 轴测图的形成

轴测投影是把物体连同其直角坐标系沿不平行于任一坐标面的方向，用平行投影法将其投射到单一的 P 投影面上所得到的图形。P 平面称轴测投影面，在轴测投影面上所得到的具有立体感的图样称为轴测图（图4-1）。

2. 轴测图的轴测轴、轴间角及轴向伸缩系数

（1）轴测轴　直角坐标系 OX、OY、OZ 轴在轴测投影面上所得到的轴测投影 O_1X_1、O_1Y_1、O_1Z_1 称为轴测轴。

（2）轴间角　在轴测投影中，任意两根直角坐标轴在轴测投影面上的投影之间的夹角称为轴间角。

（3）轴向伸缩系数　轴测轴上的单位长度与相应直角坐标轴上的单位长度的比值称为轴向伸缩系数。OX、OY、OZ 轴在轴测图的轴向伸缩系数分别用 p_1、q_1 和 r_1 表示。

二、轴测图的基本特性

（1）平行性　物体上相互平行的线段，其轴测投影亦互相平行（图4-1）。

（2）定比性　物体上平行于坐标轴线段的轴测投影与原线段实长之比，等于相应的轴向伸缩系数。

这两条投影特性是作轴测图的重要理论依据。

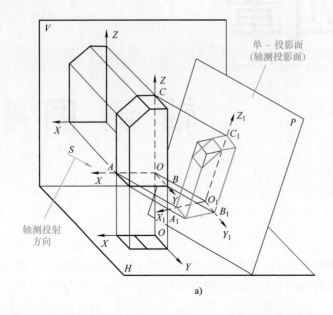

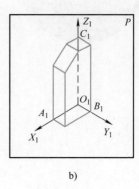

b)

图 4-1　轴测图的形成

第二节　正等轴测图

　　用正投影法得到的轴测投影称为正轴测投影。三个轴向伸缩系数均相等的正轴测投影称正等轴测投影。此时三个轴间角相等。

　　如图 4-2a 所示的正方体，为了使三个坐标轴置于轴测投影面具有同等的倾角，将其摆成对角线 OB 与轴测投影面 P 垂直的位置，然后用正投影法向轴测投影面 P 进行投影，得正方体的正等轴测图（图 4-2b）。

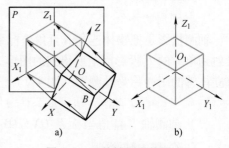

图 4-2　正等轴测图的形成

　　一、正等轴测图的轴测轴、轴间角和轴向伸缩系数

　　正等轴测图的轴测轴为 O_1X_1、O_1Y_1、O_1Z_1，一般将 O_1Z_1 轴画成垂直，轴间角均为 120°（图 4-3a）。

　　由于物体上三个坐标轴置于轴测投影面具有同等倾角的位置，所以正等轴测三轴向的缩短程度相同，轴向伸缩系数 $p_1 = q_1 = r_1 = 0.82$。为了绘图方便，三轴向的伸缩系数便简化为 1，即假设把物体放大约 1.22 倍。简化后三个轴向的伸缩系数以 p、q、r 表示（图 4-3b）。在绘图时，所有与坐标轴平行的线段，其长度都取实长。

　　二、平面立体的正等轴测图

　　平面体正等轴测图的画法，一般都是先分析物体的形状，然后选取坐标原点画轴测轴，根据轴测图的基本特性确定棱线交点的位置，再连接各棱线。

　　例 4-1　根据已知条件（图 4-4a），作长方体的正等轴测图。

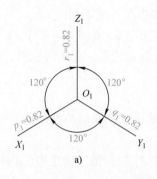 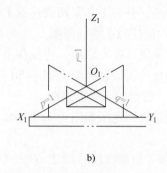

a)　　　　　　　　　　　　　b)

图 4-3　正等轴测图轴测轴的画法及轴向伸缩系数

分析：根据长方体的特点，可以把长方体底面棱线的交点作为坐标原点（图 4-4a）。

作图步骤：

1）画出轴测轴 O_1X_1、O_1Y_1 和 O_1Z_1。从视图上截取长方体底面的长 l 和宽 b 并在 O_1X_1 和 O_1Y_1 上取 Ⅰ、Ⅱ 两点，使 O_1 Ⅰ $=l$，O_1 Ⅱ $=b$。

2）通过 Ⅰ、Ⅱ 两点作 O_1X_1 和 O_1Y_1 轴的平行线，即得长方体底面正等轴测图（图 4-4b）。

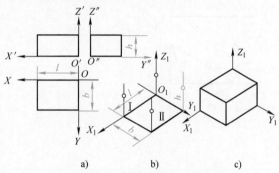

a)　　　　b)　　　　c)

图 4-4　长方体的正等轴测图画法

3）过底面四顶点分别作垂线（平行 O_1Z_1 轴），从视图上截取长方体的高 h 并在垂线上取点，把它们连成顶面，即得四棱柱的正等轴测图（图 4-4c）。

在正等轴测图中，一般虚线可以不画。但在某些情况下，为增强直观性，也可以画出虚线。

例 4-2　根据已知条件（图 4-5a），作正六棱柱的正等轴测图。

分析：由于正六棱柱的左右、前后对称，所以选取上表面的中点为坐标轴的原点。

作图步骤：

1）画正等轴测轴。根据正六棱柱视图的尺寸 $2a$ 和 b 在 O_1X_1、O_1Y_1 轴上确定点 Ⅰ、Ⅱ、Ⅲ、Ⅳ（图 4-5b）。

2）画上表面六边形的正等轴测图。过 O_1Y_1 轴上的点 Ⅲ、Ⅳ 作 O_1X_1 轴的平行线，根据视图上尺寸 a 一半的长度确

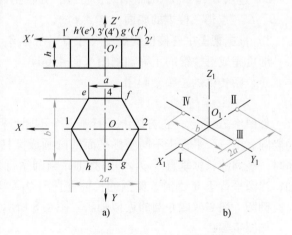

a)　　　　　　　　　b)

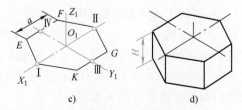

c)　　　　　　　　d)

图 4-5　正六棱柱正等轴测图的画法

定 E、F、K、G 点，并与Ⅰ、Ⅱ两点连成上表面六边形（图4-5b、c）。

3）完成正六棱柱的正等轴测图。过点 E、F、Ⅱ、G、K、Ⅰ向下作 Z_1 轴的平行线，并根据六棱柱的主视图高度 h 取点，连接各点可得底面六边形。分析可见性，连接各棱线并描深，即得正六棱柱的正等轴测图（图4-5d）。

例 4-3 作三棱锥的正等轴测图。

分析：三棱锥两面视图如图4-6a所示，可选取锥顶在底面的投影点为坐标轴的原点。

作图步骤：

1）画轴测轴。根据视图的尺寸 dO 及 Oa 在 O_1X_1 轴测轴上确定 D、A 两点（图4-6b）。

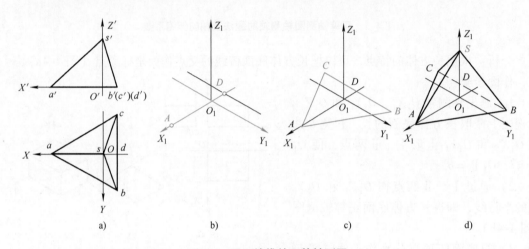

图4-6 正三棱锥的正等轴测图

2）过点 D 作 O_1Y_1 轴测轴的平行线，并根据视图的尺寸 cd 及 db 确定 C、B 两点。连接 A、B、C 三点得三棱锥的底面（图4-6c）。

3）根据视图中三棱锥的高度尺寸 $O's'$ 在 O_1Z_1 轴测轴上确定点 S。分析可见性，连接各点，即可完成三棱锥的正等轴测图（图4-6d）。

三、回转体的正等轴测图

1. 圆的正等轴测图

如图4-7a所示，正方体上平行于三个不同坐标面的圆在正等轴测图中均为与菱形相切的椭圆。用三个平行于不同坐标平面的圆画成圆柱后的情况如图4-7b所示。当圆平行于 H 面时，椭圆的长轴垂直于 O_1Z_1 轴测轴；当圆平行于 V 面时，椭圆的长轴垂直于 O_1Y_1 轴测轴；当圆平行于 W 面时，椭圆的长轴垂直于 O_1X_1 轴测轴。

椭圆一般采取四心圆的近似画法。图4-8所示为水平圆的正等轴测图。

作图步骤：

1）在视图上确定坐标轴 OX、OY 并作圆的外切正方形（图4-8a）。

2）画轴测轴 O_1X_1、O_1Y_1。根据视图上圆的半径，在轴测轴上确定切点Ⅰ、Ⅱ、Ⅲ、Ⅳ的位置，由轴测轴上这些点作相应轴测轴的平行线并画出菱形，得交点 A、B、C、D。连 AC、BD，得椭圆长、短轴的方向。连接 BⅢ 和 BⅣ 交 AC 于点 E、F，点 B、D、E、F 即分别为四段圆弧的圆心（图4-8b）。

3）分别以 B、D 为圆心，BⅢ为半径画弧$\overset{\frown}{ⅢⅣ}$和$\overset{\frown}{ⅠⅡ}$（图4-8c）。

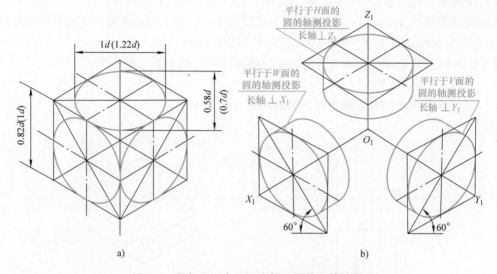

图4-7 平行于三个不同坐标面圆的正等轴测图

4）分别以点 E、F 为圆心，EⅣ、FⅢ为半径画弧 ⌢ⅠⅣ和⌢ⅡⅢ，即得由四段圆弧组成的近似椭圆（图4-8d）。

平行于 V 面及 W 面的圆的正等轴测图也是用四心圆法画近似的椭圆，由读者自己画出。画图时要特别注意椭圆的长轴应垂直于相应的轴测轴。

2. 圆柱的正等轴测图

例4-4 作圆柱的正等轴测图（图4-9a）。

分析：该圆柱的顶圆和底圆都平行于 H 面。顶圆和底圆的正等轴测图都是长轴垂直于 O_1Z_1 轴测轴的椭圆。

作图步骤：

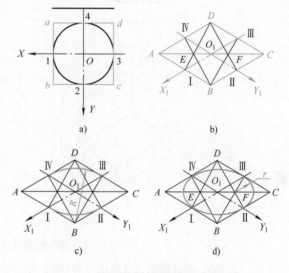

图4-8 水平圆正等轴测图的近似画法

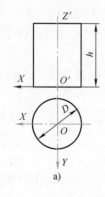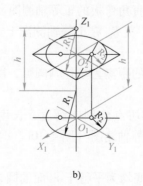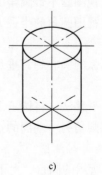

图4-9 圆柱的正等轴测图

1）在视图上确定坐标原点 O，画坐标轴 OX、OY、$O'Z'$（图 4-9a）。

2）画轴测轴 O_1X_1、O_1Y_1，定出顶圆和底圆的中心，画上面的椭圆。下底椭圆的四圆心可以从上面椭圆相应的点向下推移来确定位置（图 4-9b）。

3）作两椭圆的公切线，擦去多余的线后描深即可完成全图（图 4-9c）。

3. 圆角的正等轴测图

例 4-5　作带圆角的直角弯板的正等轴测图（图 4-10a）。

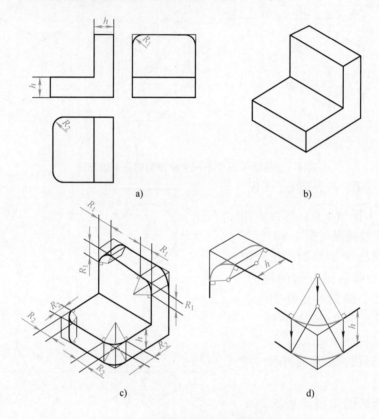

a)　　　　　　　　　　　　　　b)

c)　　　　　　　　　　　　　　d)

图 4-10　圆角的正等轴测图画法

分析：直角弯板的圆角是 1/4 的圆柱面，这些圆柱的端面圆分别平行于水平面和侧面。

作图步骤：

1）根据三视图画不带圆角的直角弯板的正等轴测图（图 4-10b）。

2）根据三视图圆角的半径 R_1 及 R_2 在正等轴测图上定切点，过切点作垂线，交点即为圆弧的圆心。

3）以各圆弧的圆心到其垂足的距离为半径画圆弧，即可画出圆角一端面的正等轴测图（图 4-10c）。

4）用圆心平移法，将圆心和切点分别向高度、长度方向推移 h（h 为板的高度及长度），即可画出圆角另一端面的正等轴测图（图 4-10c、d）。

4. 圆台的正等轴测图

如图 4-11 所示的圆台，上下底均为平行于 W 面的圆，其正等轴测图是椭圆。椭圆的长轴垂直于 O_1X_1 轴测轴。圆台正等轴测图的轮廓线是两个椭圆的公切线。

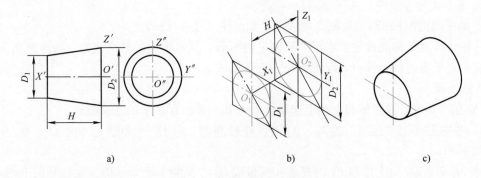

图 4-11　圆台的正等轴测图

5. 圆球的正等轴测图

圆球的正等轴测图是一个圆。为了直观，常画出三个与坐标面平行的转向轮廓线圆的轴测投影（椭圆），如图 4-12 所示。

四、基本几何体截交和相贯的正等轴测图

绘画基本几何体带截交线和相贯线的轴测图，只要画出截交线和相贯线上若干特殊点的位置，然后连成光滑曲线即可。

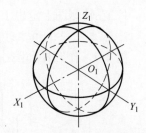

图 4-12　圆球的正等轴测图

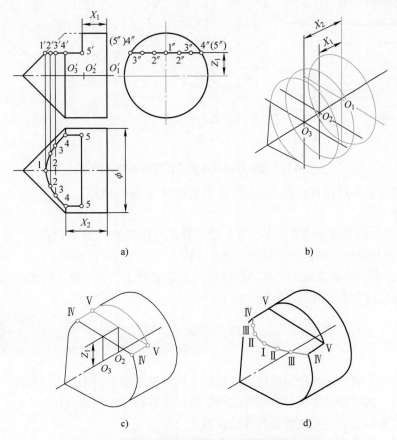

a)　　　　　　　　　　b)

c)　　　　　　　　　　d)

图 4-13　圆柱和圆锥被截交后正等轴测图的画法

1. 基本几何体截交的正等轴测图画法

例4-6 作圆柱和圆锥被截交后的正等轴测图（图4-13a）。

分析：该圆柱和圆锥是被水平面和侧平面所截。其水平面的截交线由一条曲线和三段直线组成；侧平面的截交线由一段圆弧与一直线组成。

作图步骤：

1）在图4-13a视图的截交线上选取点 Ⅰ 、Ⅱ 、Ⅲ 、Ⅳ 、Ⅴ 的三面投影。

2）根据图4-13a视图上的 X_1、X_2 长度在轴测轴上定出三个椭圆心 O_1、O_2、O_3 并画椭圆（图4-13b）。

3）从 O_2、O_3 向上量取 Z_1 的高度，再量取点4、5的 Y 向坐标值，在轴测图上得点Ⅳ 、Ⅴ （图4-13c）。

4）在轴测图上定出 Ⅰ 、Ⅱ 、Ⅲ 点的位置，完成全图并加深可见轮廓线（图4-13d）。

2. 基本几何体相贯的正等轴测图画法

例4-7 作圆柱和圆柱相贯后的正等轴测图（图4-14a）。

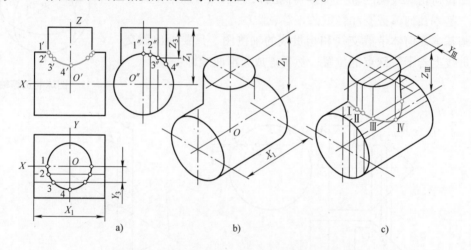

a)　　　　　　　　　b)　　　　　　　　　c)

图4-14　圆柱和圆柱相贯后正等轴测图的画法

分析：圆柱和圆柱相贯后的交线是一条空间曲线（图4-14a）。

作图步骤：

1）在视图的相贯线上选取点 Ⅰ 、Ⅱ 、Ⅲ 、Ⅳ 的三面投影（图4-14a）。

2）画出两相贯圆柱的正等轴测图（图4-14b）。

3）用辅助平面求截交线的交点，在轴测图上定出点 Ⅰ 、Ⅱ 、Ⅲ 、Ⅳ 的位置并连接成光滑曲线，描深完成全图（图4-14c）。

第三节　斜二轴测图

用斜投影法得到的轴测投影称斜轴测投影。轴测投影面平行于一个坐标面，且平行于坐标平面的那两个轴的轴向伸缩系数相等的斜轴测投影称斜二轴测图（图4-15）。

一、斜二轴测图的轴间角和轴向伸缩系数

斜二轴测图的轴间角为：$\angle X_1 O_1 Z_1 = 90°$，$\angle X_1 O_1 Y_1 = \angle Y_1 O_1 Z_1 = 135°$。轴向伸缩系数

$p_1 = r_1 = 1$, $q_1 = 0.5$ (图4-16)。

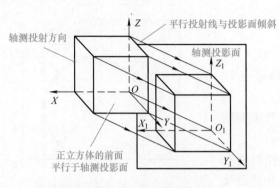

图4-15 斜二轴测图的形成

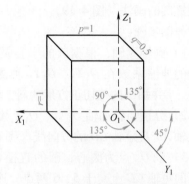

图4-16 斜二轴测图的轴
间角和轴向伸缩系数

由于 O_1X_1 轴及 O_1Z_1 轴的轴向伸缩系数都是1，因此，凡是平行于 V 面的图形，在斜二轴测图中均反映实形（图4-16）。利用该特性，斜二轴测图最适用于画单个方向形状较为复杂的物体。

二、物体的斜二轴测图

例4-8 作支架（图4-17a）的斜二轴测图。

分析：在轴测投影中，支架的前、后表面上有两个小圆及两个半圆。为了避免画椭圆，可以使支架圆的端面平行于 V 面。

作图步骤：

1）在视图上确定坐标及原点，画斜二轴测轴，画支架的前端面（图4-17b）。

2）在视图上量取支架宽度的1/2，向负 Y_1 方向推移各点，画出支架的后端面（图4-17c）。

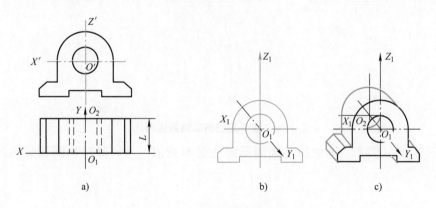

a)   b)   c)

图4-17 支架的斜二轴测图

三、圆的斜二轴测图

图4-18所示为平行于三个坐标面的圆的斜二轴测图。平行于 V 面的圆其斜二轴测图仍然是圆。平行于 H 面和 W 面的圆其斜二轴测图都是椭圆，椭圆的长轴如图4-19所示，与圆所在坐标面上的一根轴测轴约成7°的夹角。

— 83 —

平行于 H 面的圆的斜二轴测图，一般都是采取近似椭圆的画法（图4-19）。

作图步骤：

1）画轴测轴，根据圆的半径及 O_1X_1、O_1Y_1 轴测轴的伸缩系数在 O_1X_1、O_1Y_1 轴测轴上确定点1、2、3、4并画圆的外切正方形的斜二轴测图。

2）分别与轴测轴 O_1X_1、O_1Z_1 倾斜约7°画椭圆的长轴 AB 及短轴 CD 的方向线（图4-19a）。

3）以 O_1 点为圆心，圆的直径 d 为半径画弧在椭圆的短轴 CD 上交于5、6两点。连接1、6两点及2、5两点成直线与椭圆的长轴 AB 交于7、8两点（图4-19b）。

4）分别以5、6为圆心，5、2两点的距离为半径画大圆弧。以7、8为圆心，7、1两点的距离为半径画小圆弧。点9是5、7两点延长线上的点；点10是6、8两点延长线上的点。大小圆弧以1、9、2、10四点连接，即可获得平行于 H 面（水平）圆的斜二轴测图（图4-19c）。

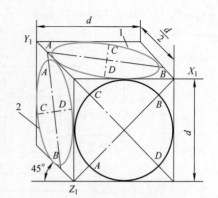

图4-18　平行于三个坐标面的圆的斜二轴测图

椭圆1的长轴与 X_1 轴的夹角约成7°，椭圆2的长轴与 Z 轴的夹角约成7°，两椭圆的长轴 $AB \approx 1.06d$，短轴 $CD \approx 0.33d$

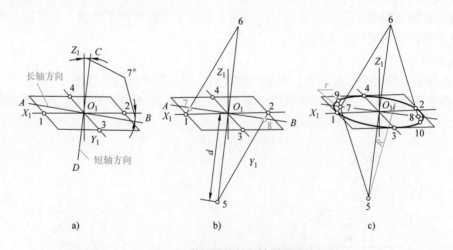

a)　　　　　b)　　　　　c)

图4-19　水平圆的斜二轴测图画法

平行于 W 面（侧平）圆的斜二轴测图画法基本相似，不同的是椭圆长短轴的方向有改变。

第五章

CHAPTER 5

组合体的视图

　　任何形状复杂的零件，都可看作是由若干个基本几何体组合而成的组合体，如中国空间站就是由核心舱、梦天舱、问天舱、神舟飞船和天舟飞船五个模块组成的。本章通过对组合体进行辩证分析，找出其组合规律，重点介绍组合体视图的画法、尺寸标注和读图的方法。

第一节　组合体的组成分析

　　由两个或多个基本几何体组合而成的形体称为组合体。

一、组合体的组合形式

　　组合体的组合方式有叠加、切割以及综合型等几种。

1. 叠加

　　组合体由若干个基本几何体叠加而成。图5-1所示为底板与半圆竖板叠加。画图时按基本几何体的画法，根据相互位置把它们画在一起。

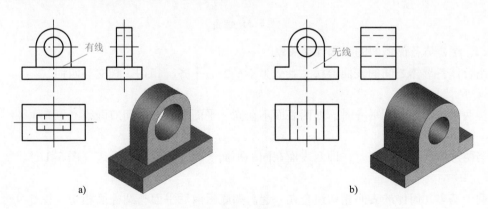

a)　　　　　　　　　　　　　　　　　　　　b)

图5-1　叠加

2. 切割

　　组合体由一个基本形体被切割了若干部分而成。图5-2a所示的物体可以看成是长方体经两次切割而成（图5-2b）。画图时可以先画出长方体的三视图，然后再根据投影关系逐个画出被切割部分的投影（图5-2c、d）。

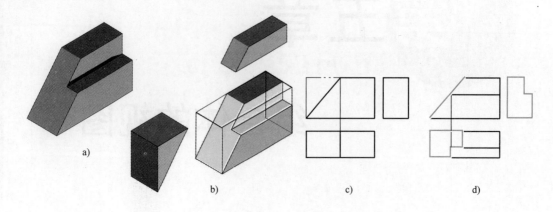

图 5-2　切割

3. 综合型

组合体由若干基本几何体叠加、切割后组合而成（图 5-3）。

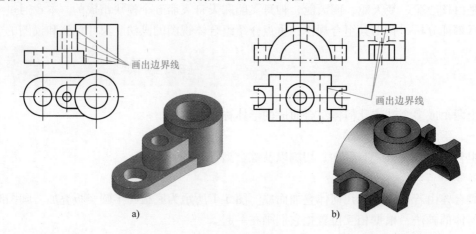

图 5-3　综合

二、组合体各形体间的表面连接关系

组合体各形体之间的表面连接关系分为不平齐、平齐、相切、相交等四种。

1. 不平齐

当两形体的表面不平齐时，即两表面不在同一平面上时，中间应画线（图 5-1a）。

2. 平齐

当两形体的表面平齐时，即两表面在同一平面上时，中间不应画线（图 5-1b）。

3. 相切

两个基本几何体的表面相切组合在一起。如底板前后平面与圆柱面相切（图 5-4a）；圆球曲面与圆柱曲面相切（图 5-4b）。由于相切是平滑过渡，因此相切处不应画线。

4. 相交

两个基本几何体的表面相交组合在一起。它们的截交线、相贯线应按图 5-3 所示画出。

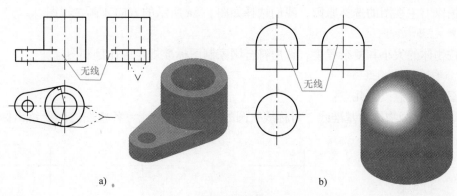

图 5-4 相切

第二节 组合体的画法

由实物绘画组合体的三视图，应按一定的方法和步骤进行，常用的方法有形体分析法和线面分析法。

一、叠加式组合体画法

现以图 5-5a 所示的轴承座为例说明。

1. 形体分析

假想将组合体分解成若干个基本形体，并确定各形体之间的组合形式及其相对位置的分析方法，称为形体分析法。

根据形体分析的方法，可以将轴承座（图 5-5a）分解为底板、圆筒、支撑板、肋板（图 5-5b）。

2. 选择主视图

主视图是三视图中最主要、最基本的视图。主视图的选择应符合以下的原则：

1）应反映零件的主要形状特征。

2）应考虑零件正常的工作位置。

3）应使零件左视图、俯视图虚线较少。

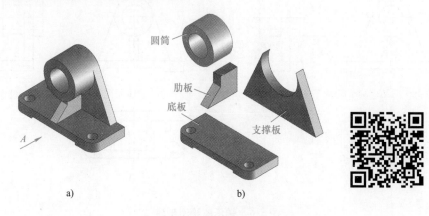

图 5-5 轴承座组合体的形体分析

根据以上主视图的选择原则，我们选择如图 5-5a 所示的方向 A 画主视图。

3. 确定比例和图幅

应按物体的大小和复杂程度，选用符合国家制图标准规定的比例和图幅。

4. 作图步骤（图 5-6）

绘图时要注意以下几点：

1）一般先画物体的基准线、对称线、圆的中心线、轴线。各视图之间要留出标注尺寸

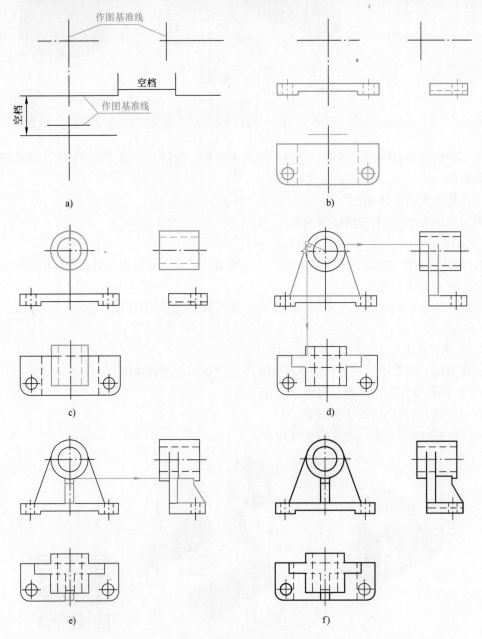

图 5-6 轴承座绘图步骤

a）画基准线、对称线、轴线 b）画底板 c）画圆筒 d）画支撑板 e）画肋板 f）描深

的空档位置。

2）每个基本几何体的三面视图要一起画。

3）圆（圆弧）要从反映为圆（圆弧）的视图开始画起。

4）先画物体的主要部分，后画细节部分。

5）根据三视图的"三等"投影关系补画相应的图线。例如图 5-6d 所示，根据主视图支撑板与圆筒的切点位置，确定支撑板左视图的最高点位置及确定支撑板俯视图该切点的位置。

6）最后擦去多画的图线，先圆（圆弧）后直线地描深全图。

二、切割式组合体画法

现以图 5-7 所示的导块为例，说明切割式组合体的画法。

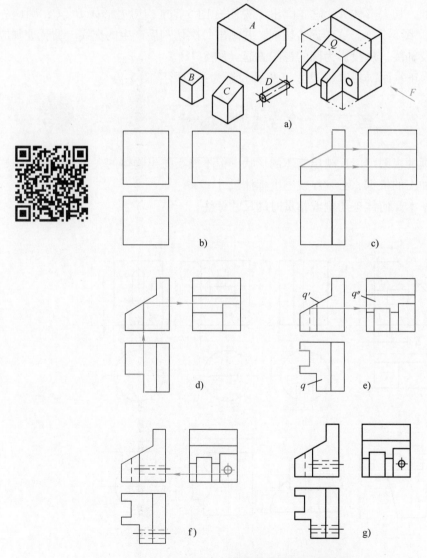

图 5-7　切割式组合体的画图方法

a）导块　b）画长方体的三视图　c）画切去 A 部分
d）画切去 C 部分　e）画切去 B 部分　f）画圆孔　g）描深

1. 形体分析

导块可看作是由一个完整的长方体切去 A、B、C 三块形体和钻了一个孔 D（图 5-7a）。导块的形体分析法与叠加式组合体基本相同，不同之处在于形体 A、B、C 及孔 D 是一块块切割下来而不是叠上去的。

2. 选择主视图

应选择形状特征明显的视图为主视图。由图 5-7a 可见，F 方向能反映出物体的主要特征，故选择 F 方向画主视图。

导块的作图步骤如图 5-7 所示。

3. 绘图应注意的问题

对于这类以切割为主要组合形式的组合体，应先画出反映其形状特征明显的视图，然后再画其他视图。例如，切去形体 A，应先画出主视图（图 5-7c）；切去形体 B、C，则应先画俯视图（图 5-7d、图 5-7e）。这样逐步切割，并画出每次切割后产生的交线。钻孔处则应先画出孔的中心线及轴线，从投影为圆的视图画起（图 5-7f）。

注意：Q 平面为正垂面，其 H 面投影与 W 面投影为类似形（图 5-7e）。

第三节　组合体的尺寸标注

根据投影原理画的视图可以反映出物体的形状，但不能反映出物体的大小。为了使图样能够成为指导零件加工的依据，必须在视图上标注尺寸。

图 5-8 所示为基本几何体被切割或相贯时的尺寸标注。

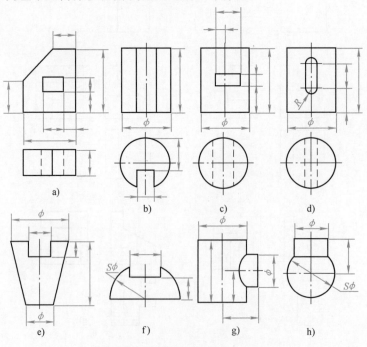

图 5-8　基本几何体被切割或相贯的尺寸标注

一、尺寸标注的基本要求

1. 尺寸标注必须正确

尺寸标注必须符合国家标准中有关尺寸注法的规定，不能随意标注。

2. 尺寸标注必须齐全

物体长、宽、高三个方向的各类尺寸要齐全，既不遗漏，也不重复。

3. 尺寸标注要清晰

尺寸布置要整齐、清晰，便于读图。

二、尺寸的基本种类

1. 定形尺寸

定形尺寸是确定各基本几何体大小的尺寸。如图 5-9b 所示，轴承座底板的长 66mm、36mm、宽 22mm、高 6mm、2mm；圆筒的直径 ϕ22mm、ϕ14mm 及轴向长度 24mm 等均为定形尺寸。

2. 定位尺寸

定位尺寸是确定各基本几何体之间相对位置的尺寸。如图 5-9a 所示，圆筒的中心高 32mm、轴承座底板两个孔的中心距 48mm、16mm、圆筒后端面与支承板后端面尺寸 6mm 等均为定位尺寸。

3. 总体尺寸

总体尺寸是反映组合体总长、总宽、总高的尺寸。标注总体尺寸的目的是为了方便物体的备料、加工、运输、安装。

三、尺寸标注的基准

尺寸标注的起始位置称为尺寸基准。尺寸基准的选择，实质上是为了达到方便加工和测量的目的。因为组合体有长、宽、高三个方向的尺寸，故每个方向至少应有一个尺寸基准。一般选择物体的对称平面、重要端面、经过机械加工的底面以及回转体的轴线等作为尺寸基准。

四、组合体尺寸标注的举例

下面以图 5-9a 所示的轴承座为例，分析组合体尺寸标注的方法及应注意的问题。

1. 组合体尺寸基准的选择

轴承座左右对称，长度方向具有对称平面，应选取该对称面为长度方向尺寸标注的基准；支撑板的后端面是比较大的平面，应选该面为宽度方向尺寸标注的基准；因为轴承座的底面一般都要经过机械加工，所以应选取轴承座的底面为高度方向尺寸标注的基准（图5-9a）。

2. 组合体尺寸标注的基本步骤

1）对组合体进行形体分析。

2）标注组合体各基本形体的定形尺寸（逐个形体标注）。

3）标注组合体各基本形体的定位尺寸。

4）标注组合体的总体尺寸。

3. 组合体尺寸标注时应注意的问题

1）同一基本几何体的定形、定位尺寸应集中标注，并且应标注在形状明显的视图上。

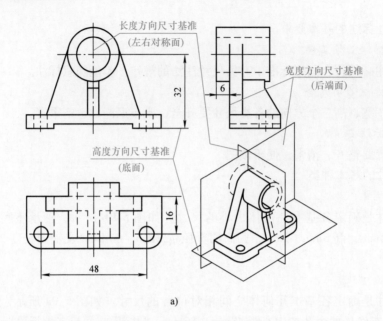

a)

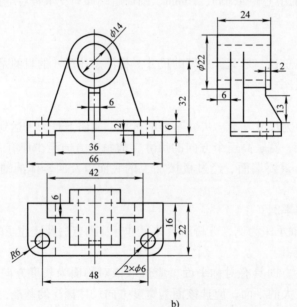

b)

图 5-9　轴承座的尺寸标注

2）同轴圆柱的直径尺寸，尽量标注在投影为非圆的视图上（图 5-9b 的"φ22"）。

3）小于半个圆的圆弧尺寸必须标注在投影为圆弧的视图上（图 5-9b 的"R6"）。

4）应尽量避免在虚线上标注尺寸。

5）尺寸尽可能注在视图外部，必要时也可注在视图内部。与两视图有关的尺寸，应尽量标注在两视图之间。高度方向尺寸尽量注在主、左视图之间；长度方向尺寸尽量标注在主、俯视图之间；宽度方向尺寸尽量注在俯、左视图之间。

6）尺寸布置应整齐，在标注同一方向上的尺寸时，小尺寸在内，大尺寸在外，应尽量避免尺寸线与尺寸线或尺寸界线相交。

4. 检查漏注尺寸的方法

1）检查组成组合体的每个基本几何体的定形尺寸及定位尺寸齐不齐。

2）如果有钻孔，则要检查每个孔的定位、直径、深度等尺寸齐不齐。

3）如果有切割，则要检查每项切割的定位尺寸及定形尺寸齐不齐。

图 5-10 所示为尺寸标注清晰与不清晰比较的图例。

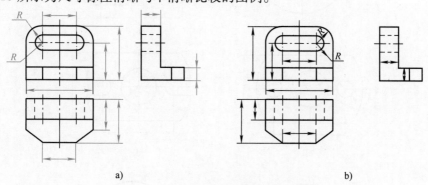

图 5-10　尺寸标注的清晰性比较

a）清晰　b）不清晰

图 5-11 所示为组合体托架的尺寸标注图例。托架选取底面为高度方向尺寸标注的基准后，为了便于测量，又选取竖板的顶面为第二基准标注 12mm、28mm 的尺寸。同一平面上两个直径都是 15mm 的圆应标注为 "2×φ15"，但圆角不能标注为 "2×R15"。

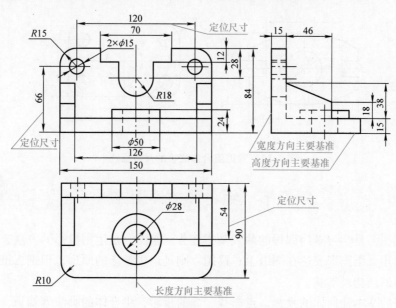

图 5-11　组合体托架的尺寸标注

常见组合体底板的尺寸标注如图 5-12 所示。

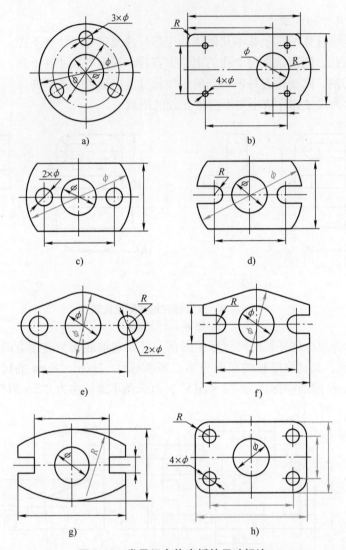

图 5-12 常见组合体底板的尺寸标注

第四节 组合体的读图方法

绘图和读图，是学习本门课程的两大基本任务。绘图，是运用投影的方法，把空间物体的结构及形状用二维图形表达在图纸上；读图，则是运用投影的原理，根据二维的图形，想象出空间物体的结构及形状。

前面学习的基本几何体的投影，点、线、面的投影，组合体的画法等知识，是组合体读图的基础。读图者对于基本形体的视图要相当熟识，不论其在投影面体系中怎样放置，都应该能正确识别。

组合体的视图是由图线及线框表达的，要迅速地看懂组合体的视图，就必须了解视图中每条图线、每个线框的含义。

视图中的一条图线，可能是一个平面或一个曲面积聚性的投影；可能是两表面的交线；

也可能是曲面的转向轮廓线的投影。

视图中的一个线框，可能是物体的一个平面；也可能是一个曲面的投影。

要判断图线及线框的确切含义，必须将相关的视图结合起来分析。

例5-1　根据图5-13a所示的视图，判断物体的形状并分析主视图图线及线框的含义。

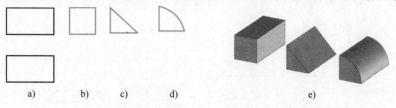

a)　　　b)　　　c)　　　d)　　　　　　　　　e)

图5-13　判断物体的形状并分析图线及线框的含义

分析：

1）如果只看主视图和俯视图，物体的形状可以是长方体，三棱柱，或四分之一圆柱等等（图5-13e）。

2）根据反映物体形状特征明显的左视图来看，若为图5-13b，则可以判断物体的形状是长方体。这时，主视图线框的含义是长方体前、后两个平面的投影。主视图四条图线的含义是长方体左、右、上、下四个平面积聚性的投影。

左视图为图5-13c、d时，主视图线框及其四条图线的含义由读者自行分析。

例5-2　根据图5-14所示的视图，判断各物体的形状。

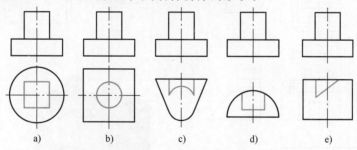

a)　　　　b)　　　　c)　　　　d)　　　　e)

图5-14　抓住特征视图对应读图，判断各物体的形状

分析：

1）各物体的主视图相同，应抓住俯视图为特征视图来读图。

2）根据图5-14a所示的主视图和俯视图，可以判断物体的底座是圆柱形，正上方是叠加了一个正四棱柱。

3）根据图5-14b所示的主视图和俯视图，可以判断物体的底座是正四棱柱，正上方是叠加了一个圆柱。

图5-14c～e各物体的形状，由读者自行分析。

初学者只要坚持"多画、多看、多想"的做法，就能逐步培养读图所需的空间想象能力。

组合体的读图方法主要有形体分析法和线面分析法两种。

一、形体分析法

组合体形体分析的读图方法，是根据"长对正、高平齐、宽相等"的投影规律，把组合体的视图拆分成若干个基本几何体的视图,然后通过每个基本几何体的一组视图,判断出基本几何体的形状,最后综合想象出组合体的结构及形状。

组合体读图时应先看主体部分,后看细节部分。

例5-3 看懂图5-15a所示轴承座的视图,并补画俯视图。

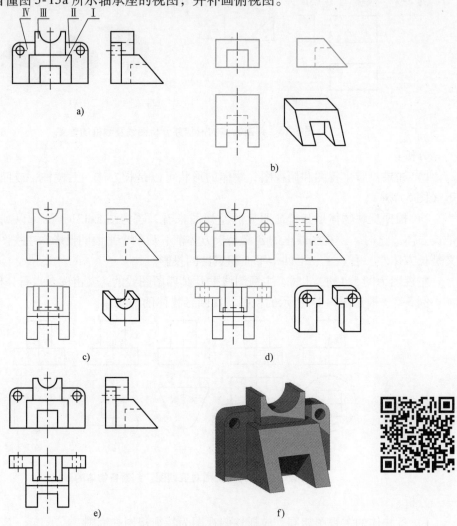

图5-15 轴承座的形体分析读图法

(1)抓住特征分线框 看图时,应根据已知视图,选择形状特征明显、视图清晰无虚线(或虚线尽量少)、线框大且数量少的视图作为分离线框的突破口(有时不在主视图上)。在图5-15a中,从形状特征明显的主视图上,可将轴承座主视图线框分为Ⅰ、Ⅱ、Ⅲ、Ⅳ四个部分。

(2)分析线框想形状 根据投影"三等"关系,分别从每个线框的特征图部分出发,想象各线框所代表的形状。形体Ⅰ的前方被斜切去一个三角块、下方开有矩形凹槽;形体Ⅲ是顶部被切去半个圆柱面的长方体;形体Ⅱ、Ⅳ的基本几何体是两块左右对称的长方体,外侧上方切割为四分之一圆柱,内侧下方被切去一个长方块并钻了一个圆孔。根据投影关系画出各形体的三视图(图5-15b、c、d)。

2023-06-01

[]

（3）综合起来想整体　从视图分析可看出，形体Ⅲ在形体Ⅰ的上方、左右对称、后表面平齐；形体Ⅱ、Ⅳ左右对称分布，与形体Ⅰ、Ⅲ左、右表面接触、后表面平齐，并与形体Ⅰ底面平齐，从而综合想象出轴承座的整体形状（图5-15f）。最后按各形体之间表面连接关系经整理检查后，绘出轴承座的俯视图（图5-15e）。

二、线面分析法

图5-16a所示压块的基本形体是一个长方形，如果采用形体分析的方法去读图往往会比较困难。对于这类以切割为主所形成的较为复杂的组合体，读图时应采用线面分析法。

线面分析法就是运用线、面的投影规律对组合体表面的线、面进行分析，判断出各线、面在空间的形状和位置，再综合想象出物体的总体形状和结构的一种读图方法。下面介绍线面分析读图的方法。

例5-4　看懂压块的视图（图5-16a）。

（1）抓住特征分线面　看图时，应抓住物体上各个被切平面、特别是特殊位置平面

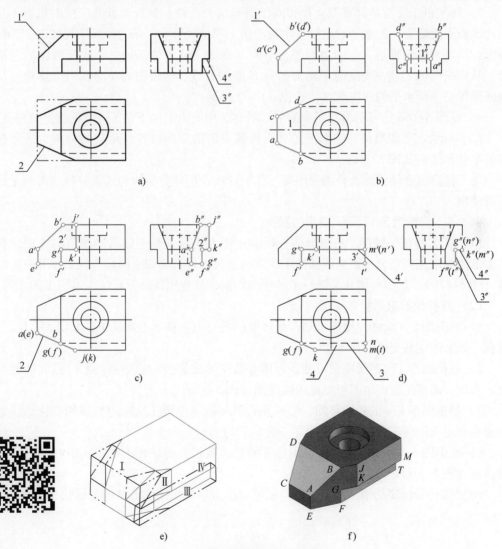

图5-16　压块的线面分析读图法

（线）作为分析线面的突破口。如图 5-16e 中，应抓住被切去的 Ⅰ、Ⅱ、Ⅲ、Ⅳ等特殊位置平面进行线面分析。

（2）分析线面想形状　当被切平面为投影面垂直面时，应从其积聚为一直线的视图出发，在其他两投影面上找出该平面的类似形投影；当被切平面为投影面平行面时，也应从其积聚为一直线的视图出发，在其他投影面上找出该平面的实形投影；当被切平面为投影面一般位置平面时，则应利用点、线投影进行分析。

1）压块的基本形状是一个长方形，左上方是被一个正垂面 Ⅰ 所截。从截得的面 Ⅰ 的三个投影可知，面 Ⅰ 是垂直于 V 面、倾斜于 H 面及 W 面的梯形平面，所以主视图面 1′积聚投影为一直线，俯视图面 1 及左视图面 1″为相类似的梯形（图 5-16b 中的 *abdca*）。

2）压块左前方是被铅垂面 Ⅱ 所截。从截得的面 Ⅱ 的三个投影可知，面 Ⅱ 是垂直于 H 面、倾斜于 V 面及 W 面的七边形平面，所以俯视图面 2 积聚投影为一段直线，主视图面 2′和左视图面 2″的投影均为七边形的线框（图 5-16c 中的 *aefgkjba*）。

3）压块的前下方被面 Ⅲ 及面 Ⅳ 共同作用而切去一块。分析面 Ⅲ 的三视图投影，从俯视图面 3 积聚投影为一条水平的虚线、左视图面 3″积聚投影为一条直线及主视图面 3′为四边形线框，即可判断面 Ⅲ 是一个四边形的正平面（图 5-16d 中的 *gftng*）。分析面 Ⅳ 的三视图投影，从主视图面 4′及左视图面 4″均为平行 H 面的直线、俯视图面 4 为四边形线框，从而可判断面 Ⅳ 是一个水平的四边形（图 5-16d 中的 *gkmng*）。

4）从图 5-16d 还可看出，压块的前后对称，中间由上向下钻了一个两级的阶梯孔。

（3）综合起来想整体　综合上述对压块各表面的空间位置与形状的分析，进而想象压块的形状和结构（图 5-16f）。

为了提高组合体读图及补画视图等工作的速度，形体分析法和线面分析法常常是结合在一起使用。

例 5-5　看懂图 5-17 所示镶块的视图。

（1）抓住特征分线框　根据形体分析的读图方法及先看主体后看细节的原则，镶块的基本形体可以先判断为上面是圆柱体 Ⅰ、下面是长方体右端切成圆柱面的形体 Ⅱ 叠加的组合体（图 5-17b）。其中形体 Ⅱ 又进行了多项的切割，故宜用线面分析法作进一步的读图。

（2）分析线面想形状

1）根据图 5-17a 的左视图可知，形体 Ⅱ 的前后面各被水平面及正平面切去一块，因此，在截平面上产生截交线（图 5-17c）。

2）根据图 5-17a 的俯视图可知，形体 Ⅱ 的左边被切去一块俯视图不可见的圆柱面，因此，在主、俯视图上产生不可见的圆弧虚线（图 5-17d）。

3）根据图 5-17a 的视图可知，形体 Ⅱ 的中间被一个圆孔从左边贯穿到右边。注意：这个圆孔在主视图两端有很小的相贯线（图 5-17e）。

4）根据图 5-17a 的视图可知，形体 Ⅱ 的左边被切去两块在俯视图同中心且均可见的半圆柱面（图 5-17f）。

（3）综合分析想结果　综上所述，就可以综合想象出镶块的结构及形状（图 5-17g）。

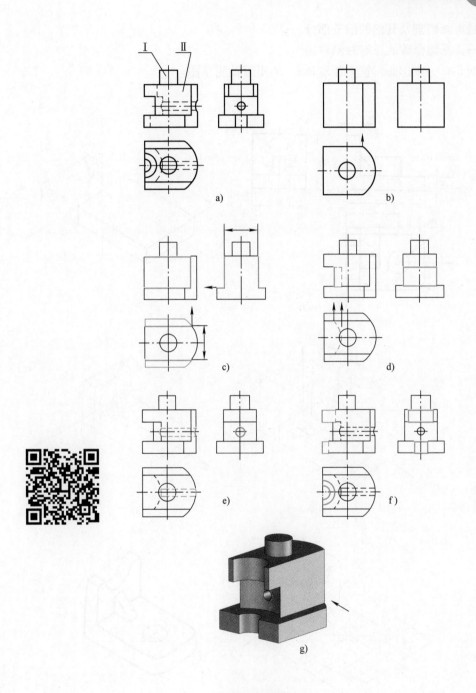

图 5-17 镶块的读图法

第五节 组合体轴测草图的画法

画组合体轴测草图的方法，主要有叠加法和切割法两种。一般是先对组合体进行形体分析，在视图上定出坐标轴。画图时先画轴测轴，然后再逐一叠加画出各个基本几何体的轴测图，最后画切割及其他的细节部分。

一、画组合体的正等轴测草图

例5-6 画出轴承座（图5-18a）的正等轴测草图。

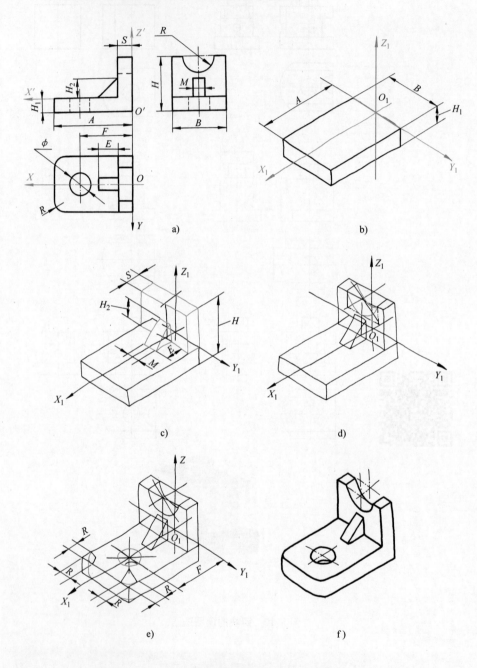

图 5-18 轴承座正等轴测草图的画法

a）定出坐标轴 b）画轴测轴及底板 c）画竖板及三角板
d）画切割半圆柱 e）画圆角及圆孔 f）擦去多余的线后描深

例 5-7　画出支承座（图 5-19a）的正等轴测草图。

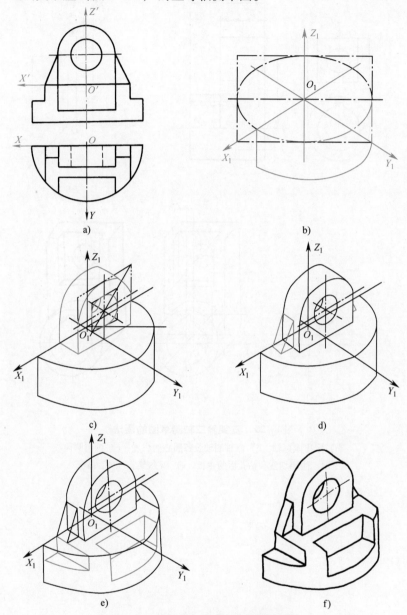

图 5-19　支承座正等轴测草图的画法

a）定出坐标轴　b）画轴测轴及半圆柱　c）画半圆竖板　d）画三角板
e）画切割产生的交线　f）擦去多余的线后描深

二、画组合体的斜二轴测草图

例 5-8　画出支架（图 5-20a）的斜二轴测草图。

注意斜二轴测图 O_1Y_1 轴测轴方向的画法：该轴与水平线成 45°角，轴向变形系数是 0.5。画支架斜二轴测草图的方法如图 5-20 所示。

当组合体的形状比较复杂，读投影视图有困难的时候，可以通过画组合体的轴测草图来帮助理解或进行线、面分析。

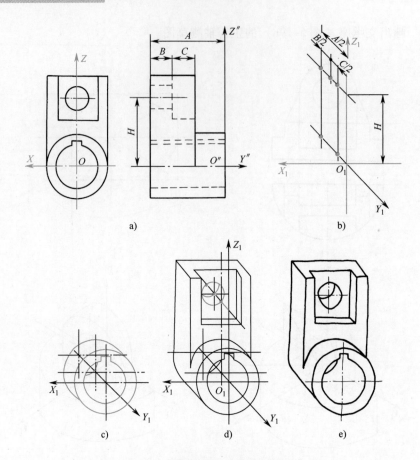

图 5-20　支架斜二轴测草图的画法

a）定出坐标轴　b）画轴测轴及各圆心的位置　c）画出圆筒
d）画出切割和钻孔后的主板　e）擦去多余的线后描深

第六章

CHAPTER 6

零件常用的表达方法

在工程实际应用中，由于零件的结构形状是多种多样的，不能一律都用三视图来表达。对于简单的零件，有时仅需一至两个视图，再加上其他条件就能清楚地表达出来，但较复杂的零件仅用三个视图有时却难以表达它们复杂的内外结构。为此，在机械制图国家标准中规定了基本视图、剖视图、断面图以及其他常用表达方法。学习过程中要善于运用科学的方法，对零件进行辩证分析，采用适当的视图正确表达零件。本章主要介绍这些表达方法及其应用。

第一节　视　图

视图通常包含有基本视图、向视图、局部视图和斜视图。

一、基本视图

物体向六个基本投影面（正六面体的六个面）投射所得的视图称为基本视图。六个基本视图的名称、投射方向、展开形式以及配置如图 6-1～图 6-3 所示。

基本视图除原来的主、俯、左视图外，新增的三个基本视图的名称和投射方向规定如下：

后视图——由后向前投射所得的视图。

仰视图——由下向上投射所得的视图。

右视图——由右向左投射所得的视图。

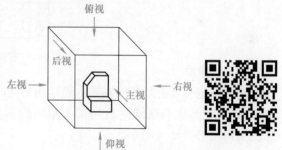

图 6-1　物体向六个基本投影面进行投射

六个基本视图仍保持投影的"三等"关系。除后视图外，其他视图靠近主视图的一边是零件的后面，远离主视图的一边是零件的前面。

原来只用主、俯、左视图三个视图表达物体，现在增加了三个看图方向，其表达手段也灵活了，如图 6-4 所示就是右视图的一个应用。一般情况下，视图主要是用来表达零件的外形。

六个基本视图的位置是按国标标准规定设置的，因此不用注明视图名称。若要将视图的规定位置变动，则要标注，这就是下面要讨论的问题。

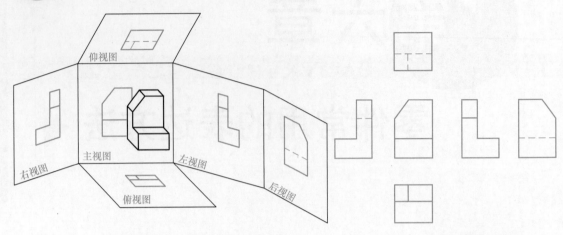

图 6-2 六个基本投影面的展开及视图名称   图 6-3 六个基本视图的配置

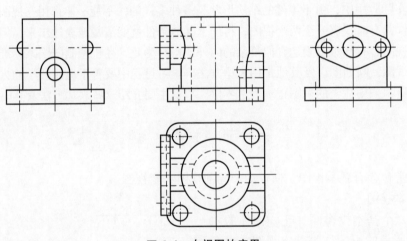

图 6-4 右视图的应用

二、向视图

向视图是可自由配置的视图。表达向视图时可在向视图的上方注出"×"（×为大写拉丁字母），在相应的视图附近用箭头指明投射方向，并注上相同的字母（图 6-5）。

三、局部视图

将零件的某一部分向基本投影面投射所得的视图，称为局部视图。局部视图可按基本视图的形式配置，也可按向视图的形式配置并标注（图 6-6）。

局部视图的断裂边界以波浪线表示（图 6-6）。画波浪线时不应超过零件的轮廓线，应画在零件的实体上，不可画在零件的空处（图 6-7）。当要表达的局部结构具有独立性且轮廓线又是封闭时，波浪线可省略不画，如图 6-6 中的 A 向局部视图。

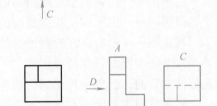

图 6-5 向视图

为了节省时间和图幅，对称零件的视图可画一半或四分之一，并在对称中心线的两端画出两条与其垂直的平行细实线（图 6-8）。这也称为局部视图的简化画法。

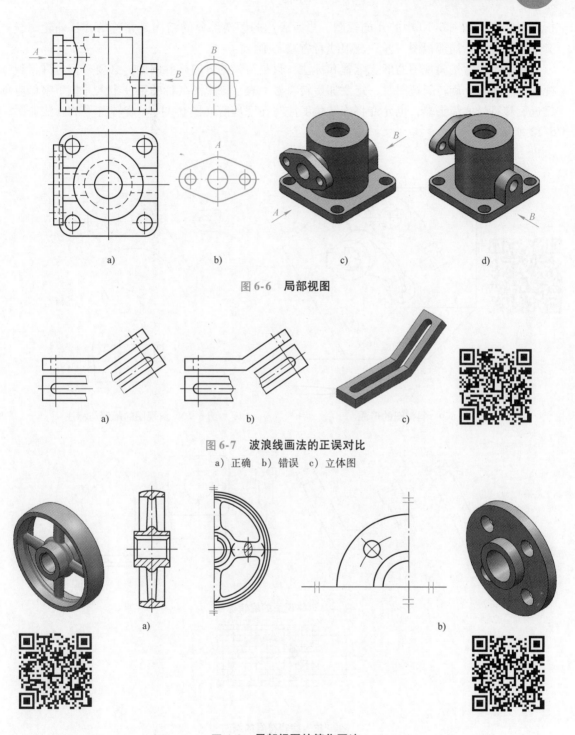

图 6-6 局部视图

图 6-7 波浪线画法的正误对比
a）正确 b）错误 c）立体图

图 6-8 局部视图的简化画法

四、斜视图

零件向不平行基本投影面的平面进行投射所得的视图，称为斜视图（图6-9 ~ 图6-11）。斜视图通常只画出零件倾斜部分的实形，其余部分不必在斜视图中画出，而用波浪线或折断线断开，如图6-10中的A向视图。当所表达的倾斜部分的结构是完整的，且外轮廓线又呈封闭时，与局部视图一样，波浪线可省略不画。

　　斜视图通常按向视图的形式配置和标注，只是箭头的方向是倾斜的。必要时，允许将斜视图旋转配置。旋转斜视图时一定要加旋转符号，表示该视图名称的第一个大写拉丁字母应靠近旋转符号的箭头端，也允许将旋转角度注写在字母后（图6-11）。旋转符号的画法如图6-12所示。

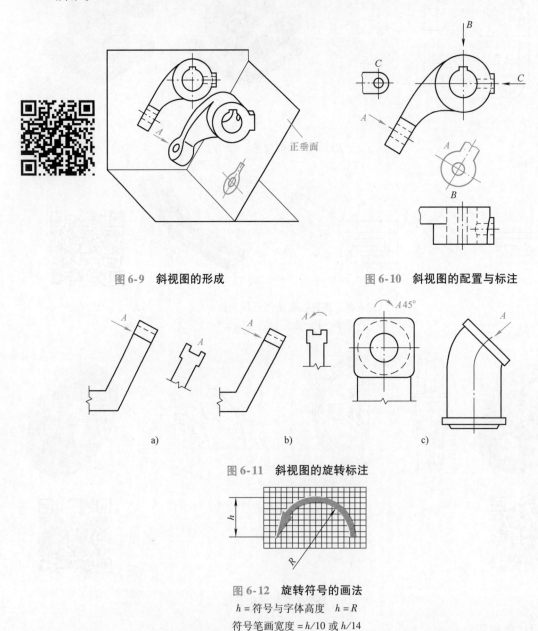

图 6-9　斜视图的形成　　　　　　　　　　　　图 6-10　斜视图的配置与标注

a)　　　　　　　　　　b)　　　　　　　　　　c)

图 6-11　斜视图的旋转标注

图 6-12　旋转符号的画法

h = 符号与字体高度　　$h = R$

符号笔画宽度 = $h/10$ 或 $h/14$

　　画斜视图时，用于表示投射方向的箭头必须与倾斜零件的表面垂直。不论图形和箭头如何倾斜，图样中的字母总是水平书写。

第二节　剖　视　图

用视图表达零件时，零件内部的结构形状都用虚线表示（图6-13）。如果视图中虚线过多，就会导致层次不清而影响图形的清晰，标注尺寸也不方便。为此，常采用剖视的方法表达零件内部结构（图6-14）。

一、剖视图的概念

1. 剖视图的形成

假想用剖切面剖开零件，将处在观察者和剖切面之间的部分移去，而将其余部分向投影面进行投射所得的图形，称为剖视图。剖切零件的假想平面（或曲面）称剖切面，剖切面与零件的接触部分称剖切区域（图6-14）。

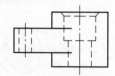

图6-13　二视图

2. 剖视图的画法

画剖视图的步骤如图6-15所示。

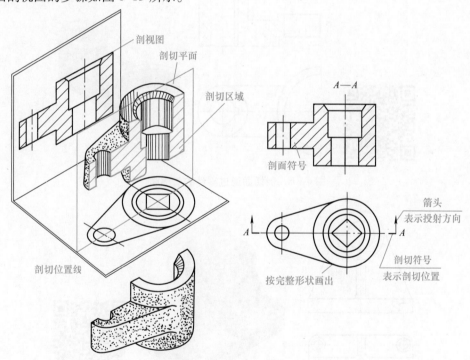

图6-14　剖视图的形成

3. 画剖视图应注意的问题

1）剖视图是一种假想的表达方法，零件并非真正切开，因此，除剖视图以外零件的其他视图仍应完整画出。

2）剖切面一般通过零件的对称面或轴线（图6-16），也有通过非对称面的（图6-17）。一般情况下应使剖切面通过尽量多的内部结构，以充分反映物体的内部实形。

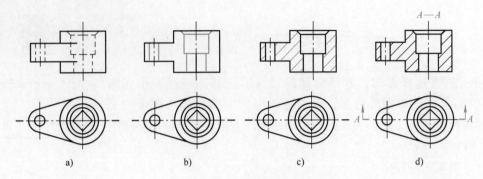

图 6-15   剖视图的画法

a) 确定剖切位置   b) 画出剖开后的可见轮廓线   c) 在剖切区域画出剖面符号   d) 完成标注

3）剖切面后的可见轮廓线应全部用粗实线画出，不要漏线（图 6-18）。当不可见的轮廓线在其他视图能表达清楚时，则在剖视图中一般省略不画，但不能清楚表达时，还需要画出虚线（图 6-19）。

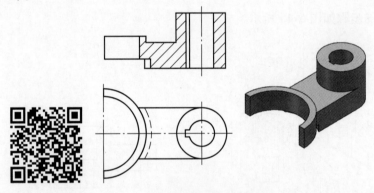

图 6-16   剖切面通过零件的对称面

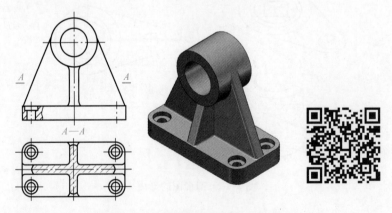

图 6-17   剖切面通过零件的非对称面

4）在剖面区域中画上剖面符号。不同的材料采用不同的剖面符号（表 6-1）。对于金属材料，剖面线最好画成与主要轮廓或剖面区域的对称中心线呈 45°角的细实线，且间隔均匀（≈3mm）、倾斜方向相同（图 6-20）。

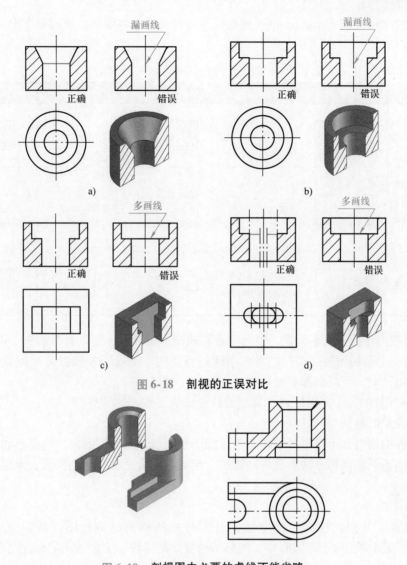

图 6-18 剖视的正误对比

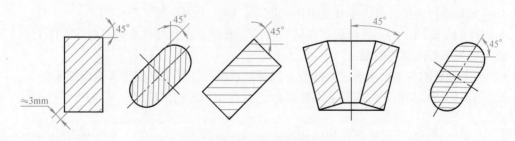

图 6-19 剖视图中必要的虚线不能省略

图 6-20 剖面线的角度

5）剖视图的标注。一般应在剖视图的上方标注出剖视图的名称"×—×"（×为大写拉丁字母）。在相应的视图上用剖切符号（长为 5～8mm 的粗实线）表示剖切位置，剖切符号尽量不与图形的轮廓线相交或重合，在剖切符号的起讫处垂直地画上箭头表示投射方向，并注上相同的字母（图 6-15d）。剖视图的标注有时可以省略箭头，有时可以全部省略不注。其条件是：

表 6-1　剖面符号（摘自 GB/T 4457.5—2013）

材料类别	剖面符号	材料类别	剖面符号	材料类别	剖面符号
金属材料（已有规定剖面符号者除外）	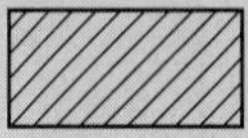	非金属材料（已有规定的剖面符号者除外）	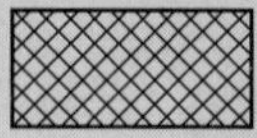	线圈绕组元件	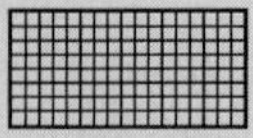
型砂、填砂、粉末冶金、砂轮、陶瓷刀片、硬质合金刀片等	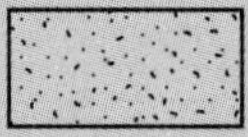	液体	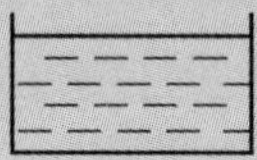	木材纵断面	
转子、电枢、变压器和电抗器等叠钢片	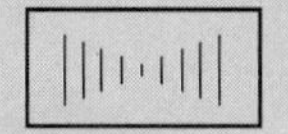	玻璃及供观察用的其他透明材料	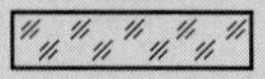	木材横断面	

① 当剖视图按投影关系配置，中间没有其他图形隔开时，可以省略箭头（图 6-17）。

② 当用一个剖切面通过零件的对称平面进行剖切，剖视图按投影关系配置，中间又没有其他图形隔开时，可以全部省略标注（图 6-16、图 6-19）。

6）同一零件的各个剖面区域，其剖面线画法应一致。

二、剖视图的种类

由于零件的结构和形状多种多样，为了能清楚地表达出它们的内、外部形状和结构，可根据需要采用不同的剖切方法来获得剖视图。剖视图分为三种：全剖视图、半剖视图和局部剖视图。

1. 全剖视图

用剖切面（平面或柱面）完全地剖开零件后所得到的剖视图，称为全剖视图（图 6-14）。全剖视图主要用于外形简单，内部结构复杂的零件。全剖视图的标注与前述相同。

2. 半剖视图

当零件具有对称平面时，向垂直于对称平面的投影面上投射所得的图形，以对称中心线为界，一半画成剖视图，另一半画成视图的图形，称为半剖视图（图 6-21）。

半剖视图主要用于内、外形状需在同一视图上兼顾表达的对称或基本对称零件上。

画半剖视图要注意的问题：

1）半个剖视图与半个视图之间的分界线是细点画线，不能画成粗实线或细实线。

2）当零件结构基本对称而且不对称部分已另有图形表达清楚时，可画成半剖视图（图 6-22）。

3）由于图形对称，零件的内部形状已在半个剖视图中表示清楚，所以在表达外部形状的半个视图中，虚线应省略不画（图 6-21d）。

4）半剖视图的标注和省略标注原则与全剖视图相同。要特别注意半剖视图剖切位置的标法，不允许像图 6-23 所示那样标注 *B—B* 剖切位置符号。

5）尺寸标注稍有别于全剖视图和视图。如图 6-21e 中的 $\phi 26$mm、38mm 等尺寸，尺寸

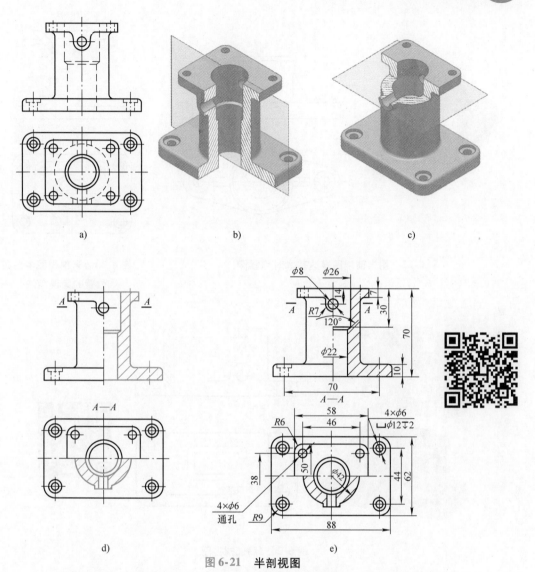

图 6-21　半剖视图

a）支架视图　b）主视图的剖切　c）俯视图的剖切　d）半剖视图　e）半剖视图的尺寸标注

箭头只画出了一个，另一个随轮廓线的省略而省画，但尺寸线要超出中心分界线 2~3mm。

3. 局部剖视图

用剖切面局部地剖开零件所得的剖视图，称为局部剖视图（图6-24）。

局部剖视图一般适用于内外形状都需表达的不对称零件。当图形的对称中心线处有零件的轮廓线时，不宜画成半剖视图，这时可采用近于半剖的局部剖视图，其原则是保留轮廓线（图6-25）。局部剖是一种比较灵活的表达方法，剖切面剖在何处、剖切范围多大，可根据表达的需要而定。在一个图形中，局部剖切的数量不宜过多，否则图形显得支离破碎。

局部剖视图用波浪线作为分界线。波浪线不应画在孔槽中空处或轮廓线外，也不应与轮廓线重合或成为轮廓线的延长线（图6-26）。

波浪线也可用折断线代替（图6-27）。当被剖切结构为回转体时，允许将该结构的中心线作为局部剖视与视图的分界线（图6-28）。

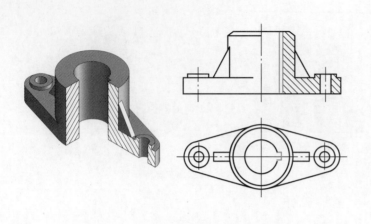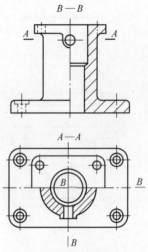

图 6-22 用半剖视图表达基本对称零件

图 6-23 半剖视图中剖切位置的错误标法

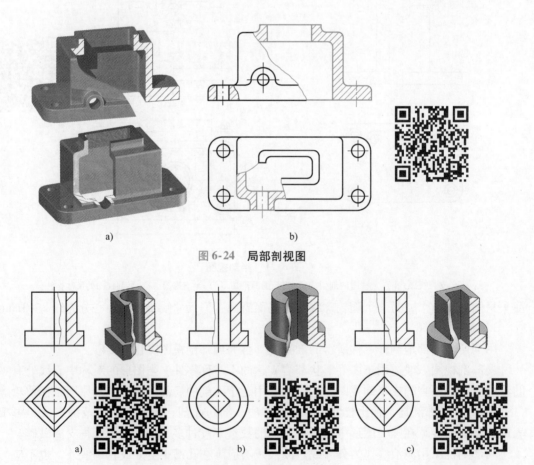

a)   b)

图 6-24 局部剖视图

a)   b)   c)

图 6-25 不宜作半剖的局部剖视图

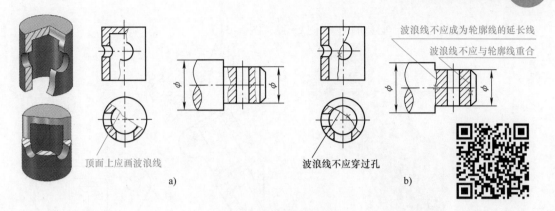

波浪线不应成为轮廓线的延长线

波浪线不应与轮廓线重合

顶面上应画波浪线

a)

波浪线不应穿过孔

b)

图 6-26 波浪线的画法

a）正确 b）错误

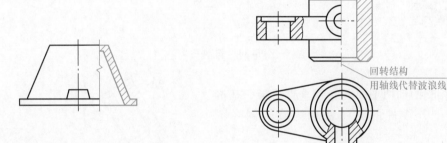

回转结构
用轴线代替波浪线

图 6-27 分界线为折断线的局部剖视图

图 6-28 分界线为中心线的局部剖视图

局部剖视一般可省略标注。但当剖切位置不明显或局部剖视图未按投影关系配置时，则必须加以标注。

三、剖切面和剖切方法

因为零件内部形状的多样性，剖切零件的方法也不尽相同。为此，国家标准规定了多种形式的剖切面和剖切方法来表达零件形状。

1. 单一剖切面

一般用一个平面剖切零件，也可用柱面剖切零件。采用柱面剖切零件时，剖视图应按展开绘制，如图 6-29 中的"*B—B* 展开"。前面所讨论的全剖视图、半剖视图和局部剖视图，都是用单一剖切面剖开零件的。

图 6-30 中的"*B—B*"全剖视图也是采用单一剖切面，只是这一剖切面倾斜于基本投影面，所以常称为斜剖视图。

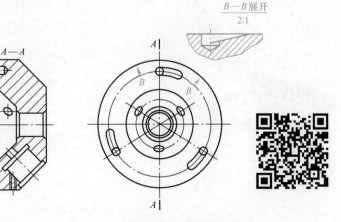

B—B 展开
2:1

A—A

图 6-29 用圆柱面剖切得到的剖视图

采用斜剖画剖视图时，必须标注（图6-30、图6-31）。

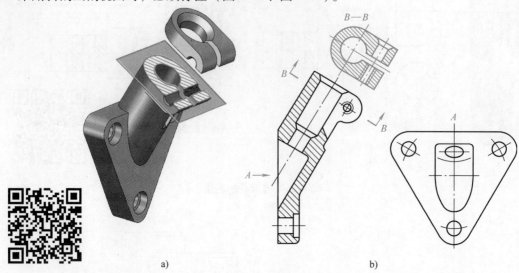

图6-30　斜剖一

2. 两相交剖切平面

用两相交的剖切平面（交线垂直于某一基本投影面）剖开零件的方法常称为旋转剖（图6-32）。

采用这种方法画剖视图时，先假想按剖切位置剖开零件，然后将被剖切平面剖开的结构及有关部分旋转到与选定的投影面平行再投影。位于剖切面后的其他结构一般仍按原来位置投影，如图6-32中的油孔。

旋转剖常用于盘类零件，以表示该类零件上孔、槽的形状（图6-33）。

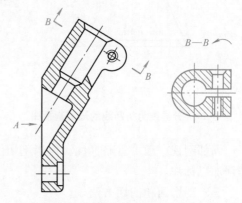

图6-31　斜剖二

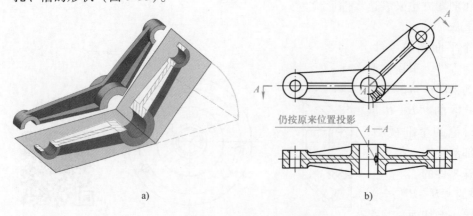

仍按原来位置投影

图6-32　旋转剖一

当剖切后产生不完整要素时，应将此部分按不剖绘制（图6-34）。

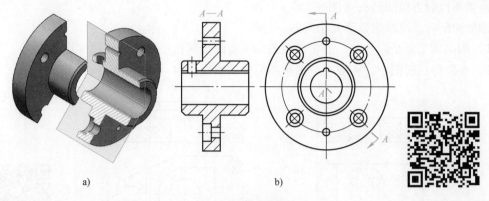

图 6-33　旋转剖二

画旋转剖时，必须标出剖切位置，在剖切符号的起讫和转折处标注字母，并用箭头指明投射方向，在剖视图上方注明剖视图的名称 ×—×。当转折处地方有限又不致引起误解时，允许省略标注转折处的字母（图 6-32）。

3. 几个平行的剖切平面

用几个平行的剖切平面剖开零件的方法常称为阶梯剖（图 6-35）。

图 6-34　旋转剖三

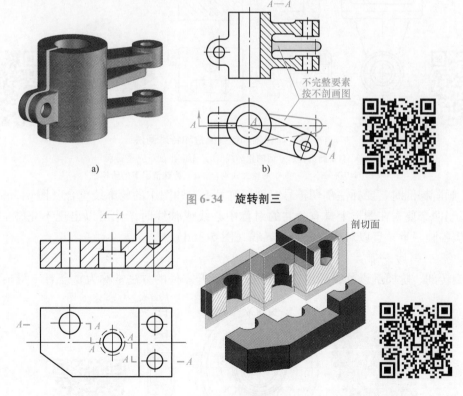

图 6-35　阶梯剖

有些零件的内部结构复杂，用一个剖切面不能将其内部形状都表达出来，在这种情况下，可用一组互相平行的剖切平面依次剖开零件上需要表达的部位，再向投影面进行投射。

画阶梯剖时要标注剖切符号。若剖视图按投影关系配置，中间又没有其他图形隔开，则可省略指明投射方向的箭头（图6-35）。

画阶梯剖时，应注意以下几个问题：

1）因剖切平面是假想的，故在剖视图中不应画出转折平面的轮廓线（图6-36a）。

2）在阶梯剖视图中，一般不应出现不完整的结构要素（图6-36b）。

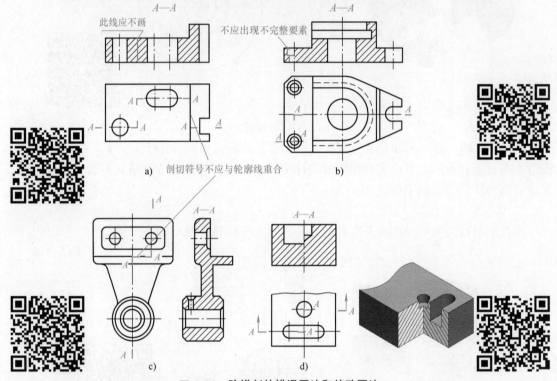

图6-36 **阶梯剖的错误画法和特殊画法**

a）不要画出转折平面的轮廓 b）不应出现不完整要素

c）剖切符号不要和图中的轮廓线重合 d）特殊情况下的阶梯剖

3）画阶梯剖时，要标注剖切符号。剖切符号不应和图中的轮廓线重合（图6-36a、c）。

4）当两个要素在图形上具有公共的对称中心线或轴线时，才可以出现不完整的要素。这时，应各画一半，且以对称中心线为界线（图6-36d）。

4. 组合的剖切平面

除旋转剖、阶梯剖以外，用组合的剖切平面剖开零件的方法常称为复合剖（图6-37）。

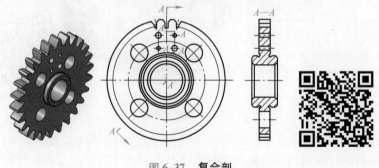

图6-37 **复合剖**

复合剖适用于内部结构复杂，用上述剖切方法不能表达的零件的视图。常见的情况是把某一种剖视与旋转剖视结合起来作为一个完整的剖视图。复合剖的剖切符号画法和标注，与旋转剖和阶梯剖相同。

当使用几个连续的旋转剖的组合时，其剖视图可采用展开的画法，此时图名应标注"×—×展开"（图 6-38）。

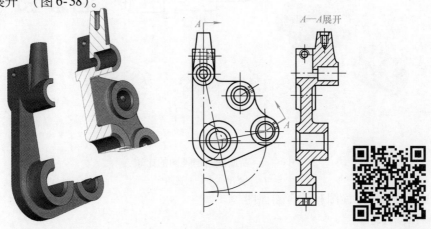

图 6-38 复合剖的展开画法

对于零件不同的结构和形状，应采用不同的剖切方法去表达。这里要说明的是：不管采用什么剖切法，除了能得到全剖视图外，也可以得到半剖视图和局部剖视图。例如，用旋转剖画出的局部剖视图（图 6-39），用阶梯剖画出的局部剖视图（图 6-40）。

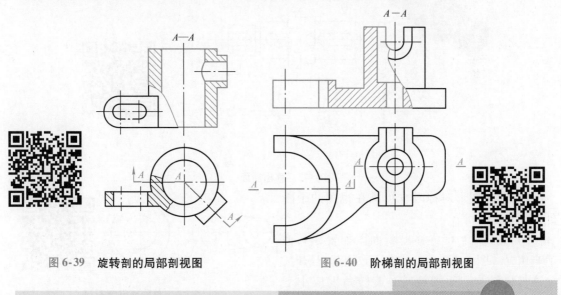

图 6-39 旋转剖的局部剖视图　　　　图 6-40 阶梯剖的局部剖视图

第三节 断 面 图

假想用剖切面将零件的某处切断，仅画出该剖切面与零件接触部分的图形，此图形常称为断面图，简称断面。

断面图和剖视图的区别在于：断面图仅画出被切断部分的图形（图 6-41a），而剖视图除了画出被切断部分的图形外，还要画出断面后所有可见部分的图形（图6-41b）。

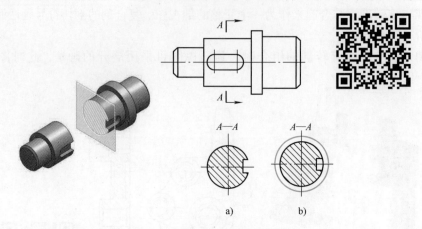

图6-41 断面图与剖视图的比较

a）断面图 b）剖视图

断面图分为移出断面图和重合断面图。

一、移出断面图

1. 移出断面的画法及配置

1）移出断面图的图形应画在视图之外，轮廓线用粗实线绘制，配置在剖切线的延长线上（图6-42b、c）。

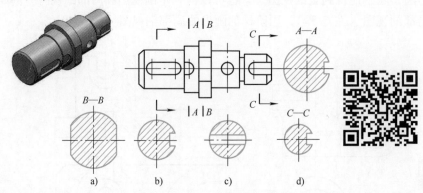

图6-42 移出断面

2）断面图形对称时也可画在视图的中断处（图6-43）。

3）必要时，可将移出断面图配置在其他适当位置（图6-42a、d）。在不致引起误解时，允许将倾斜的断面图旋转，旋转角度应小于90°（图6-44）。

4）当剖切面通过回转面形成的孔或凹坑的轴线时，这些结构按剖视绘制（图6-42c）。

5）当剖切面通过非圆孔，会导致出现完全分离的两个断面时，则这些结构也按剖视绘制（图6-45）。

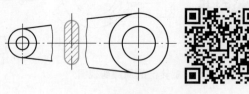

图6-43 对称移出断面可画在视图中断处

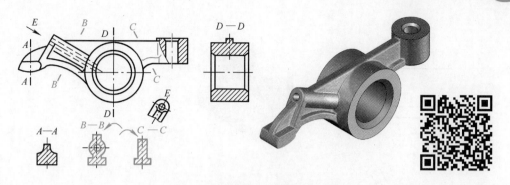

图 6-44 带有旋转表达的移出断面图

6）由两个或多个相交的剖切面剖切得到的移出断面，中间一般应断开，并画在其中一个剖切面的延长线上（图6-46）。

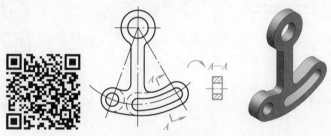

图 6-45 按剖视图绘制的移出断面

图 6-46 两个相交剖切平面剖切的移出断面

2. 移出断面图的剖切位置与标注

1）移出断面一般用剖切符号表示剖切位置，用箭头表示投射方向，并注上大写拉丁字母。在相应的断面图上方用相同的字母标出相应的"×—×"（图 6-42d）。

2）画在剖切平面延长线上的移出断面可省略字母（图 6-42b）。

3）画在剖切平面延长线以外的对称移出断面和按投影关系配置的不对称移出断面，可省略箭头（图 6-42a、图 6-42 中的"A—A"）。

二、重合断面图

画在视图之内，断面轮廓线用细实线绘制的图形称为重合断面（图 6-47）。

当视图中的轮廓线与重合断面的图形重叠时，视图中的轮廓线仍应连续画出，不可间断。当重合断面不对称时，应标注剖切符号和箭头（图 6-47a）。当重合断面对称时，可省略标注（图 6-47b）。

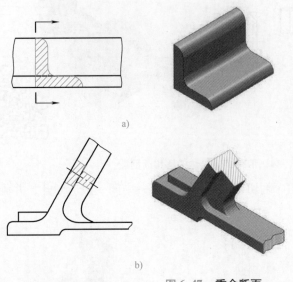

a)

b)

图 6-47　重合断面

第四节　局部放大图和简化画法与规定画法

零件除了上述表达的一些方法外，还有相应的简化画法和规定画法等表达形式。

一、局部放大图

当零件上某些细小结构在视图上由于图形过小而表达不清，或难以标注尺寸时，可将这些细小的结构用大于原图形所采用的比例画出，这种图形称局部放大图。画局部放大图时需用细实线小圆圈出细小结构，并用罗马数字标明放大部位，再用大于原图的比例将细小结构画在原图附近。当零件上仅有一个需要放大的部位时，不必用罗马数字编号，只需在放大部位画圈，在放大图的上方注明编号和放大比例（图6-48）。

局部放大图可画成视图、剖视图、断面图，它与被放大部分的表达方式无关。

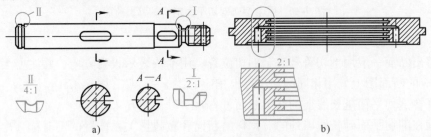

a)　　　　　　　　　　　　　　　　　　　b)

图 6-48　局部放大图

必要时可用几个图形来表达同一个被放大部分的结构（图6-49）。

在局部放大图表达完整的前提下，允许在原视图中简化被放大部位的图形（图6-50）。

二、简化画法与规定画法

为了读图与绘图方便，国家标准规定了一些简化画法和规定画法。下面介绍常用的几种画法。

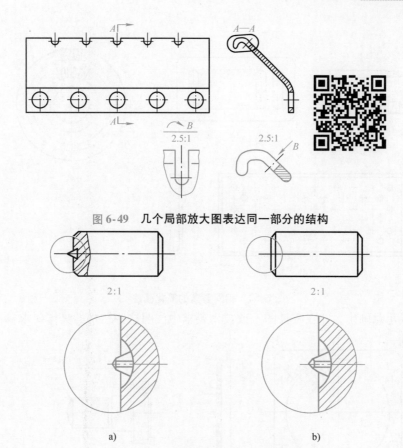

图 6-49 几个局部放大图表达同一部分的结构

a)   b)

图 6-50 在原视图中简化被放大部位

1. 简化画法

（1）剖面符号的简化画法 在不致引起误解时，允许省略剖面符号（图6-51）。

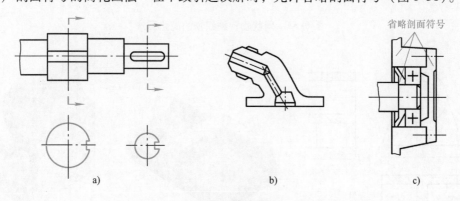

省略剖面符号

a)   b)   c)

图 6-51 简化画法

a）移出断面 b）零件图 c）装配图

（2）相同要素的简化画法 当零件具有若干相同的结构（齿、槽、孔等），并按一定规律分布时，只需画出几个完整的结构，其余用细实线连接，在零件图中则必须注明该结构的总数（图6-52）。

（3）网状物、编织物的简化画法 网状物、编织物或零件上的滚花部分，可在轮廓线

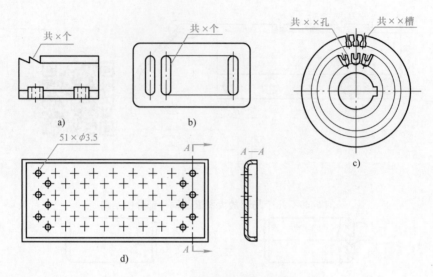

图 6-52 相同要素的简化画法

附近用粗实线示意画出，并在零件图上或技术要求中注明这些结构的具体要求（图 6-53）。

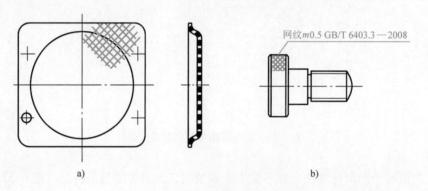

图 6-53 网状物、编织物的简化画法

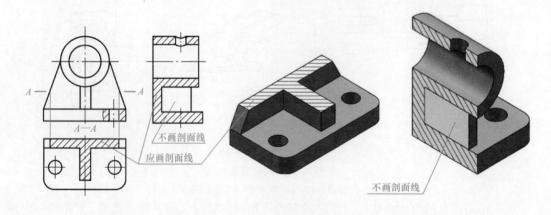

图 6-54 肋板横剖纵不剖

（4）肋、轮辐及薄壁的简化画法 对于零件的肋、轮辐及薄壁等，若按纵向剖切，这

些结构都不画剖面符号，而用粗实线将其与邻接部分分开（图6-22、图6-32、图6-54、图6-55）。

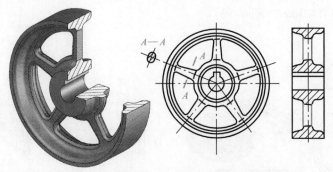

图 6-55　轮辐沿轴线方向剖开不画剖面线

当零件回转体上均匀分布的肋、轮辐、孔等结构不处于剖切平面上时，可将这些结构旋转到剖切平面上画出（图6-56）。

（5）平面的简化画法　当图形不能充分表达平面时，可用平面符号（相交的两细实线）表示（图6-57）。

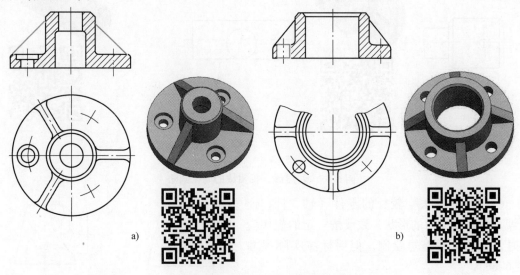

a)　　　　　　　　b)

图 6-56　均布孔、肋的旋转剖出

a)　　　　　　　　b)

图 6-57　平面的简化画法

（6）过渡线、相贯线的简化画法 在不致引起误解时，图形中的过渡线、相贯线可以简化。例如，用圆弧或直线代替非圆曲线（图 6-58）。也可采用模糊画法表示相贯线，此时轮廓线应超出交点 2 ~ 3mm（图 6-59）。

图 6-58 过渡线、相贯线的简化画法

（7）折断画法 较长的零件（轴、杆、连杆等）沿长度方向的形状一致或按一定的规律变化时，可断开后缩短绘制，但要标注实际尺寸（图6-60）。

（8）倾角小于30°结构的画法 与投影面倾斜角度小于或等于30°的圆或圆弧，其投影可用圆或圆弧代替（图6-61）。

零件上斜度不大的结构，如在一个图形中已表达清楚时，其他图形可按小端画出（图6-62）。

（9）小圆角、小倒角的简化画法 在不引起误解时，零件图中的小圆角，锐边的小倒角或45°小倒角允许省略不画，但必须注明尺寸或在技术要求中加以说明（图6-63）。

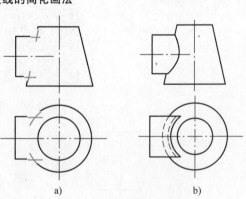

图 6-59 相贯线的模糊画法
a）简化后 b）简化前

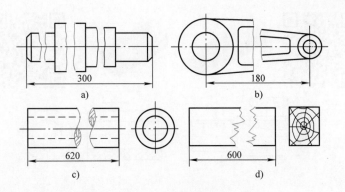

图 6-60　折断画法

a) 轴　b) 连杆　c) 管子　d) 木材

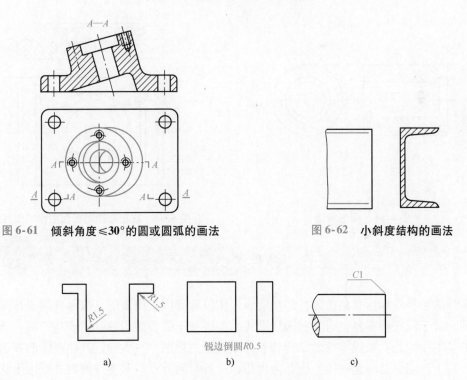

图 6-61　倾斜角度 ≤30° 的圆或圆弧的画法　　　图 6-62　小斜度结构的画法

图 6-63　小圆角、小倒角的简化画法

（10）对称结构的局部视图　零件上对称结构的局部视图，可按图 6-64 所示的方法绘制。

2. 其他规定画法

1) 在需要表达位于剖切平面前的结构时，这些结构按假想投影的轮廓线绘制（图6-65）。

2) 在剖视图的剖面中可再作一次局部剖，采用这种表达方法时，两个剖面的剖面线应同方向、同间隔，但要互相错开，并用指引线标注其名称（图6-66）。

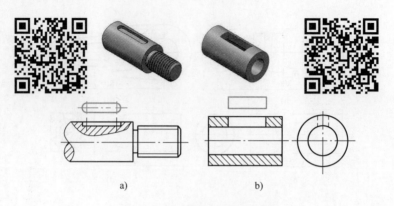

a)　　　　　　　　　b)

图 6-64　对称结构的局部视图

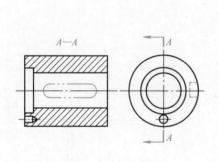

图 6-65　假想画法

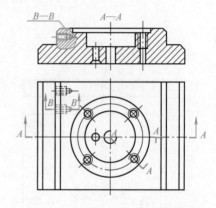

图 6-66　在剖视图的剖面中作局部剖视

第五节　零件表达方法综合举例

零件的各种各样形状是由零件的功能、工作位置等因素决定的，故零件的表达方案也各不相同。对于同一种零件也有多种表达形式，关键在于能否选出较好的表达方案。选择表达方案的基本原则是：根据零件的结构特点，先选择主视图，其次确定其他视图的表达形式和数量；对于选定的这一组视图，应互为依托，又各有侧重点，对零件的内外结构形状既不遗漏表达，也不重复出现；尽量满足合理、完整、清晰的要求，并力求看图容易，绘图简便。

图 6-67 所示为一壳体类零件，其表达方法分析如下。

1. 分析零件形状

此零件可分解成四个基本形体，即带有四个孔的底板、两侧带有法兰盘的圆柱筒长圆形空腔壳体、肋板、支承板。整个零件左右对称。

2. 选择视图

（1）选择主视图　通常选择最能反映零件特征的投射方向作为主视图的方向。由于零件左右对称，主视图取 A—A 半剖视，其剖视部分主要表达零件内部结构形状、圆筒内孔与壳体内腔的连通情况。视图部分主要表达各个部分外形及长度、高度方向的相对位置。

（2）选择其他视图　左视图采用局部剖视以反映壳体内部形状，视图部分反映圆形法

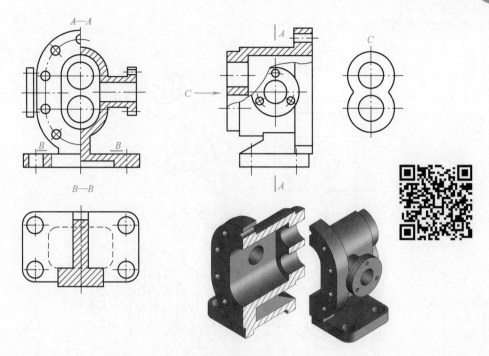

图 6-67 零件的表达方案

兰盘上孔的分布情况及肋板的形状。俯视图采用 *B—B* 全剖视以反映肋板和支承板的截面形状，虚线部分反映底板凹槽的形状。用 *C* 向局部视图表达零件后面突出的结构形状。

第六节 轴测剖视图

画零件的轴测图时，为了表示零件的内部结构形状，可假想用剖切面将零件的一部分剖去，画出轴测剖视图。被剖切面剖去的部分，视具体的零件结构而定，剖去四分之一或二分之一都可以，这样就能将零件的内、外部形状较全面地表达出来。

一、正等轴测剖视图

1. 正等轴测剖视图的画法

通常轴测剖视图是用两个互相垂直的轴测坐标面剖切形体的四分之一（图 6-68），剖开的断面处需画剖面线。正等轴测剖视图的剖面线画法如图 6-69 所示。

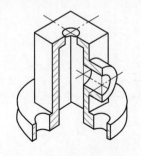

图 6-68 正等轴测剖视图

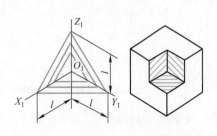

图 6-69 正等轴测剖视图剖面线方向

轴测剖视图的画法有两种：

1）先画外形再画剖视（图6-70、图6-71）。

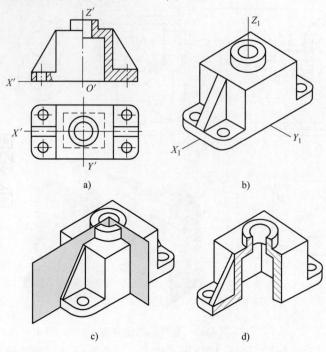

图6-70 先画外形再画剖视一

a）选坐标轴 b）画零件的外形轴测图 c）选取适当的剖切平面剖切
零件 d）擦去切掉的部分，绘出剖面的形状及剖切后可见的零件轮廓

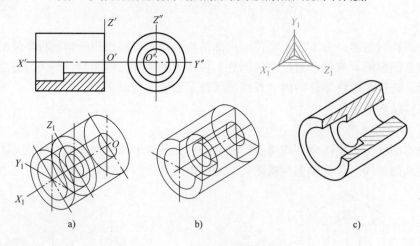

图6-71 先画外形再画剖视二

a）选坐标轴，画轴向层面上的圆 b）选取适当的平面剖切零件 c）画出可见部分

2）先画剖面再画外形（图6-72）。

2. 肋的剖切画法

当剖切平面通过零件的肋或薄壁等结构的纵向对称面时，这些结构的剖视图不画剖面符号，而用粗实线将其与邻接部分分开（图6-70d、图6-73a），也允许用细点表示肋或薄壁的

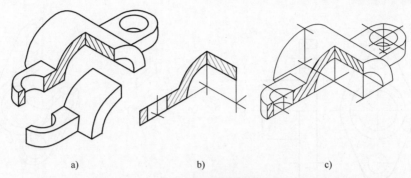

图 6-72 先画剖面再画外形

a）轴测剖视图 b）先画剖面 c）补上外形

剖切部分（图 6-73b）。

二、斜二轴测剖视图

图 6-74 表示的是斜二轴测剖视图，其剖面线的画法如图 6-75 所示。由于斜二轴测一般用来表达在 XOZ 坐标面投射为圆的零件，所以在画斜二轴测剖视图时，通常剖去零件的左上角，即用平行于 $Z_1O_1Y_1$ 的轴测面和平行于 $X_1O_1Y_1$ 的轴测面去剖切零件，相当于剖去零件的约四分之一部分。斜二轴测剖视图的作图步骤如图 6-76 所示。

1）在剖视图中选择方向合适的坐标轴（图 6-76a）。

2）画出斜二测轴测轴以及剖面形状（图 6-76b）。

3）将其余可见形状画出并描深（图 6-76c）。

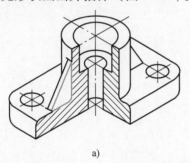
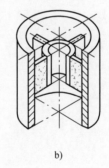

a）　　　　　　　b）

图 6-73 轴测剖视图肋的剖切画法

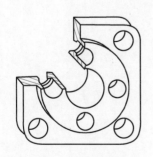

图 6-74 斜二轴测剖视图

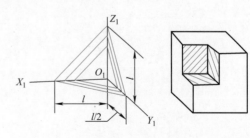

图 6-75 斜二轴测剖面线方向

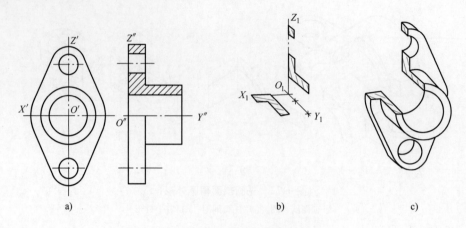

a)　　　　　　　　　　　　　　　　　b)　　　　　　　　　c)

图 6-76　斜二轴测剖视图作图步骤

第七章

CHAPTER 7

标准件和常用件

各种机械设备中，常用到如螺栓、螺钉、螺母、垫圈、键、销和滚动轴承等零件。为了便于组织专业化生产，国家对这些零件的结构、尺寸都制定了统一的标准，故称为标准件。另一些如齿轮、弹簧等零件也经常使用，但只是结构定型、部分尺寸实行了标准化，这类零件则称为常用件。

由于标准件与常用件的结构与形状较复杂，只需根据国家标准规定的画法、代号及标记进行绘图和标注即可，不必按真实投影画出，其具体尺寸可从有关标准中查阅。

本章主要介绍常用标准件和常用件的有关规定画法和标记，标准意识和规范化意识尤为重要。

第一节　螺纹及螺纹紧固件

一、螺纹

1. 螺纹的形成与加工方法

螺纹是根据螺旋线的形成原理加工而成的。如图 7-1 所示，圆柱面上有一动点 A，在绕轴线作等速旋转运动的同时，沿着轴线方向作等速直线运动，其运动轨迹称为圆柱螺旋线。动点 A 旋转一周沿圆柱轴线方向所移动的距离称为导程。螺旋线按动点的旋转方向分为左旋和右旋两种。若用一平面图形（如三角形、梯形、矩形等）代替动点 A 绕一圆柱作螺旋运动，形成一螺旋体，这种螺旋体就是螺

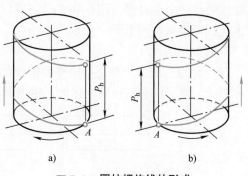

图 7-1　圆柱螺旋线的形成

a) 左旋　b) 右旋

纹。由于平面图形不同，形成的螺纹形状也不同。同理，在圆锥面上也可以形成螺纹。

螺纹，就是指在圆柱或圆锥表面上，沿着螺旋线所形成的具有规定牙型的连续凸起与沟槽。

加工螺纹的方法很多，常见的是在车床上车削内、外螺纹，辗压螺纹，用丝锥和板牙加工螺纹等（图 7-2）。

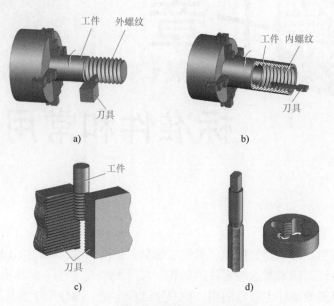

图7-2 **螺纹的加工方法及加工工具**

a) 在车床上加工外螺纹 b) 在车床上加工内螺纹 c) 辗压螺纹 d) 手工加工螺纹用的工具

圆柱（圆锥）外表面上所形成的螺纹称为外螺纹，圆柱（圆锥）内表面上所形成的螺纹称为内螺纹。内、外螺纹成对使用。

2. 螺纹的结构

（1）螺纹起始端 为防止损坏外螺纹起始端以及便于装配，通常将螺纹起始处加工成一定形式（图7-3）。

（2）螺纹收尾和退刀槽 在螺纹加工即将结束时，刀具要逐渐离开工件，导致螺纹末尾一段的螺纹牙型不完整，如图7-4a中标有尺寸的一段，称为螺尾。有时为避免产生螺尾，在该处预制出一个退刀槽（图7-4b、c）。螺纹的收尾及退刀槽已标准化，可查阅有关手册。

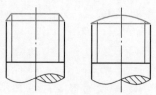

图7-3 **螺纹起始端**

3. 螺纹的要素

（1）牙型 螺纹牙型是指沿螺纹轴线剖开螺纹后所得到的轮廓形状。常见的有三角形、梯形、锯齿形和矩形等（参见表7-1）。

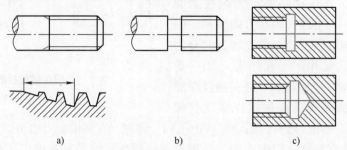

图7-4 **螺纹收尾**

a) 外螺纹的螺尾 b) 外螺纹的退刀槽 c) 内螺纹的退刀槽

（2）螺纹直径 代表螺纹尺寸的直径（图7-5a）。

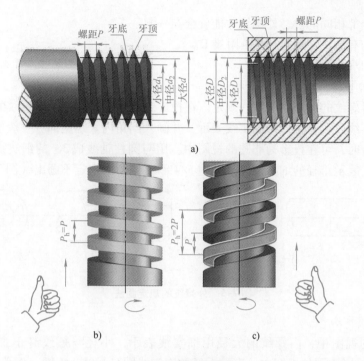

图 7-5　螺纹的要素

a）牙型、大径、小径、螺距　b）单线、左旋　c）双线、右旋

1）大径。与外螺纹牙顶或内螺纹牙底相切的假想圆柱面的直径，称为螺纹的大径。内、外螺纹大径分别用 D、d 表示；对于米制螺纹，大径就是螺纹的公称直径。

2）小径。与外螺纹牙底或内螺纹牙顶相切的假想圆柱面的直径，称为螺纹的小径。内、外螺纹小径分别用 D_1、d_1 表示。

3）中径。通过牙型上沟槽和凸起宽度相等的地方的假想圆柱面的直径，称为螺纹中径。内、外螺纹中径分别用 D_2、d_2 表示。

（3）线数　同一圆柱面或圆锥面上螺纹的条数，用 n 表示。沿一条螺旋线所形成的螺纹称为单线螺纹，图 7-5b 所示为单线方牙螺纹。沿两条或两条以上的螺旋线所形成的螺纹称为多线螺纹，图 7-5c 所示为双线方牙螺纹。

（4）螺距和导程

1）螺距。螺纹相邻两牙在中径线上对应点之间的轴向距离称为螺距，用 P 表示。

2）导程。同一条螺纹上的相邻两牙在中径线上对应点间的轴向距离称为导程，用 P_h 表示。

导程和螺距的关系是：导程 P_h = 螺距 P × 线数 n。若是单线螺纹，则导程 P_h = 螺距 P（图 7-5b、c）。

（5）旋向　螺纹旋进的方向。螺纹有左旋和右旋之分，其中右旋最为常用。判断左旋和右旋螺纹的方法如图 7-5b、c 所示。

在螺纹上述五要素中，凡牙型、公称直径和螺距符合国家标准的螺纹称为标准螺纹。而牙型符合标准，直径与螺距不符合标准的螺纹称特殊螺纹。若牙型不符合标准的，如矩形螺纹，称为非标准螺纹。

螺纹要素全部相同的内、外螺纹才能旋合在一起。

常见螺纹的有关尺寸见附录 A ~ 附录 D。

二、螺纹的规定画法

1. 外螺纹的画法

国家标准对螺纹的画法作了统一规定。在投影为非圆的视图上，外螺纹的大径与螺纹长度终止线用粗实线表示，小径用细实线表示，并画入倒角内。螺尾部分一般不画，如需要表示螺纹收尾部分时，可在投影为非圆的视图中，用与圆柱轴线成30°的细实线画出。在投影为圆的视图中，表示小径的细实线圆只画约3/4圈，倒角圆规定不画出（图7-6）。

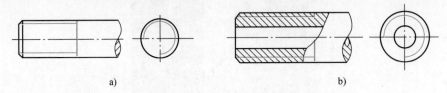

a)   b)

图 7-6   外螺纹的规定画法

2. 内螺纹的画法

在非圆的剖视图中，内螺纹的大径用细实线表示，小径与螺纹终止线用粗实线表示（图7-7a）。在投影为圆的视图中，表示大径的细实线圆只画约3/4圈，倒角圆规定不画出。若绘制不穿通的螺孔时，螺孔深度和钻孔深度均应画出（图7-7b），一般钻孔深度应比螺孔深度长 $0.2d \sim 0.5d$（d 为螺纹大径），钻孔头部的锥顶角应画成120°。不可见螺纹的所有图线都用虚线表示（图7-7c）。

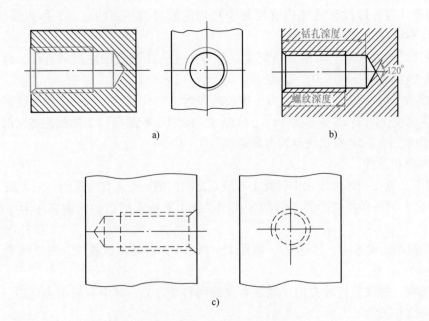

a)   b)

c)

图 7-7   内螺纹的规定画法

不论是外螺纹还是内螺纹，在剖视图或断面图中的剖面线都必须画到粗实线处。

3. 螺纹联接的画法

在剖视图中，内、外螺纹旋合部分按外螺纹画出，非旋合部分仍用各自的画法表示。绘图时应注意，表示内、外螺纹大径、小径的粗、细实线应分别对齐（图7-8）。

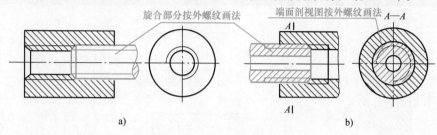

旋合部分按外螺纹画法　　端面剖视图按外螺纹画法

图7-8　螺纹联接的规定画法

4. 非标准螺纹的画法

绘制非标准牙型的螺纹时，应绘出螺纹牙型，并标注出所需的尺寸及有关要求（图7-9）。

三、螺纹的种类和标准

1. 螺纹的种类

螺纹按用途不同分为联接螺纹和传动螺纹两类。常用的联接螺纹有粗牙普通螺纹、细牙普通螺纹和管螺纹。传动螺纹有梯形螺纹、锯齿形螺纹和矩形螺纹。常用标准螺纹的种类及用途见表7-1。

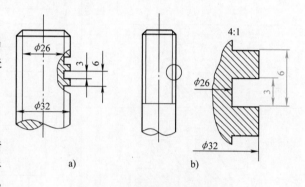

图7-9　非标准螺纹的画法

a）在视图上取局部剖视　b）局部放大图

表7-1　常用螺纹的种类和标注

类型		牙型放大图	特征代号	标注示例	用途及说明
普通螺纹	粗牙		M	M16-5g6g	最常用的一种联接螺纹。直径相同时，细牙螺纹的螺距比粗牙螺纹的螺距小，粗牙螺纹不注螺距
	细牙			M6×1-6G-LH	

（续）

类 型	牙型放大图	特征代号	标注示例	用途及说明
55°非密封管螺纹		G	G1	管道联接中的常用螺纹，螺距及牙型均较小
55°密封管螺纹	55°	Rc Rp R₁ 或 R₂	Rc1/2	管道联接中的常用螺纹，螺距及牙型均较小，代号 R_1 表示与圆柱内螺纹相配的圆锥外螺纹，R_2 表示与圆锥内螺纹相配的圆锥外螺纹，Rc 表示圆锥内螺纹，Rp 表示圆柱内螺纹
梯形螺纹	30°	Tr	Tr20×8(P4)	常用的两种传动螺纹，用于传递运动和动力。梯形螺纹可传递双向动力，锯齿形螺纹用来传递单向动力
锯齿形螺纹	3° 30°	B	B20×2LH	

2. 螺纹标记及标注

　　由于图样上各种螺纹的画法都是相同的，为了表示清楚螺纹的各要素，因此，在螺纹的图样中必须进行标注，而标注的核心是螺纹的完整标记。不同类别的螺纹其标注和标记规则有所不同。下面介绍几种常见螺纹的标记和标注方法。

（1）普通螺纹　国家标准规定普通螺纹完整标记格式为：

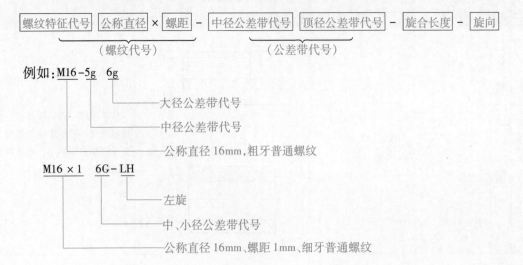

| 螺纹特征代号 | 公称直径 | × | 螺距 | – | 中径公差带代号 | 顶径公差带代号 | – | 旋合长度 | – | 旋向 |

（螺纹代号）　　　　　　　（公差带代号）

例如：M16–5g　6g
　　　　　　　 　大径公差带代号
　　　　　　　中径公差带代号
　　　　公称直径 16mm,粗牙普通螺纹

M16 × 1　6G–LH
　　　　　　左旋
　　　　中、小径公差带代号
　公称直径 16mm、螺距 1mm、细牙普通螺纹几点说明：

1）螺纹代号。粗牙普通螺纹不标记螺距，细牙普通螺纹的螺距必须标记。

2）公差带代号。螺纹公差带代号由数字加字母表示（内螺纹用大写字母，外螺纹用小写字母），如 7H、6g 等，它表示中径、顶径制造时允许的误差。

3）旋合长度。普通螺纹的旋合长度分为长、中、短三种，分别用代号 L、N、S 表示。中等旋合长度可省略标注"N"。

4）旋向代号。右旋螺纹的旋向不标记，左旋螺纹则标记"LH"（管螺纹、梯形螺纹、锯齿形螺纹左旋均标记为"LH"）。

普通螺纹标注时，应从大径引出尺寸界线，标记应注在大径的尺寸线上（表7-1）。

（2）管螺纹 各种管螺纹标记格式为：

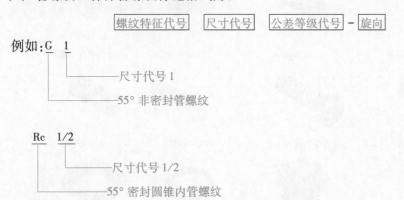

几点说明：

1）尺寸代号及其对应的大径等尺寸可查附录 C、附录 D。

2）对于特征代号为 G 的 55°非密封管螺纹，其外螺纹公差等级有 A、B 两种，内螺纹不标记。

各种管螺纹标注时，其标记一律注在指引线上，指引线应从大径上引出，并且不应与剖面线平行（表7-1）。

（3）梯形螺纹和锯齿形螺纹 梯形、锯齿形螺纹标记格式为：

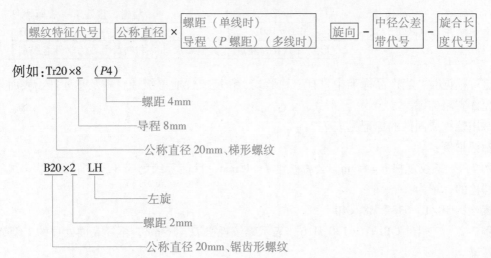

几点说明：

1）螺纹公差带表示中径公差带。

2）梯形螺纹和锯齿螺纹的旋合长度分为中、长两种，分别用 N、L 表示。当为中等旋合长度时，"N" 不标。

四、常用螺纹紧固件及联接

螺纹联接，即利用一对内、外螺纹的联接作用来联接或紧固一些零件，是工程上应用最广泛的联接方式，属于可拆联接。常用的螺纹紧固件有螺栓、双头螺柱、螺钉、螺母和垫圈等（图 7-10）。

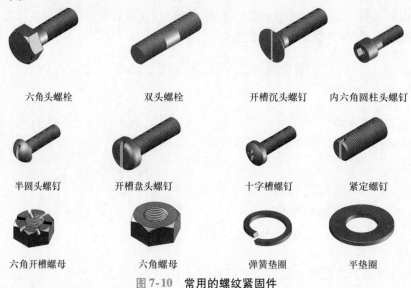

六角头螺栓	双头螺栓	开槽沉头螺钉	内六角圆柱头螺钉
半圆头螺钉	开槽盘头螺钉	十字槽螺钉	紧定螺钉
六角开槽螺母	六角螺母	弹簧垫圈	平垫圈

图 7-10　常用的螺纹紧固件

1. 螺纹紧固件的标记

螺纹紧固件是标准件，其结构、尺寸已标准化（见附录 E ~ 附录 L），一般不需绘制零件图。各种螺纹紧固件可根据其标记从相应的国家标准中查找有关尺寸。

螺纹紧固件的完整标记排列顺序如下：

名称	标准代号	形式与尺寸			材料	热处理	表面处理
螺栓	GB/T 5782	M20×100			8.8		Zn·D
		形式	规格、精度	其他要求	材料牌号或力学性能级别		

进行标记时，当产品标准中只有一种形式、精度、性能等级或材料及热处理、表面处理时，允许省略标记。

常用螺纹紧固件的标记见表 7-2。

标记举例：

例 7-1　螺纹规格 $d = 8mm$，公称长度 $l = 40mm$，性能等级为 8.8，表面氧化、A 级的六角头螺栓的标记为：

螺栓　GB/T　5782 M8×40

例 7-2　"螺母 GB/T　6170 M16" 表示螺纹规格 $D = 16mm$，不经表面处理的 1 型 A 级六角螺母。

2. 螺纹紧固件的画法

（1）查表法　由规定标记查阅有关标准，根据标准给出的尺寸画出图样。

（2）比例画法　根据螺纹大径（d 或 D），按一定比例关系计算各部分尺寸后画图。常用螺纹紧固件的比例画法见表7-2（蓝色尺寸为规格尺寸）。

表7-2　常用螺纹紧固件的标记及画法

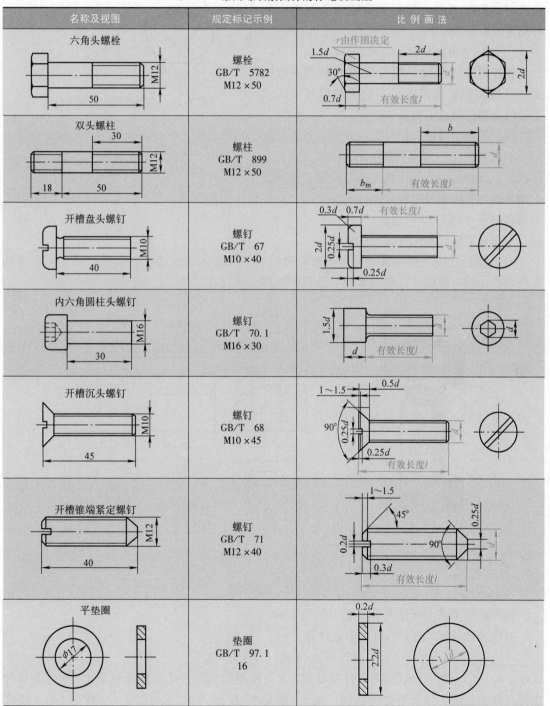

名称及视图	规定标记示例	比例画法
六角头螺栓	螺栓 GB/T 5782 M12×50	
双头螺柱	螺柱 GB/T 899 M12×50	
开槽盘头螺钉	螺钉 GB/T 67 M10×40	
内六角圆柱头螺钉	螺钉 GB/T 70.1 M16×30	
开槽沉头螺钉	螺钉 GB/T 68 M10×45	
开槽锥端紧定螺钉	螺钉 GB/T 71 M12×40	
平垫圈	垫圈 GB/T 97.1 16	

画法举例：

例7-3　六角螺母的比例画法

六角螺母头部外表面的曲线为双曲线，作图时可用圆弧来代替双曲线（图7-11）。

与六角螺母类似的六角头螺栓头部曲线画法也可参照图7-11，但要注意螺栓头部的六棱柱高度应取 $0.7d$。

3. 螺纹紧固件联接图的画法

螺纹紧固件联接一般分为螺栓联接、双头螺柱联接和螺钉联接等。不论哪种联接，联接图的画法都应符合下列基本规定：

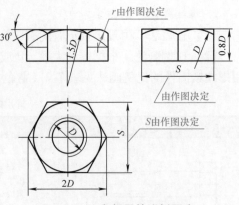

图7-11　六角螺母的比例画法

两个零件的接触表面只画一条线。凡不接触的相邻表面，不论间隙大小，都画两条线。

剖视图中，相邻两个零件的剖面线方向相反，或方向一致但间隔要有明显不同。同一零件在各个剖视图中的剖面线方向与间隔应相同。

当剖切平面通过螺纹紧固件的轴线时，这些零件均按不剖绘制。若有特殊要求时，可采用局部剖视（图7-15）画法。

下面介绍螺纹紧固件联接的画法。

（1）螺栓联接　螺栓联接适用于被联接的两零件允许钻成通孔的情况。两个被联接的零件通孔内没有螺纹，联接由螺栓、螺母和垫圈组成（图7-12）。

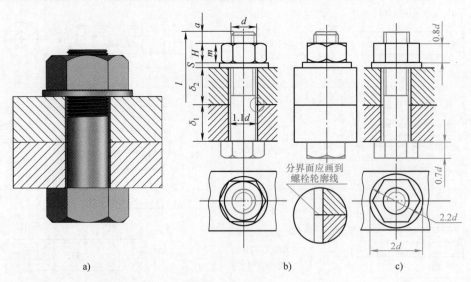

图7-12　螺栓联接

被联接两零件上所钻光孔直径一般为 $1.1d$。

螺栓公称长度 l 的大小可按下式计算

$$l > \delta_1 + \delta_2 + S + H + a$$

式中，δ_1、δ_2 分别为被联接两零件的厚度；S 为垫圈的厚度；H 为螺母的厚度；a 为螺栓伸出螺母外的长度。如采用比例画法，则 $S = 0.15d$，$H = 0.8d$，$a = 0.3d$。计算出 l 后，还应根据螺栓的标准长度系列取标准长度值。

例如，当 $d = 20\text{mm}$，$\delta_1 = 35\text{mm}$，$\delta_2 = 28\text{mm}$ 时，则

$$l > \delta_1 + \delta_2 + S + H + a$$

$$= (35 + 28 + 0.15 \times 20 + 0.8 \times 20 + 0.3 \times 20)\,\text{mm} = 88\text{mm}$$

查附录 E 长度系列（l）中，与之最接近的 l 值为 90，故取 $l = 90\text{mm}$。

其余作图尺寸根据公称直径 d 参照图 7-12，按表 7-2 介绍的比例画法画出。

（2）螺柱联接 螺柱联接适用于被联接零件之一无法钻成通孔的情况。较薄的被联接件加工成通孔，而较厚的被联接件上加工成螺纹孔，其联接由螺柱、螺母和垫圈组成（图 7-13）。

双头螺柱旋入零件螺纹孔内的部分称为旋入端，其长度用 b_m 表示。旋入端应全部旋入螺纹孔内，以保证联接可靠，在图上则以旋入端的螺纹终止线与两零件接触面平齐来表示。

旋入端长度 b_m 由被旋入零件的材料所决定：

钢、青铜	$b_m = d$	GB/T 897—1988
铸铁	$b_m = 1.25d$	GB/T 898—1988
	或 $b_m = 1.5d$	GB/T 899—1988
铝合金	$b_m = 2d$	GB/T 900—1988

双头螺柱的公称长度 l 是从旋入端螺纹的终止线至紧固部分末端的长度（图 7-13），其长度可由下式算出

$$l > \delta + S + H + a$$

算出数值后，再从附录 F 中所规定的长度系列（l）中选取合适的 l 值。

图中螺孔深度一般取 $b_m + 0.5d$，钻孔深度一般取 $b_m + d$。螺纹孔的画法如图 7-7b 所示。

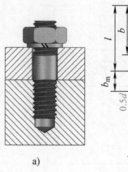

（3）螺钉联接 螺钉联接适用情况与螺柱联接相似，但不用螺母，两被联接零件之一加工成螺孔，而另一个较薄的加工成通孔。螺钉按用途分为联接螺钉和紧定螺钉两种。

图 7-13 螺柱联接

1）联接螺钉用来联接不经常拆卸和受力较小的零件（图 7-14）。

图中螺钉旋入螺纹孔的长度 b_m 与零件的材料有关，其取值可参看螺柱联接部分。注意：螺钉上的螺纹长度 b 应大于 b_m。从图中可看到，螺钉上的螺纹终止线一定高于两零件接触面，这表示有足够的螺纹长度保证联接可靠。

螺钉头部的一字槽，可按比例画法画出槽口。当槽宽小于 2mm 时，可用加涂黑的粗实线绘制。在俯视图中应将槽口画成向右且与水平线成 45°角。

2）紧定螺钉用于固定两个零件的相对位置，使它们不产生相对运动。图 7-15 所示为锥端紧定螺钉的联接画法。

在装配图中，螺纹紧固件的工艺结构，如倒角、倒圆、退刀槽等均可省略不画（图 7-12c、图 7-13c）。常用螺栓、螺钉的头部及螺母也可采用表 7-3 所列的简化画法来绘制联接图。

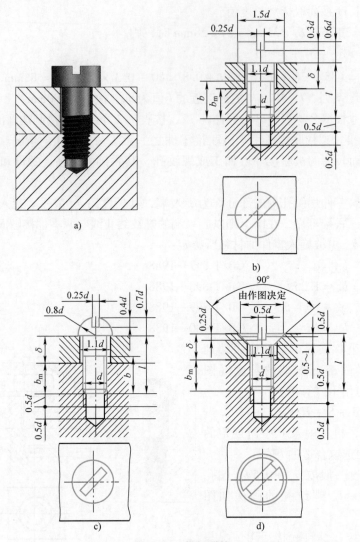

图 7-14　螺钉联接

a）立体图　b）开槽圆柱头螺钉　c）开槽半圆头螺钉　d）开槽沉头螺钉

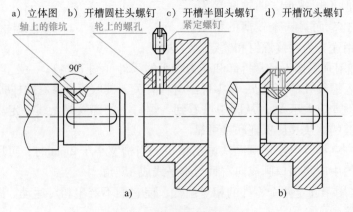

图 7-15　紧定螺钉联接画法

a）联接前　b）联接后

表 7-3　常用螺栓、螺钉的头部及螺母的简化画法

形　式	简 化 画 法	形　式	简 化 画 法
六角头 （螺栓）		蝶形 （螺母）	
方头 （螺栓）		沉头十字槽 （螺钉）	
圆柱头内六角 （螺钉）		半沉头开槽 （螺钉）	
无头内六角 （螺钉）		圆柱头开槽 （螺钉）	
无头开槽 （螺钉）		盘头开槽 （螺钉）	
沉头开槽 （螺钉）		沉头开槽 （自攻螺钉）	
六角 （螺母）		半沉头十字槽 （螺钉）	
方头 （螺母）		盘头十字槽 （螺钉）	
六角开槽 （螺母）		六角法兰面 （螺栓）	
六角法兰面 （螺母）		圆头十字槽 （木螺钉）	

第二节　键、销

　　键与销都是常用标准件。键联接与销联接与螺纹联接一样，也是机械工程中常使用的可拆联接。

一、键联接

键常用于联接轴和安装在轴上的零件（如齿轮、带轮），使轴和轮一起转动，以传递转矩。图7-16 所示为普通平键联接，分别在轴和轮毂孔中加工出键槽，先将键嵌入轴上的键槽中，再对准轮上的键槽将轮装配好，当轴转动时，就可通过键带动轮一起转动。

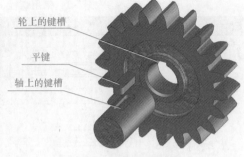

图 7-16 普通平键联接

1. 键的种类和标记

常用的键有普通平键、半圆键和钩头楔键等。各种键的形式、标记见表7-4。键与键槽的标准尺寸可查阅附录 M、附录 N。

2. 键槽的画法和尺寸标注

表 7-4 常用键的形式、标记

名称	立 体 图	图 例	标 记 示 例
普通平键		A型	GB/T 1096 键 $12 \times 8 \times 100$ 表示圆头普通平键 键宽 $b = 12mm$ 键高 $h = 8mm$ 键长 $L = 100mm$
半圆键			GB/T 1099.1 键 $8 \times 11 \times 28$ 表示 键宽 $b = 8mm$ 键高 $h = 11mm$ 直径 $D = 28mm$
钩头楔键			GB/T 1565 键 $18 \times 11 \times 100$ 表示 键宽 $b = 18mm$ 键高 $h = 11mm$ 键长 $L = 100mm$

轴与轮分别都有键槽。键槽的常用加工方法如图 7-17 所示。

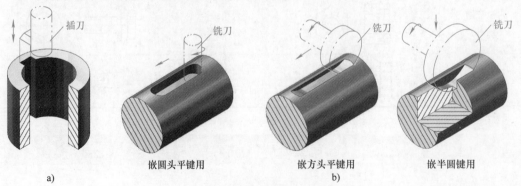

a) 插刀 铣刀 铣刀 铣刀

嵌圆头平键用　　　　　　嵌方头平键用　　　　　　嵌半圆键用

a)　　　　　　　　　　　　　　　　b)

图 7-17 键槽的常用加工方法

a）轮毂上的键槽　b）轴上的键槽

键槽的形式和尺寸，已随着键的标准化而有相应的标准，设计或测绘时，可以查阅附录M 和附录 N 得到相关尺寸，如轴上的槽深 t 和轮毂上的槽深 t_1。键的长度与轴上的键槽长度，应在键的长度标准系列中选用（键长不能超过轮毂的长度）。

键槽的画法与尺寸标注如图7-18 所示。

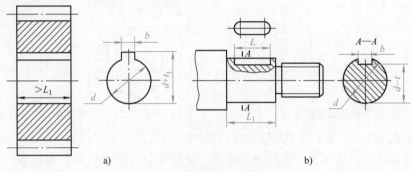

图 7-18　键槽的画法与尺寸标注

3. 键的联接画法

（1）普通平键联接　图 7-19 所示为用普通平键与轴、轮的联接画法。普通平键的两个侧面与键槽侧面相接触，键的底面与轴键槽的底面相接触，故只画出一条粗实线。而键的顶面与轮毂上键槽底面不接触，此处要画两条线。轴为实心件，在主视图中按不剖画出。在反映键长方向，一般轴采用局部剖视、键按不剖的画法表示。

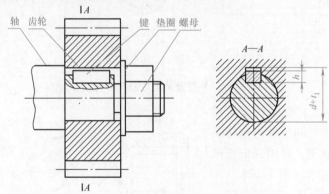

图 7-19　普通平键的联接画法

（2）半圆键联接　半圆键安装在轴上半圆形键槽内，具有自动调位的优点，常用于轻载和锥形轴的联接，其联接画法如图7-20 所示。

（3）钩头楔键联接　钩头楔键的上顶面有 1:100 的斜度，联接时沿轴向把键打入键槽，直至打紧为止，故键的上、下端面为工作面，两侧面为非工作面。画图时，上、下两端面与键槽接触，两侧面则有间隙（图7-21）。

（4）花键联接　在轴上与轮毂孔内加工出若干条槽键的轴和孔，称为花键轴（外花键）、花键孔（内花键），两者装配在一起称花键联接。花键联接具有联接强度高而且可靠、能传递较大的转矩、同轴度和轴向导向性好等优点，因此在汽车、航空发动机和机床等重要传动机构中应用较多。

花键按齿形分为矩形花键和渐开线花键等，其结构要素均已标准化。下面只介绍矩形花键的画法及尺寸标注。

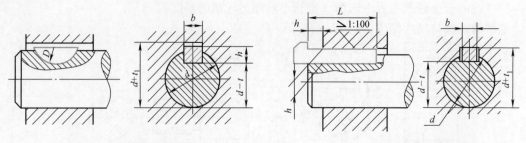

图 7-20　半圆键联接画法　　　　　　图 7-21　钩头楔键的联接画法

1）外花键的画法。在平行于花键轴线的视图中，大径用粗实线画出，小径用细实线画出，在垂直于轴线的剖面图上，画出全部齿形，或一部分齿形（但要注明齿数）。花键工作长度 L 的终止端和尾部长度的末端均用与轴线垂直的细实线画出，花键尾部用细实线画成与轴线成30°的斜线（图 7-22）。

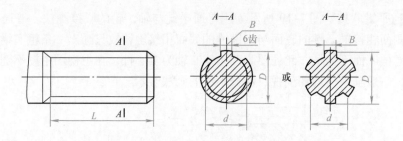

图 7-22　外花键的画法及尺寸标注

2）内花键的画法。在平行于花键轴线的剖视图中，大径与小径均用粗实线画出，齿按不剖绘制，并用局部视图画出一部分或全部齿形（图 7-23）。

3）花键联接的画法。花键联接一般采用剖视画法，其联接部分按外花键画（图 7-24）。

4）图形符号。花键类型由图形符号表示，表示矩形花键的图形符号如图 7-24a 所示；表示渐开线花键的图形符号如图 7-24b 所示。

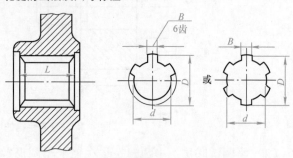

图 7-23　内花键的画法及尺寸标注

5）花键的标注。花键的标注方法有两种，一种是直接在图上标记出有关规格尺寸，如大径 D，小径 d，键宽 B，键数 N 和工作长度 L（图 7-22、图 7-23）。另一种是用指引线注出花键代号（图 7-24c），代号 $\sqcap$ 6×23 $\frac{H7}{f7}$×26 $\frac{H10}{a11}$×6 $\frac{H11}{d11}$ 中，第一项表示齿形，第二项表示内、外花键的键数，第三、四、五项分别表示内、外花键的小径、大径、键宽及其公差

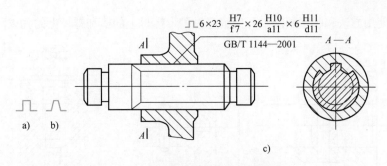

图 7-24　花键联接的画法及尺寸标注

带代号。

二、销联接

1. 销的种类和标记

销是机械工程中广泛应用的一种零件，已标准化。常用的销有圆柱销、圆锥销和开口销三种。销的标记见表 7-5，销的尺寸可查阅附录 O。

表 7-5　销及其标记示例

名　称 (标准号)	图　例	标记示例	说　明
圆柱销 GB/T 119.1—2000	≈15° $R\approx d$ C a l	公称直径 $d=8$mm、公差为 m6、长度 $l=30$mm、材料为 35 钢、不经淬火、不经表面处理的圆柱销： 销　GB/T 119.1　8m6×30	
圆锥销 GB/T 117—2000	1:50 R_1 R_2 a l a	公称直径 $d=10$mm、长度 $l=60$mm、材料为 35 钢、热处理硬度 28～38HRC、表面氧化处理的 A 型圆锥销： 销　GB/T 117　10×60	圆锥销按表面加工要求不同，分为 A、B 两种型式。公称直径指小端直径
开口销 GB/T 91—2000	b l a	公称规格为 5mm、长度 $l=40$mm、材料为低碳钢、不经表面处理的开口销： 销　GB/T 91　5×40	公称规格等于与之相配的开口销孔直径，故开口销公称孔规格大于其实际直径 d

圆柱销和圆锥销用作零件间的联接或定位，开口销常与槽形螺母配合使用，以防止螺母松动或固定其他零件（图 7-25）。

2. 销的联接画法

圆柱销的联接画法如图 7-25a 所示，此处的小齿轮就是通过销与轴联接起来的，它传递的动力不能太大；圆锥销的联接画法如图 7-25b 所示，此处圆锥销起定位作用；图 7-25c 所示为开口销的使用方法和联接画法，开口销穿过槽形螺母上的槽和螺杆上的孔以防螺母松动。

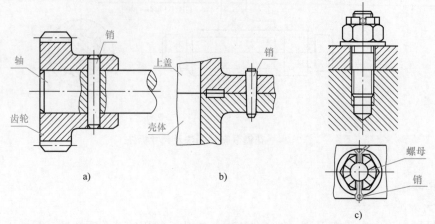

图 7-25　销联接画法

a）圆柱销联接　b）圆锥销联接　c）开口销联接

圆柱销和圆锥销的装配要求较高，销孔一般是在联接零件装配后才一起加工的。锥销孔的公称直径是指小端直径，标注时应采用旁注法。图 7-25b 上盖、壳体锥销孔的旁注法如图 7-26 所示。锥销孔的加工过程如图 7-27 所示。

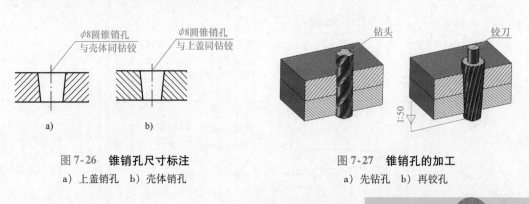

图 7-26　锥销孔尺寸标注

a）上盖销孔　b）壳体销孔

图 7-27　锥销孔的加工

a）先钻孔　b）再铰孔

第三节　齿　轮

齿轮是机器中广泛应用的传动零件之一，它既可以传递动力，又可以改变转速和旋转方向。常见的齿轮传动形式有：

（1）圆柱齿轮　用于两平行轴之间的传动（图 7-28a）。

（2）锥齿轮　用于两相交轴之间的传动（图 7-28b）。

（3）蜗杆蜗轮　用于两交错轴之间的传动（图 7-28c）。

一、直齿圆柱齿轮

1. 直齿圆柱齿轮各部分名称、代号与尺寸关系

图 7-29a 所示为互相啮合的两直齿圆柱齿轮的一部分，图 7-29b 所示为单个直齿圆柱齿轮的投影图。直齿圆柱齿轮各部分的名称为：

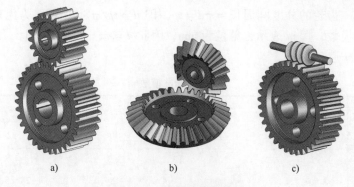

图 7-28　常见的齿轮传动
a）圆柱齿轮　b）锥齿轮　c）蜗轮蜗杆

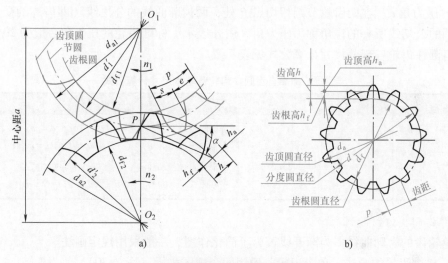

a) b)

图 7-29　直齿圆柱齿轮各部分名称
a）两齿轮啮合图　b）单个齿轮图

（1）齿数 z　轮齿的个数。

（2）齿顶圆直径 d_a　通过轮齿顶部的圆称为齿顶圆，其直径用 d_a 表示。

（3）齿根圆直径 d_f　通过齿槽根部的圆称为齿根圆，其直径用 d_f 表示。

（4）节圆直径 d'　两齿轮啮合时，位于连心线 O_1O_2 上的两齿廓接触点 P 称为节点。分别以 O_1、O_2 为圆心，O_1P、O_2P 为半径所作的两相切的圆称为节圆。

（5）分度圆直径 d　当标准齿轮的齿厚 s 与齿槽宽 e 相等时所在位置的圆称分度圆。分度圆是齿轮进行设计与制造时各部分尺寸计算的基准圆，标准齿轮 $d=d'$。

（6）齿顶高 h_a、齿根高 h_f、齿高 h　齿顶圆与分度圆的径向距离称为齿顶高，用 h_a 表示；分度圆与齿根圆的径向距离称为齿根高，用 h_f 表示；齿顶圆与齿根圆的径向距离称为齿高，用 h 表示。$h=h_a+h_f$。

（7）齿厚 s、槽宽 e、齿距 p　一个轮齿在分度圆上的弧长称为齿厚，用 s 表示；一个齿槽在分度圆上的弧长称为槽宽，用 e 表示；相邻两齿廓对应点间在分度圆上的弧长称为齿距，用 p 表示。两啮合齿轮的齿距必须相等。标准齿轮的 $s=e$，$p=s+e$。

（8）模数 m　齿轮的分度圆周长 $= \pi d = zp$，即 $d = zp/\pi$。由于 π 为无理数，为计算方便，将 p/π 称为模数，用 m 表示，单位为 mm，因此 $d = mz$。模数是设计、制造齿轮的主要参数，已标准化（表7-6）。

表7-6　标准模数 m

第一系列	1	1.25	1.5	2	2.5	3	4	5	6
	8	10	12	16	20	25	32	40	50
第二系列	1.75	2.25	2.75	(3.25)	3.5	(3.75)	4.5	5.5	
	(6.5)	7	9 (11)	14	18	22	28 (30)	36	45

注：选用模数时应优先选用第一系列；其次选用第二系列；括号内的模数尽可能不用。

（9）压力角 α　在两齿轮节圆相切点 P 处，两齿廓曲线的公法线（即齿廓的受力方向）与两节圆的公切线所夹的锐角称为压力角，用 α 表示。标准齿轮的压力角一般为20°。

直齿圆柱齿轮各部分尺寸计算公式见表7-7。

表7-7　标准直齿圆柱齿轮各基本尺寸计算公式

名　称	代号	计算公式	名　称	代号	计算公式
齿顶高	h_a	$h_a = m$	分度圆直径	d	$d = mz$
齿根高	h_f	$h_f = 1.25m$	齿顶圆直径	d_a	$d_a = d + 2h_a = m(z+2)$
齿高	h	$h = h_a + h_f = 2.25m$	齿根圆直径	d_f	$d_f = d - 2h_f = m(z - 2.5)$
传动比	i	$i = n_1/n_2 = z_2/z_1$	中心距	a	$a = (d_1 + d_2)/2 = m(z_1 + z_2)/2$

2. 直齿圆柱齿轮的规定画法

齿轮轮齿的齿廓曲线多为渐开线，为了简化作图，一般采用规定画法。

（1）单个齿轮的画法　单个齿轮一般用两个视图表示（图7-30）。

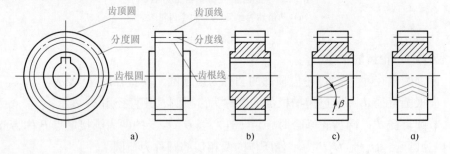

图7-30　圆柱齿轮的画法

a) 直齿（外形视图）　b) 直齿（全剖）　c) 斜齿（半剖）　d) 人字齿（半剖）

在外形视图中，分度圆和分度线用点画线表示；齿顶圆和齿顶线用粗实线表示；齿根圆和齿根线用细实线表示，也可以省略不画（图7-30a）。

在剖视图中，当剖切平面通过齿轮轴线时，轮齿部分按不剖处理；齿根线用粗实线表示（图7-30b）；若齿轮为斜齿或人字齿时，可画成半剖视图或局部剖视图，并在未剖切部分，画三条与齿形方向一致的细实线（图7-30c、d）。

图7-31为单个直齿圆柱齿轮的工作图。轮齿部分的尺寸应标注出齿顶圆直径 d_a 和分度

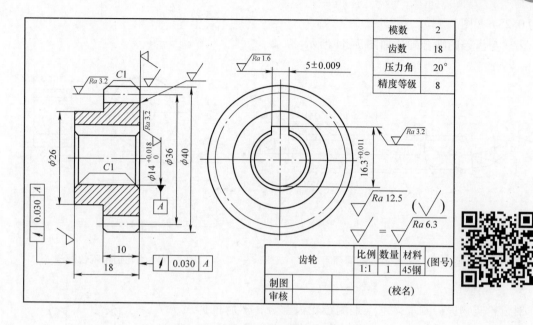

模数	2
齿数	18
压力角	20°
精度等级	8

图 7-31　齿轮工作图

圆直径 d，齿根圆直径 d_f 规定不用标注。同时，应在图的右上角列出模数、齿数等基本参数。

(2) 两啮合齿轮的画法　在投影为圆的外形视图中，啮合区内的齿顶圆均用粗实线绘制。两节圆相切，齿根圆省略不画（图 7-32a）；啮合区也可按省略画法绘制（图 7-32b）。

在投影为非圆的外形视图中，齿根线与齿顶线在啮合区内均不画出，而节线用粗实线表示（图 7-32c、d）。图 7-32d 所示为两斜齿齿轮啮合。

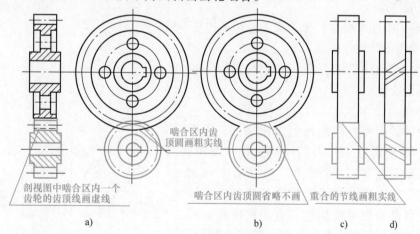

图 7-32　圆柱齿轮啮合画法
a) 规定画法　b) 省略画法　c)、d) 外形视图

在投影为非圆的剖视图中，啮合区内将重合的两节线用细实线绘制，并将一个齿轮（主动轮）的轮齿用粗实线绘制，另一个齿轮（从动轮）的轮齿被遮住的部分用虚线绘制或省略不画（图 7-32a）。一个齿轮的齿顶线与另一个齿轮的齿根线之间应有径向间隙，其大

小为 0.25m（图 7-33）。

齿轮与齿条的啮合画法如图 7-34 所示。

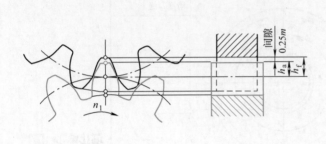

图 7-33　啮合齿轮的间隙　　　　　图 7-34　齿轮齿条啮合画法

3. 直齿圆柱齿轮的测绘

对齿轮实物进行测量，重点是测绘轮齿部分，然后根据表 7-7 计算该齿轮的主要参数及各部分尺寸，并绘制出齿轮工作图。步骤如下：

1）数出齿数 z。

2）测量齿顶圆直径 d_a。齿数为偶数时，可直接得 d_a。齿数为奇数时，量出轴孔直径 D 和齿顶到轴孔的距离，则 $d_a = D + 2K$（图 7-35）。

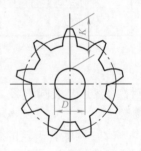

图 7-35　齿顶圆的测量

3）根据公式 $m = d_a/(z+2)$ 计算出模数 m，再根据表 7-6 选取与其相近的标准数。

4）按选出的标准模数，根据表 7-7 计算各基本尺寸。

5）测量齿轮其他各部分尺寸。

6）绘制标准直齿圆柱齿轮工作图（图7-31）。

二、直齿锥齿轮

1. 直齿锥齿轮各部分名称与尺寸关系

锥齿轮的轮齿是在圆锥面上制出来的，齿形从大端到小端渐渐收缩，因而一端大，一端小，两端的模数和分度圆直径不相同。为了计算和制造方便，通常规定以大端的模数和分度圆直径作为计算其他各部分尺寸的依据。直齿锥齿轮各部分名称、尺寸关系及参数如图 7-36 及表 7-8 所示。

2. 直齿锥齿轮的规定画法

（1）单个锥齿轮的画法　单个锥齿轮一般用两个视图表示（图 7-37c）。

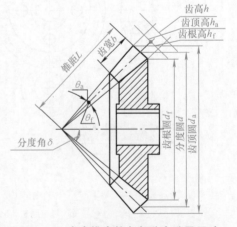

图 7-36　直齿锥齿轮各部分名称及尺寸

在外形视图中，分度锥线用点画线表示，大端和小端的齿顶圆用粗实线表示，齿根圆均省略不画。

表7-8 标准直齿锥齿轮各基本尺寸的计算公式

名　　称	代　　号	计　算　公　式	名　　称	代　　号	计　算　公　式
齿顶高	h_a	$h_a = m$	分度圆直径	d	$d = mz$
齿根高	h_f	$h_f = 1.2m$	齿顶圆直径	d_a	$d_a = m(z + 2\cos\delta)$
齿　高	h	$h = 2.2m$	齿根圆直径	d_f	$d_f = m(z - 2.4\cos\delta)$
齿　宽	b	$b \leqslant L/3$	分度角	δ_1、δ_2	当 $\delta_1 + \delta_2 = 90°$时，
锥　距	L	$L = mz/2\sin\delta$			$\tan\delta_1 = z_1/z_2$
齿顶角	θ_a	$\tan\theta_a = (2\sin\delta)/z$			$\delta_2 = 90° - \delta_1$
齿根角	θ_f	$\tan\theta_f = (2.4\sin\delta)/z$	基本参数：模数 m　齿数 z　分度角 δ		

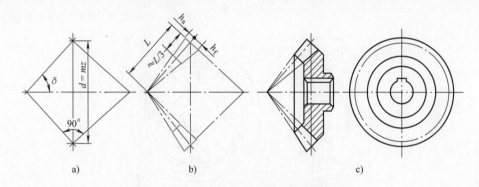

a)　　　　　　　b)　　　　　　　c)

图7-37 单个锥齿轮的画法及画图步骤

在投影为非圆的视图上，常用剖视图表达，轮齿部分按不剖处理，顶锥线和根锥线都用粗实线表示。

（2）两啮合锥齿轮的画法 两标准锥齿轮啮合时，两个分度圆锥应相切，啮合部分的画法与圆柱齿轮啮合画法相同；主视图一般取全剖视（图7-38）。

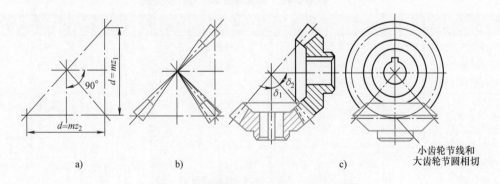

a)　　　　　　　b)　　　　　　　c)

小齿轮节线和
大齿轮节圆相切

图7-38 圆锥齿轮啮合画法及画图步骤

三、蜗杆蜗轮简介

一般情况下，蜗杆蜗轮传动中是以蜗杆为主动件，并将运动传给蜗轮。蜗杆的头数相当于螺杆上螺纹线数，常用单头或双头的蜗杆。在传动时，蜗杆旋转一圈，蜗轮才转过一个齿或两个齿。因此，可得到较大的传动比（$i = z_2/z_1$，z_2 为蜗轮齿数）。

蜗杆、蜗轮的各部分名称及基本尺寸的计算公式如图7-39和表7-9所示。

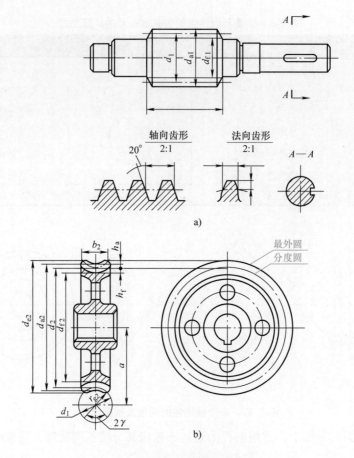

图 7-39 蜗杆、蜗轮的画法

a) 蜗杆 b) 蜗轮

表 7-9 标准蜗杆、蜗轮各基本尺寸计算公式

名　称	代　号	计算公式	名　称	代　号	计算公式
蜗杆分度圆直径	d_1	$d_1 = m_x q$	齿顶高	h_a	$h_a = m_x$
蜗杆齿顶圆直径	d_{a1}	$d_{a1} = m_x(q+2)$	齿根高	h_f	$h_f = 1.2 m_x$
蜗杆齿根圆直径	d_{f1}	$d_{f1} = m_x(q-2.4)$	齿　高	h	$h = 2.2 m_x$
蜗轮分度圆直径	d_2	$d_2 = m_t z_2$	蜗轮外圆直径	d_{e2}	当 $z_1 = 1$ 时，$d_{e2} \leqslant d_{a2} + 2m_t$
蜗轮齿顶圆直径	d_{a2}	$d_{a2} = m_t(z_2+2)$			当 $z_1 = 2\sim3$ 时
					$d_{e2} \leqslant d_{a2} + 1.5 m_t$
蜗轮齿根圆直径	d_{f2}	$d_{f2} = m_t(z_2-2.4)$			当 $z_1 = 4$ 时，$d_{e2} \leqslant d_{a2} + m_t$
中心距	a	$a = m_t(z_2+q)/2$	蜗轮齿顶圆弧半径	r_{g2}	$r_{g2} = a - d_{a2}/2$
基本参数：模数 $m = m_x$（轴向模数）$= m_t$（端面模数）　导程角 γ　蜗杆直径系数 q　　蜗杆头数 z_1　蜗轮齿数 z_2					

1. 蜗杆的画法

蜗杆轮齿的画法与圆柱齿轮基本相同，但常用局部剖视图表示齿形（图 7-39a）。

2. 蜗轮的画法

蜗轮轮齿的画法与圆柱齿轮基本相同，但在投影为圆的视图中，只画出分度圆（点画线圆）和直径最大的外圆（粗实线）。齿顶圆与齿根圆省略不画（图 7-39b）。

3. 蜗杆与蜗轮的啮合画法

在蜗杆投影为圆的视图中，啮合区内只画蜗杆，蜗轮被挡住的部分省略不画。在蜗轮投影为圆的视图中，啮合区内蜗杆的节线与蜗轮的分度圆应相切。图 7-40a 所示为啮合的外形视图，图 7-40b 所示为啮合的剖视图。

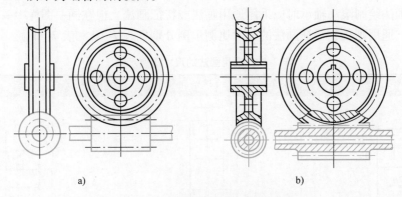

a)   b)

图 7-40　蜗杆、蜗轮啮合图画法

第四节　滚动轴承

滚动轴承用于支承旋转轴，具有结构紧凑、摩擦阻力小等优点，在机器中广泛使用。

一、滚动轴承的结构和分类

1. 滚动轴承的结构

各类滚动轴承的结构一般由四部分组成（图 7-41）。

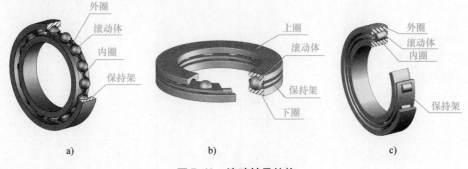

a)   b)   c)

图 7-41　滚动轴承结构

内圈：套装在轴上，随轴一起转动。

外圈：安装在机座孔中，一般固定不动或偶作少许转动。

滚动体：装在内、外圈之间的滚道中。滚动体可做成球或滚子（圆柱、圆锥或滚针）形状。

保持架：用于将滚动体均匀隔开。

2. 滚动轴承的分类

按承受载荷的方向，滚动轴承分为三类：

向心轴承：主要承受径向载荷。如深沟球轴承（图7-41a）。

推力轴承：只承受轴向载荷。如推力球轴承（图7-41b）。

向心推力轴承：同时承受径向和轴向载荷。如圆锥滚子轴承（图7-41c）。

二、滚动轴承表示法

滚动轴承是标准件，一般不需画零件图。在装配图中，轴承可采用简化画法或规定画法。简化画法又有通用画法和特征画法两种。

1. 简化画法

用简化画法绘制滚动轴承时应采用通用画法或特征画法，但在同一图样中一般只采用其中一种画法。通用画法和特征画法的尺寸比例示例分别见表7-10和表7-11。

表7-10　通用画法的尺寸比例示例

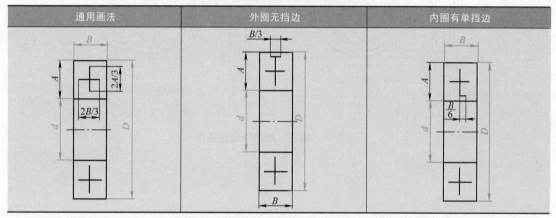

表7-11　特征画法及规定画法的尺寸比例示例

轴承类型	特征画法	规定画法
深沟球轴承 （GB/T 276—2013） 60000 型		
圆柱滚子轴承 （GB/T 283—2007） N0000 型		

（续）

轴承类型	特征画法	规定画法
角接触球轴承 （GB/T 292—2007） 70000 型		
圆锥滚子轴承 （GB/T 297—2015） 30000 型		
推力球轴承 （GB/T 301—2015） 50000 型		

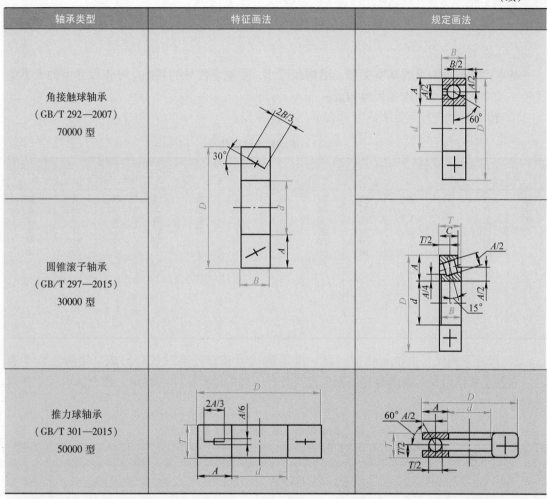

2. 规定画法

必要时，在滚动轴承的产品图样、产品样本、产品标准、用户手册和使用说明书中可采用规定画法。采用规定画法绘制滚动轴承的剖视图时，轴承的滚动体不画剖面线，其内外圈应画上方向和间隔相同的剖面线；滚动轴承的保持架及倒角等可省略不画。规定画法一般绘制在轴的一侧，另一侧按通用画法绘制。规定画法中各种符号、矩形线框和轮廓线均采用粗实线绘制，其尺寸比例示例见表7-11。

在装配图中，滚动轴承的画法如图7-42所示。

三、滚动轴承的代号

滚动轴承的代号由字母加数字组成，是一种用来表示滚动轴承的结构、尺寸、公差等级和技术性能等特征的产品识别符号。该代号由前置

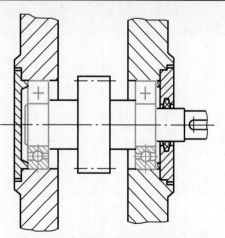

图7-42 滚动轴承在装配图中的画法

代号、基本代号和后置代号构成，排列形式如下：

前置代号　基本代号　后置代号

1. 基本代号

基本代号表示轴承的基本类型、结构和尺寸，是轴承代号的基础。基本代号由轴承类型代号、尺寸系列代号和内径代号构成。

1）轴承类型代号用数字或字母表示，见表 7-12。

表 7-12　滚动轴承类型代号

代号	0	1	2	3	4	5	6	7	8	N	U	QJ
轴承类型	双列角接触球轴承	调心球轴承	调心滚子轴承和推力调心滚子轴承	圆锥滚子轴承	双列深沟球轴承	推力球轴承	深沟球轴承	角接触球轴承	推力圆柱滚子轴承	圆柱滚子轴承	外球面球轴承	四点接触球轴承

2）尺寸系列代号由轴承的宽（高）度系列代号和直径系列代号组成，用两位数字表示。它的主要作用是区别内径相同而宽度与外径不同的轴承。向心轴承、推力轴承尺寸系列号见表 7-13。

表 7-13　向心轴承、推力轴承尺寸系列代号

直径系列代号	向心轴承								推力轴承			
	宽度系列代号								高度系列代号			
	8	0	1	2	3	4	5	6	7	9	1	2
	尺寸系列代号											
7	—	—	17	—	37	—	—	—	—	—	—	—
8	—	08	18	28	38	48	58	68	—	—	—	—
9	—	09	19	29	39	49	59	69	—	—	—	—
0	—	00	10	20	30	40	50	60	70	90	10	—
1	—	01	11	21	31	41	51	61	71	91	11	—
2	82	02	12	22	32	42	52	62	72	92	12	22
3	83	03	13	23	33	—	—	—	73	93	13	23
4	—	04	—	24	—	—	—	—	74	94	14	24
5	—	—	—	—	—	—	—	—	—	95	—	—

3）内径代号表示轴承的公称内径，一般用两位数字表示（表 7-14）。

表7-14　滚动轴承内径代号

轴承公称内径/mm		内　径　代　号	示　　　例
0.6 到 10（非整数）		用公称内径毫米数直接表示，在其与尺寸系列代号之间用"/"分开	深沟球轴承 618/2.5 $d = 2.5\text{mm}$
1 到 9（整数）		用公称内径毫米数直接表示，对深沟及角接触球轴承 7、8、9 直径系列，内径与尺寸系列代号之间用"/"分开	深沟球轴承 625　618/5 $d = 5\text{mm}$
10 到 17	10 12 15 17	00 01 02 03	深沟球轴承 6200 $d = 10\text{mm}$
20 到 480 （22、28、32 除外）		公称内径除以 5 的商数，商数为个位数时，需在商数左边加"0"，如 08	调心滚子轴承 23208 $d = 40\text{mm}$
大于和等于 500 以及 22、28、32		用公称内径毫米直接表示，但在与其尺寸系列代号之间用"/"分开	调心滚子轴承 230/500 $d = 500\text{mm}$ 深沟球轴承 62/22 $d = 22\text{mm}$

例7-4　基本代号举例

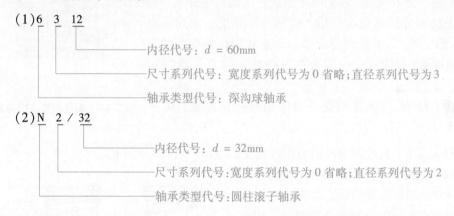

（1）6　3　12
　　　　　内径代号：$d = 60\text{mm}$
　　　　　尺寸系列代号：宽度系列代号为 0 省略；直径系列代号为 3
　　　　　轴承类型代号：深沟球轴承

（2）N　2 / 32
　　　　　内径代号：$d = 32\text{mm}$
　　　　　尺寸系列代号：宽度系列代号为 0 省略；直径系列代号为 2
　　　　　轴承类型代号：圆柱滚子轴承

2. 前置、后置代号

前置、后置代号是轴承在结构形状、尺寸、公差和技术要求等有改变时，在其基本代号左右添加的补充代号。前置代号用字母表示，后置代号用字母（或加数字）表示，具体内容请查阅 GB/T 272—2017。

第五节　弹　簧

弹簧是一种常用的零件，主要用于减震、夹紧、储存能量和测力等。它的种类很多，常见的有螺旋弹簧、板弹簧和平面涡卷弹簧等（图7-43）。其中圆柱螺旋弹簧应用较多。根据受力方向的不同，此种弹簧又分为压缩弹簧、拉伸弹簧和扭转弹簧三种。本节仅介绍圆柱螺旋压缩弹簧画法的有关知识，其他弹簧的画法请参看国家标准 GB/T 4459.4—2003 的有关规定。

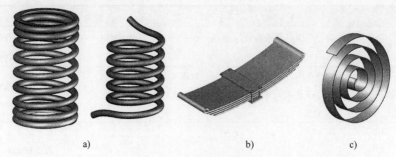

图 7-43　弹簧的种类

a）螺旋弹簧　b）板弹簧　c）平面蜗卷弹簧

一、圆柱螺旋压缩弹簧各部分名称及尺寸关系（图 7-44）

（1）簧丝直径 d　制造弹簧的钢丝直径。

（2）弹簧外径 D　弹簧的最大直径。

（3）弹簧内径 D_1　弹簧的最小直径，$D_1 = D - 2d$。

（4）弹簧中径 D_2　弹簧的平均直径，$D_2 = D - d$。

（5）节距 t　除两端支承圈外，相邻两圈的轴向距离。

（6）有效圈数 n、支承圈数 n_2 和总圈数 n_1　为使压缩弹簧工作时放置平稳、受力均匀，制造时一般应将弹簧两端并紧且磨平。并紧磨平的部分只起支承作用，故称为支承圈。支承圈有 1.5、2、2.5 圈三种，2.5 圈用得最多。其余各圈保持相等的节距，称为有效圈数。总圈数 n_1 即为有效圈数 n 与支承圈数 n_2 之和。

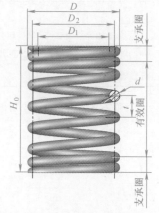

（7）自由高度 H_0　弹簧不受外力作用时的总高度，$H_0 = nt + (n_2 - 0.5)d$。

图 7-44　圆柱螺旋压缩弹簧

（8）展开长度 L　制造弹簧所用的坯料长度，$L \approx n_1 \sqrt{(\pi D_2)^2 + t^2}$

（9）旋向　螺旋弹簧分为右旋和左旋两种。

二、圆柱螺旋压缩弹簧的规定画法

由于弹簧的真实投影绘制起来很复杂，因此，国家标准对弹簧的画法作了统一规定。下面简述其画法步骤：

1）弹簧各圈的外形轮廓线，在平行于弹簧轴线的投影面的视图上画成直线（图 7-45）。

2）螺旋弹簧均可画成右旋，左旋螺旋弹簧不论画成左旋或右旋，一律要注出旋向"左"字。

3）有效圈数在四圈以上的弹簧可只画出两端的 1~2 圈（支承圈除外），中间各圈省略不画，只需用通过簧丝剖面中心的细点画线表示。

4）不论支承圈有多少，两端的并紧情况如

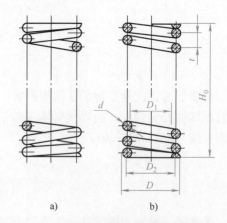

图 7-45　圆柱螺旋压缩弹簧的规定画法

a）外形图　b）剖视图

何，螺旋压缩弹簧均可按 2.5 支承圈绘制，必要时也可按支承圈实际结构绘制。

5）在装配图中画螺旋弹簧时，整个弹簧可当作实心零件，被弹簧挡住的结构一般不画出，可见部分应画至弹簧的中径或外径（图 7-46a）；当弹簧直径在图形上小于或等于 2mm 时，簧丝剖面全部涂黑（图 7-46b），小于 1mm 时，可用示意画法表示（图 7-46c）。

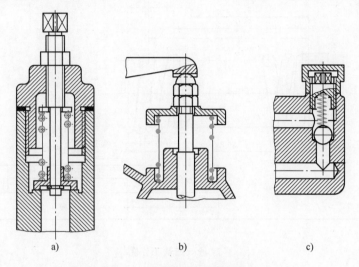

图 7-46　装配图中弹簧的画法

圆柱螺旋压缩弹簧的作图步骤如图 7-47 所示。

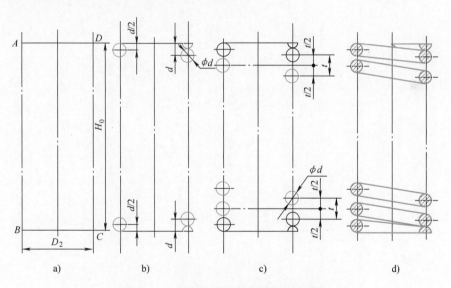

图 7-47　圆柱螺旋压缩弹簧的作图步骤

a）以自由高度 H_0 和弹簧中径 D_2 作矩形 $ABCD$　b）画出支承圈部分，d 为簧丝直径

c）根据节距 t 作簧丝剖面　d）按右旋方向作簧丝剖面的切线，画剖面线、加粗轮廓线

图 7-48 所示为弹簧工作图。

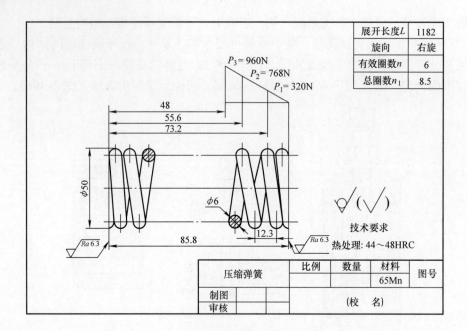

展开长度 L	1182
旋向	右旋
有效圈数 n	6
总圈数 n_1	8.5

P_3= 960N

P_2= 768N

P_1= 320N

48

55.6

73.2

ϕ50

ϕ6

12.3

85.8

$Ra\,6.3$

$Ra\,6.3$

技术要求

热处理: 44～48HRC

压缩弹簧	比例	数量	材料	图号
			65Mn	
制图			(校　名)	
审核				

图 7-48　弹簧工作图

第八章
CHAPTER 8

零件图

　　任何机器或部件，都是由一定数量的零件所组成。用于表示零件结构、大小及技术要求的图样称为零件图。本章介绍零件图的作用与内容、零件图的视图选择、零件图的尺寸标注及零件图上的技术要求等内容。

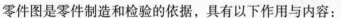
第一节　零件图的作用与内容

　　零件图是零件制造和检验的依据，具有以下作用与内容：

一、零件图的作用

　　1）反映设计者的意图，是设计、生产部门组织设计、生产的重要技术文件。

　　2）表达机器或部件对零件的要求，是制造和检验零件的依据。

二、零件图的内容

　　一张完整的零件图（图8-1），应包括以下基本内容：

　　1）一组图形。其中包括视图、剖视图、断面图等，以便正确、清晰、完整地表达出零件的结构与形状。

　　2）完整的尺寸。用于制造和检验零件所需的全部尺寸。

　　3）技术要求。说明零件在制造与检验时应达到的质量要求，包括表面粗糙度、尺寸公差、形状和位置公差、材料热处理、表面处理等。

　　4）标题栏。说明零件的名称、比例、数量、材料、图号等。

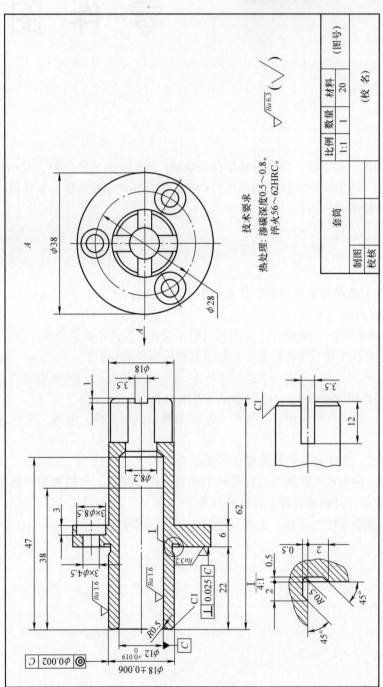

图 8-1 套筒零件图

第二节　零件图的视图选择

选择零件视图的原则是：用一组合适的图形，在正确、清晰、完整地表达零件内、外结构形状及相互位置的前提下，尽量减少图形数量，便于读图与画图。

一、主视图的选择

主视图在表达零件的结构形状、画图与读图中起主导作用，因此，在零件图中，主视图的选择应放在首位。选择主视图应考虑以下原则：

1）形状特征原则。主视图的投射方向，应最能反映零件的结构和形状特征。如图 8-2a 中 A 向视图能更多更清楚地反映零件的特征，因此，应选择 A 向为主视图的投射方向。

2）工作位置原则。主视图应能反映零件在机器或部件中的工作位置，以利于形象读图。

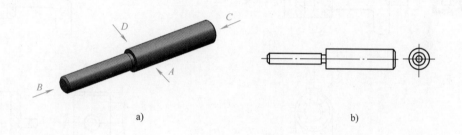

图8-2　轴的主视图选择

3）加工位置原则。主视图应尽量符合零件的主要加工位置，以利于工人操作时读图。图 8-2b 所示轴的主视图是按它的加工位置以及工作位置来选择的。

二、其他视图的选择

选定主视图后，应根据零件内外结构形状的复杂程度来选择其他视图：

1）优先采用基本视图，并采取相应的剖视图和断面图。对尚未表达清楚的局部结构或细部结构，可选择必要的局部（剖）视图、斜（剖）视图或局部放大图等，并尽量按投影关系，配置在相关视图附近。

2）所选的视图应有其表达的重点内容，各尽其能，相互补充而不重复，在将零件的内外结构形状表达清楚的前提下，视图数量应尽量少。

3）拟定多种表达方案，通过比较后，确定其中一种最佳表达方案。

如图 8-3 所示踏脚座，方案一用主视图和俯视图表达安装板、肋和轴承的宽度以及它们的相对位置；A 向视图表达了安装板左端面的形状；移出断面表达了肋的断面形状。而方案二中，右视图对表达上部轴承孔及圆筒来说是多余的（主、俯视图已表达清楚）。方案三则使用过多的局部（剖）视图，使得视图分散而零乱。可见，方案一比其他两个方案好。

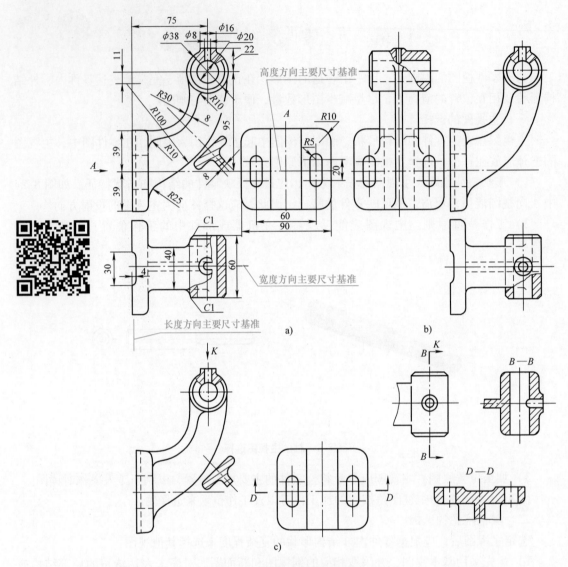

图 8-3 踏脚座表达方案比较

a) 方案一 b) 方案二 c) 方案三

尺寸对产品的生产成本及质量有着极大的影响。零件图的尺寸应当满足正确、完整、清晰和合理的要求。前三项要求已在前面章节中介绍过。所谓尺寸标注合理，即正确选择尺寸基准，标注的尺寸既要满足设计要求，又要满足工艺要求、方便制造与测量检验。要达到这一要求，需具备一定的专业知识和生产实践经验。本节介绍合理标注尺寸的基本知识。

一、主要尺寸、尺寸基准

1. 主要尺寸和非主要尺寸

直接影响零件的使用性能和安装精度的尺寸称为主要尺寸。主要尺寸包括零件的规格尺寸、连接尺寸、安装尺寸、确定零件之间相互位置的尺寸、有配合要求的尺寸等，一般都注有公差。仅满足零件的机器性能结构形状和工艺要求等方面的尺寸称为非主要尺寸。非主要尺寸包括外形轮廓尺寸、非配合要求的尺寸，如倒角、凸台、凹坑、退刀槽、壁厚等，一般不注公差。

2. 尺寸基准

尺寸基准是指零件在设计及加工测量时用以确定其位置的一些面（重要端面、安装面、对称平面、主要结合面）、线（主要回转体的轴线）、点（零件表面上某个点）。

基准按用途不同，分为设计基准与工艺基准。

（1）设计基准　根据机器的结构特点和设计要求，确定零件在机器中的位置所选定的基准，称为设计基准。如图 8-4 所示的轴承座，底面 A 和对称平面 B 为设计基准，A 保证一对轴承座的轴孔到底面的距离相等，B 保证底板上两螺钉孔之间的距离及其对轴孔的对称关系。

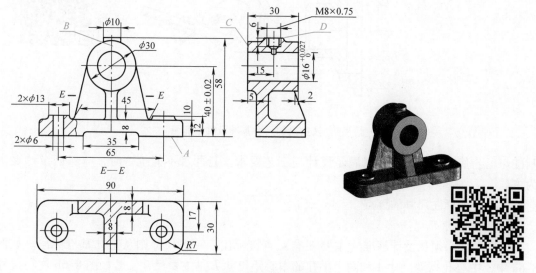

图 8-4　轴承座的设计基准

（2）工艺基准　根据零件加工、测量等工艺要求所定的基准。如图 8-5a 的法兰盘在车床上加工时，以左端面为定位面（图 8-5b），标注轴向尺寸时，以端面 A 为工艺基准。法兰盘键槽深度的测量如图 8-5c 所示，以圆孔的素线 B（图 8-5a）为工艺基准测量与标注。

（3）主要基准和辅助基准　每个零件都有长、宽、高三个方向（或轴向、径向两个方向）的尺寸，每个方向至少有一个基准。如图 8-4 所示高度方向的基准 A、D。当某一个方向上有若干个基准时，可以选择一个设计基准（决定零件主要尺寸的基准）为主要基准，其余的尺寸基准为辅助基准。主要基准与辅助基准之间应有一个尺寸直接联系起来。图 8-4 轴承座的底面 A 是主要基准，上部凸台的端面 D 是一个辅助基准，用以测量凸台螺孔的深度，辅助基准 D 通过尺寸 58 与主要基准 A 相互联系。

3. 基准的选择

从设计基准标注尺寸，能反映设计要求，保证零件在机器中的性能。从工艺基准出发标注尺寸，能把尺寸标注与零件的制造、加工以及测量统一起来。在标注尺寸时，最好将设计

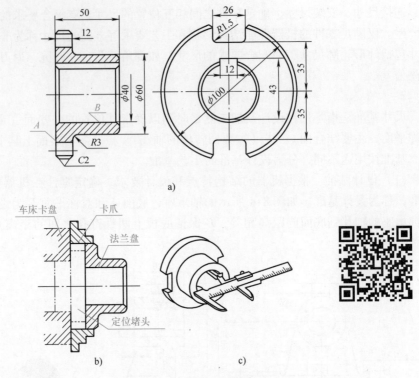

a)

b)   c)

图 8-5 法兰盘的尺寸基准及键槽测量

基准与工艺基准统一起来，以满足设计与工艺要求。若两者不能统一时，应保证设计要求为主。

二、合理标注尺寸的要点

1. 主要尺寸的标注

主要尺寸必须从设计基准（主要基准）直接标出，一般尺寸则从工艺基准标出。如图 8-6a 中，中心孔高度尺寸 A 和两个小孔的中心距尺寸 L 是主要尺寸。若如图 8-6b 注写尺寸 B、C 和 E，完工后，中心孔高度尺寸和两个小孔的中心距尺寸容易产生误差，不能满足设计与安装要求。

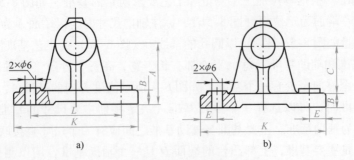

a)   b)

图 8-6 轴承座的主要尺寸标注

a）合理 b）不合理

2. 避免出现封闭的尺寸链

尺寸同一方向串连并头尾链接（图 8-7b），构成封闭的尺寸链。若轴的各段尺寸加工结

果为 $28^{+0.3}_{0}$ mm、10mm、40mm，则尺寸大于 $78^{+0.2}_{0}$ mm，轴为不合格。因此，应尽量避免这种标注。在标注尺寸时，将最次要的一个尺寸空出不标（称开口环或自由尺寸），则尺寸的加工误差可积累在这个不需检验的开口环上，如图8-7a所示。

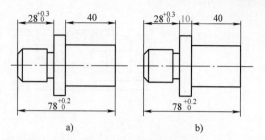

图8-7 避免尺寸链标注
a）合理 b）不合理

3. 标注尺寸应考虑工艺要求

（1）按加工顺序标注尺寸 按加工顺序标注尺寸，便于加工、测量和检验。如图8-8所示的轴，尺寸 A 是长度方向的主要尺寸，应直接标出，其余都按加工顺序标注。首先从备料 $\phi\mathrm{I}$ 着手，标注轴的总长 L；加工 $\phi\mathrm{II}$ 的轴颈，直接标注尺寸 B；调头加工 $\phi\mathrm{III}$ 轴颈，应直接标注尺寸 E；加工 $\phi\mathrm{IV}$ 时，应保证主要尺寸 A。这样标注尺寸，既可保证设计要求，又符合加工顺序。

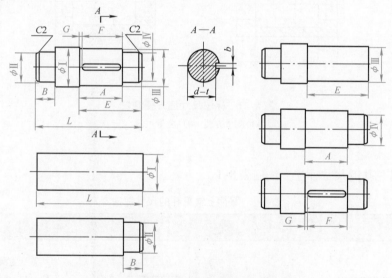

图8-8 轴的加工顺序与标注尺寸的关系

（2）按不同加工方法集中标注尺寸 零件通常需经几种加工方法（如车、铣、磨……）才能完工。用不同方法加工的尺寸（如图8-8中，A、B、E 为车削的尺寸，F 为铣削的尺寸），内部与外部尺寸（图8-9），应分类集中标注。

（3）按加工面与非加工面标注尺寸 对铸（锻）件同一方向上的加工面与非加工面应各选一个基准分别标注尺寸，且两个基准之间只允许有一个联系尺寸。如图8-10a中，零件的加工面间由一组尺寸 L_1、L_2 相联系，非加工面间则由另一组尺寸 H_1、H_2、H_3、H_4 相联系。加工基准面与非加工面之间用一个尺寸 K 相联系。

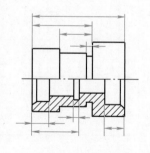

图8-9 按内外集中标注尺寸

（4）方便测量 图8-11a所示为轴与孔的尺寸正确注法；图8-11b中的尺寸 H 则难以测量。

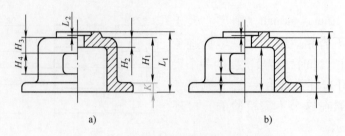

图 8-10 加工面与非加工面的尺寸标注

a) 合理 b) 不合理

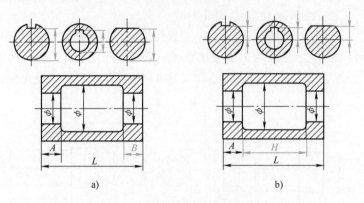

图 8-11 标注尺寸应方便测量

a) 测量方便 b) 测量不便

4. 零件上常见孔的尺寸标注方法

零件上常见孔的尺寸标注方法见表 8-1。

表 8-1 零件上常见孔的尺寸注法

类 型		旁 注 法	普 通 注 法	说 明
光孔	一般孔	4×φ4▼10 4×φ4▼10	4×φ4	"▼"为深度符号 4×φ4 表示直径为 4mm 均匀分布的四个光孔，孔深可与孔连注，也可以分开注出
	精加工孔	4×φ4H7▼10 4×φ4H7▼10 孔▼12 孔▼12	4×φ4H7	光孔深为 12mm，钻孔后需要精加工至 φ4H7，深度为 10mm
	锥销孔	锥销孔 φ5 锥销孔 φ5 配作 配作	φ5 配作	φ5mm 为与锥销孔相配的圆锥小头直径。锥销孔通常是相邻两零件装在一起时加工的

（续）

类型		旁 注 法	普 通 注 法	说 明
沉孔	锥形沉孔	4×φ7 Vφ13×90° 4×φ7 Vφ13×90°	90° φ13 4×φ7	"V"为埋头孔符号 4×φ7表示直径为7mm均匀分布的四个孔，锥形部分尺寸可以旁注，也可直接注出
	柱形沉孔	4×φ6.4 ⊔φ12↓4.5 4×φ6.4 ⊔φ12↓4.5	φ12 4.5 4×φ6.4	"⊔"为沉孔或锪平符号 柱形沉孔的小直径为φ6.4mm，大直径为φ12mm，深度为4.5mm，均需标注
	锪平面	4×φ9 ⊔φ20 4×φ9 ⊔φ20	φ20锪平 4×φ9	锪平面φ20mm处的深度不需标注，一般锪平到不出现毛面为止
螺孔	通孔	3×M6-7H 3×M6-7H	3×M6-7H	3×M6表示直径为6mm，螺纹中径公差带为7H，均匀分布的三个螺孔 可以旁注，也可以直接注出
	不通孔	3×M6↓10 3×M6↓10	3×M6 10	"↓10"是指螺孔的深度为10mm
	一般孔	3×M6↓10 孔↓12 3×M6↓10 孔↓12	3×M6 10 12	需要注出孔深时，应明确标注孔深尺寸12mm

第四节　零件上常见的工艺结构

机器上的大多数零件都是通过铸造和机械加工制造而成，其结构形状除应满足设计要求外，还要考虑便于制造与安装。

一、铸造工艺结构

（1）起模斜度　为了顺利地将木模从砂型中取出，铸件的内、外壁沿起模方向应有一定起模斜度，一般为 1:20（图 8-12）。斜度在图样上可以不画、不标注，但需在技术要求中注明。

（2）铸造圆角　铸件的表面相交处应有过渡圆角，以防浇注铁水时冲坏砂型尖角处，冷却时产生缩孔和裂纹。圆角半径一般取壁厚的 20% ~ 40%，同一铸件的圆角半径尽可能相同（图 8-13）。

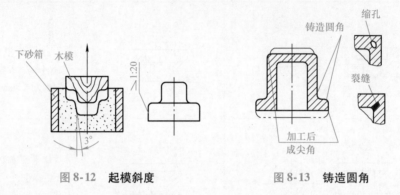

图 8-12　起模斜度　　　　　　图 8-13　铸造圆角

（3）铸件壁厚　铸件在浇注后的冷却过程中，容易因厚薄不均匀而产生裂纹和缩孔等缺陷，因此，铸件各处的壁厚应尽量均匀或逐渐过渡（图 8-14）。

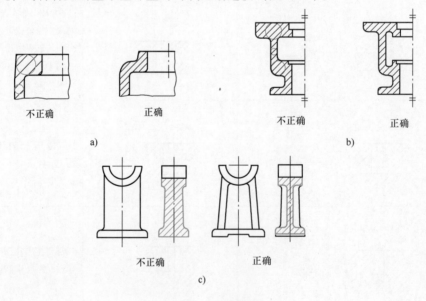

图 8-14　铸件壁厚

（4）过渡线　由于铸件两表面有圆角过渡，使其表面交线不明显。为方便读图，仍要画出交线，但交线的两端不与轮廓线的圆角相交，这种交线称为过渡线（图 8-15 ~ 图 8-17）。

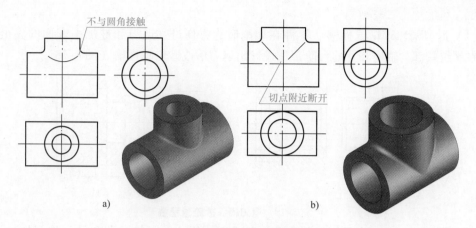

图 8-15　两曲面相交过渡线的画法

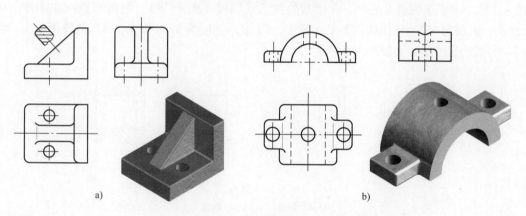

图 8-16　平面与平面、平面与曲面相交过渡线的画法

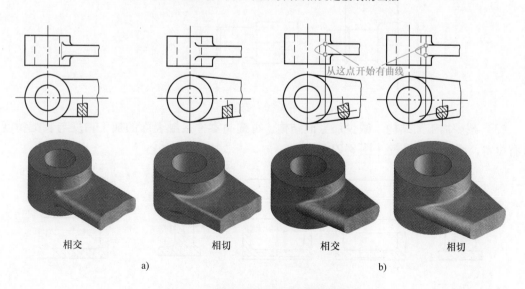

图 8-17　肋板与圆柱相交过渡线的画法

a）断面为长方形　b）断面为长圆形

二、机械加工工艺结构

（1）退刀槽和砂轮越程槽　零件在切削时为方便进、退刀和被加工表面的完全加工，通常在螺纹端部、轴肩和孔的台阶部位设计出退刀槽或砂轮越程槽（图8-18）。

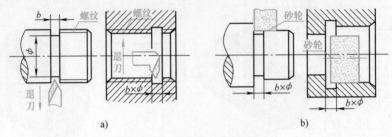

图 8-18　退刀槽、砂轮越程槽

（2）倒圆与倒角　为了便于装配和去除毛刺、锐边，一般在孔和轴的端部加工成倒角（图8-19）。为了避免应力集中，在轴肩处加工成倒圆（图8-20）。倒角和倒圆在零件图中应画出。倒角为45°的标注如图8-19a所示，$C2$表示宽度为2mm倒角为45°的简化注法。倒角非45°时的尺寸标注如图8-19b所示。

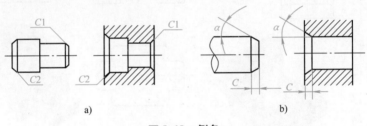

图 8-19　倒角

a）45°倒角　b）非45°倒角

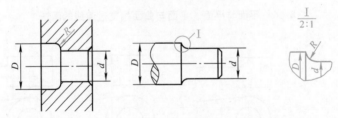

图 8-20　倒圆

（3）减少加工面结构　减少加工面结构，可提高零件接触表面的加工精度与装配精度，节省材料，减轻零件重量（图8-21）。

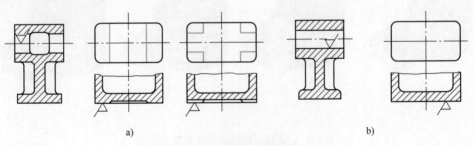

图 8-21　减少加工面结构

a）合理　b）不合理

（4）钻孔结构　不通孔要画出由钻头切削时自然形成的120°锐角（图8-22a）。用两个不同直径的钻头钻台阶孔的画法如图8-22c所示。

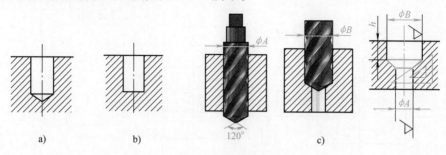

图 8-22　钻孔锥角

a）合理　b）不合理　c）合理

钻削端面要与钻头的轴线垂直（图8-23），以保证准确钻孔和避免钻头折断。

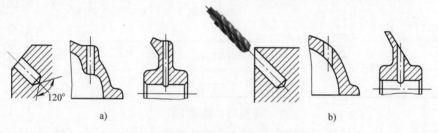

图 8-23　孔端面应垂直于孔轴线

a）合理　b）不合理

第五节　典型零件分析

根据零件结构形状及加工过程的共性，零件分为轴套类、轮盘类、叉架类、箱体类等。下面仅以典型的几种零件为例进行分析。

一、轴套类零件

轴套类零件一般起支承传动零件、传递动力作用。这类零件多由不等径的圆柱体或圆锥体组成，轴向尺寸大，径向尺寸小。轴套类零件通常带有螺纹、键槽、退刀槽、砂轮越程槽、轴肩、倒圆、倒角、中心孔等结构。

（1）视图　主视图按加工位置将轴线水平放置，一般轴类零件采用局部剖，套类零件采用全剖（图8-1），并尽量将键槽或销孔朝前。其他视图常采用断面图、局部放大图等表示键槽、退刀槽、中心孔等结构（图8-24）。

（2）尺寸　径向尺寸以轴线为基准，轴向尺寸以端面或轴肩为基准。尺寸按加工工序标注，主要尺寸要直接标出，螺纹、键槽、退刀槽、倒角、倒圆、中心孔等应按国家标准规定标注。

二、轮盘类零件

轮盘类零件系指各种轮（齿轮、带轮等）、端盖、法兰盘等。这类零件的主体结构为多

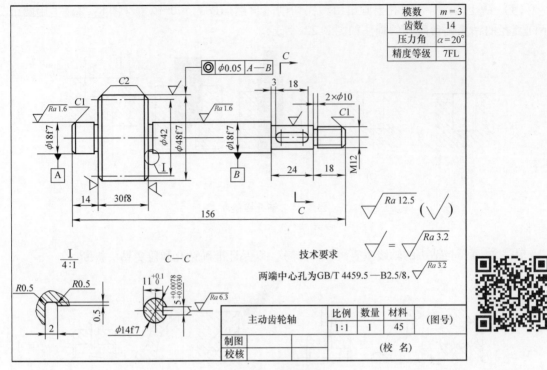

模数	$m=3$
齿数	14
压力角	$\alpha=20°$
精度等级	7FL

技术要求

两端中心孔为GB/T 4459.5—B2.5/8，

主动齿轮轴	比例	数量	材料	(图号)
	1:1	1	45	
制图				
校核			(校名)	

图 8-24 **轴零件图**

个同轴回转体或其他平板形，厚度方向尺寸小于其他两个方向的尺寸。轮盘类零件多为铸件或锻件。

（1）视图 主视图按加工位置将轴线水平放置，一般通过轴线采取全剖视或旋转剖视。通常选用左（或右）视图来补充说明零件的外形和各种孔、肋、轮辐。细小结构用局部放大图或按国家标准规定的简化画法（图 8-25）。

（2）尺寸 径向尺寸以轴线为基准标注各圆柱面的直径，这些尺寸多注在非圆的主视图上。轴向尺寸则以某端面为基准注出。尺寸按加工顺序标注，内外尺寸应分开标注。

三、叉架类零件

叉架类零件包括拨叉、连杆、支座等。这类零件的结构形状不规则，外形比较复杂，通常由工作部分、支架部分、连接部分组成。一般起连接、支承、操纵调节作用。叉架类零件多为铸件或锻件。

（1）视图 主视图主要考虑工作位置，当工作位置不固定时，应考虑形状特征为原则，并采用全剖视或局部剖、断面等表达方法。其他视图多用斜视图、斜剖视图表示倾斜结构。用局部视图、断面表示肋板截面形状（图 8-26）。

（2）尺寸 一般以大孔的轴线、运动时的工作面或安装面作基准。定位尺寸较多，一般标注孔的轴线到端面的距离或平面到平面的距离。定形尺寸按形体分析标注。

四、箱体类零件

箱体类零件系指机座、泵体、阀体、减速器壳体等。这类零件主要起支承、包容和保护零件作用。箱体类零件结构形状比较复杂，内外有大小、形状各异的孔、凸台、肋板等。箱体类零件多为铸件。

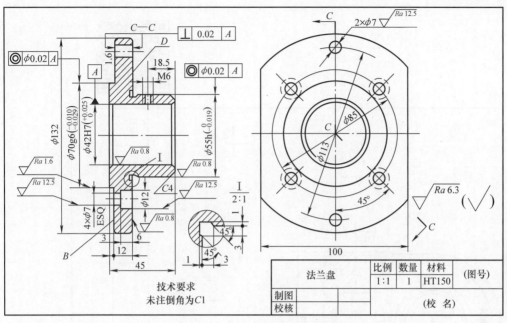

图 8-25　法兰盘零件图

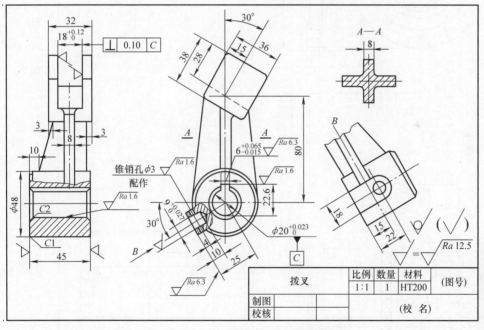

图 8-26　拨叉零件图

（1）视图　主视图主要根据"工作位置"和"形状特征"原则考虑，一般将主要轴孔的轴线作为主视图的投射方向。常采用全剖、半剖、阶梯剖、旋转剖来表达内部结构形状。其他视图一般需要两个以上基本视图和一定数量的辅助视图来表达主视图上未表达清楚的内、外结构（图 8-27）。

（2）尺寸　通常以主要轴孔的轴线、重要端面、底面、对称面为尺寸基准。轴孔中心距、主要轴孔中心线到安装面的距离、轴孔的直径等重要尺寸必须直接标注出来。

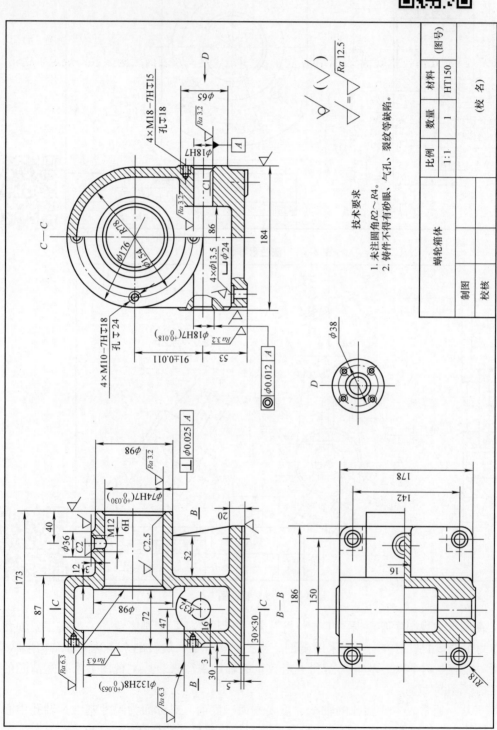

图 8-27　箱体零件图

— 178 —

第六节　表面结构

机械加工的零件表面结构与其使用性能关系密切，它对加工中的任何变化（如刀具磨损、加工条件、材料性能等）非常敏感，表面结构要求是用于控制加工过程的重要手段。表面结构包含表面原始轮廓、表面波纹度和表面粗糙度三类结构特征。国家标准 GB/T 3505—2009《产品几何技术规范 表面结构 轮廓法 术语、定义及表面结构参数》规定了用轮廓法确定表面结构的术语和定义。本节简要介绍表面结构表示法。

一、表面结构的图样表示法

加工零件时，由于刀具在零件表面上留下刀痕和切削分裂时表面金属的塑性变形等影响，零件表面存在间距较小的轮廓峰谷，如图 8-28 所示。这种表面上具有较小间距的峰谷所组成的微观几何形状特性，称为表面结构。机器设备对零件各个表面的要求不一样，如配合性质、耐磨性、抗腐蚀性、密封性、外观要求等，因此，对零件表面结构的要求也各有不同。一般来说，凡零件上有配合要求或有相对运动的表面，其表面结构参数值越小。因此，应在满足零件表面功能的前提下，合理选用表面结构参数。

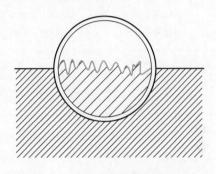

图 8-28　微观下表面凹凸不平示意

二、评定表面结构常用的轮廓参数

对于零件表面结构的状况，可由三大类参数加以评定：轮廓参数（由 GB/T 3505—2009 定义）、图形参数（由 GB/T 18618—2009 定义）、支承率曲线参数（由 GB/T 18778.2—2003 和 GB/T 18778.3—2006 定义）。其中，轮廓参数是我国机械图样中目前最常用的评定参数。这里仅介绍评定表面粗糙度轮廓（R 轮廓）中的两个高度参数 Ra 和 Rz。

（1）轮廓的算术平均偏差 Ra　轮廓的算术平均偏差 Ra 是指在一个取样长度内，纵坐标值 $Z(x)$ 绝对值的算术平均值，如图 8-29 所示。

（2）轮廓的最大高度 Rz　轮廓的最大高度 Rz 是指在同一取样长度内，最大轮廓峰高和最大轮廓谷深之和的高度，如图 8-29 所示。

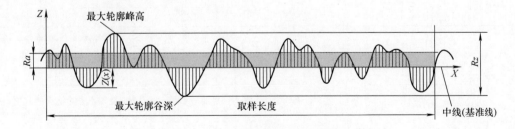

图 8-29　评定表面结构常用的轮廓参数

轮廓的算术平均偏差（Ra）的数值规定见表 8-2。补充系列可参照相关标准。

表8-2　轮廓的算术平均偏差（Ra）的数值规定　（单位：μm）

数值	0.012	0.1	0.8	6.3	50
	0.025	0.2	1.6	12.5	100
	0.05	0.4	3.2	25	

轮廓的算术平均偏差（Ra）的应用举例见表8-3。

表8-3　轮廓的算术平均偏差（Ra）的应用举例

$Ra/\mu m$	加工方法	应用举例
100 50 25 12.5	气割、锯、模锻、粗刨、粗铣、粗车、钻孔、粗砂轮等加工	在混凝土基础上的机座底面等
		非配合表面，如倒角、退刀槽、轴端面、齿轮及带轮侧面，螺钉通过孔，支架、外壳、衬套、盖等端面，平键及键槽上、下面等
6.3 3.2 1.6	半精车、半精铣、半精刨、精镗、精铰、刮研等	要求有定心及配合特性的固定支承面，轴肩、键和键槽工作面，燕尾槽表面，箱体结合面，低速转动的轴颈，三角带轮槽表面等
0.8 0.4 0.2	精车、精铣、精拉、精铰、半精磨等	中速转动轴颈，过盈配合的孔H7，间隙配合的孔H8、H7，滑动导轨面，滑动轴承轴瓦的工作面，分度盘表面，曲轴、凸轮的工作面等
0.1 0.05 0.025 0.012	精磨、抛光、研磨、珩磨、金刚车、超精加工等	活塞和活塞销表面，要求气密的表面，齿轮泵轴颈，液压传动孔表面，阀的工作面，气缸内表面等
		摩擦离合器的摩擦表面，量块工作面，高压油泵中柱塞和柱塞套的配合表面，仪器的测量表面，光学测量仪器中的金属镜面等

三、标注表面结构的图形符号

标注表面结构要求时的图形符号、名称、尺寸及其含义见表8-4。

表8-4　表面结构符号

符号名称	符号	含义
基本图形符号	H_2 H_1 60° 60°	基本符号，表示表面可用任何方法获得，当不加注表面结构参数值或有关说明（如表面处理、局部热处理状况等）时，仅适用于简化代号标注。如果字高为3.5mm，则H_1=5mm，H_2=10.5mm
扩展图形符号		基本符号加一短划，表示表面是用去除材料的方法获得的。如车、铣、钻、磨、剪切、抛光、腐蚀、电火花加工、气割等
		基本符号加一小圆，表示表面是用不去除材料的方法获得的。如铸、锻、冲压变形、热轧、冷轧、铅末冶金等
完整图形符号		在以上各种符号的长边上加一横线，以便注写对表面结构的各种要求

注：表中H_1和H_2的大小是当图样中尺寸数字高度选取$h=3.5mm$时，按GB/T 131—2006的相应规定给定的。表中H_2是最小值，必要时允许加大。

四、表面结构代号

表面结构符号中注写了具体参数代号及数值等要求后，即称为表面结构代号。表面结构代号的示例及含义见表8-5。

表8-5 表面结构代号示例

序号	代号示例	含义
1	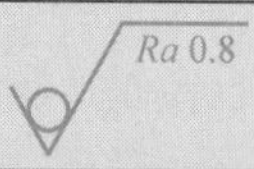 $\sqrt{}$ $Ra\ 0.8$	表示不允许去除材料，单向上限值，R 轮廓，算术平均偏差为 $0.8\mu m$
2	 $\sqrt{}$ $Rzmax\ 0.2$	表示去除材料，单向上限值，R 轮廓，最大高度的最大值为 $0.2\mu m$

五、表面结构表示法在图样中的注法

表面结构一般要求对每个表面只注一次，并尽可能注在相应的尺寸及其公差的同一视图上。除非另有说明，所标注的表面结构要求是对完工零件表面的要求。见表8-6。

表8-6 表面结构表示法在图样中的注法

图例	说明
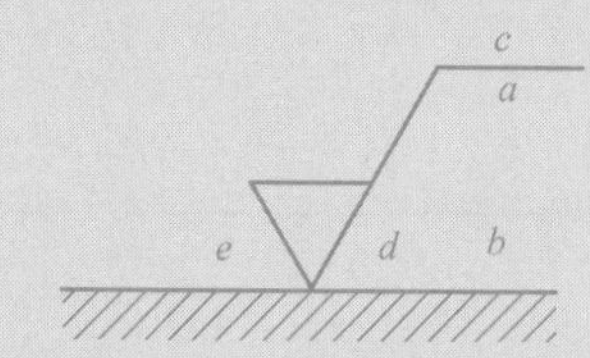	为了表示表面结构的要求，除了标注表面结构参数和数值外，必要时应标注补充要求，包括加工工艺、表面纹理及方向、加工余量等。这些要求在图形符号中的注写位置如下： 1）位置 a、b：注写表面结构的单一要求位置，a 注写第一表面结构要求，b 注写第二表面结构要求 2）位置 c：注写加工方法，如"车""磨""镀"等 3）位置 d：注写表面纹理方向，如"＝""×"、"m" 位置 e：注写加工余量
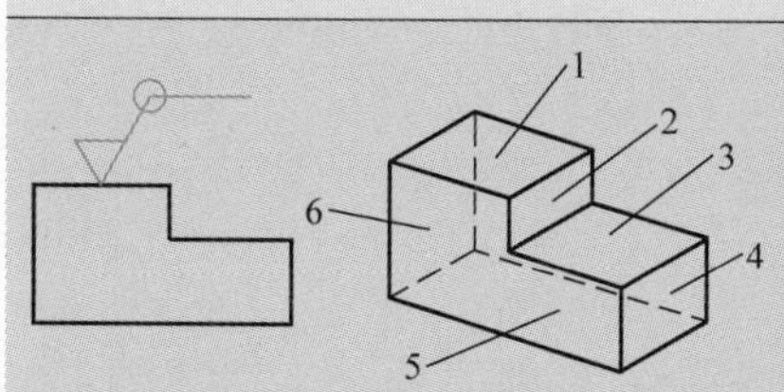	当在图样某个视图上构成封闭轮廓的各表面有相同的表面结构要求时，在完整图形符号上加一圆圈，标注在图样中工件的封闭轮廓线上。图中封闭轮廓面 1～6 具有相同的表面结构要求
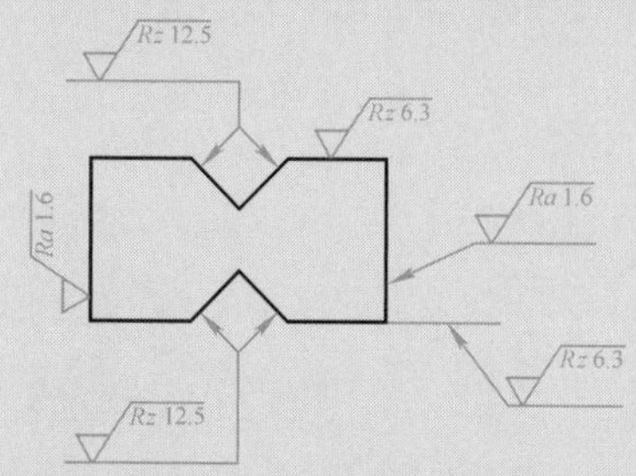	表面结构的注写和读取方向与尺寸的注写和读取方向一致。表面结构要求可标注在轮廓线上，其符号应从材料外指向并接触表面
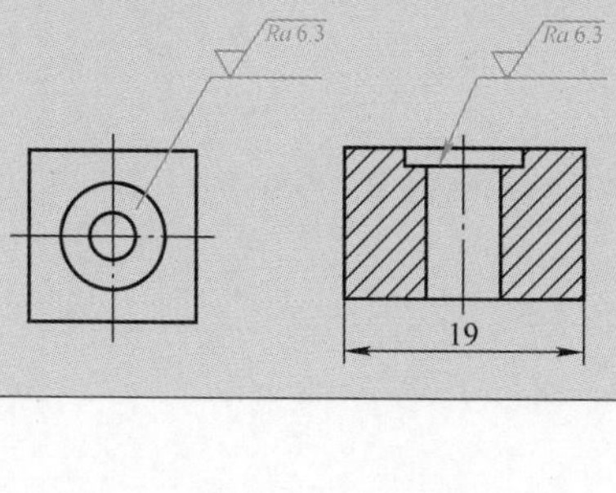	必要时，表面结构也可用带箭头或黑点的指引线引出标注

（续）

图例	说明
	在不致引起误解时，表面结构要求可以标注在给定的尺寸线上
	表面结构要求可标注在几何公差框格的上方
	圆柱和棱柱表面的表面结构要求只标注一次
	如果每个棱柱表面有不同的表面要求，则应分别单独标注

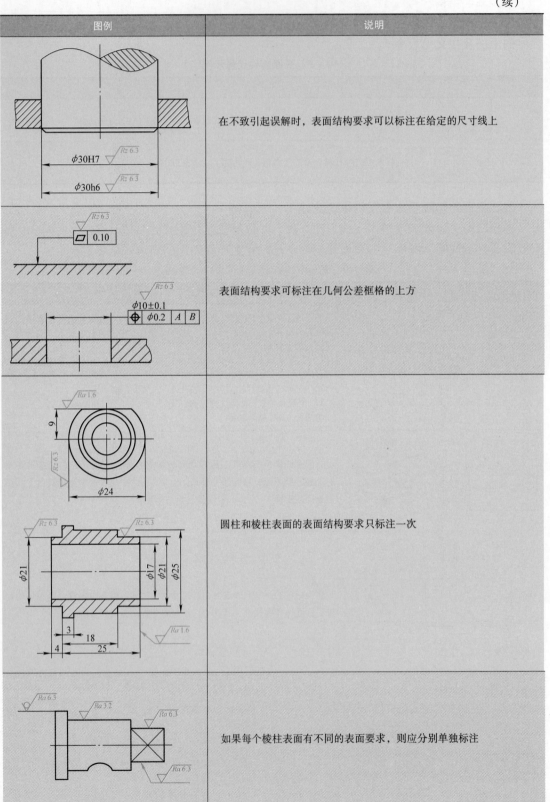

六、表面结构要求在图样中的简化注法

有相同表面结构要求的简化注法见表8-7。

表8-7　有相同表面结构要求的简化注法

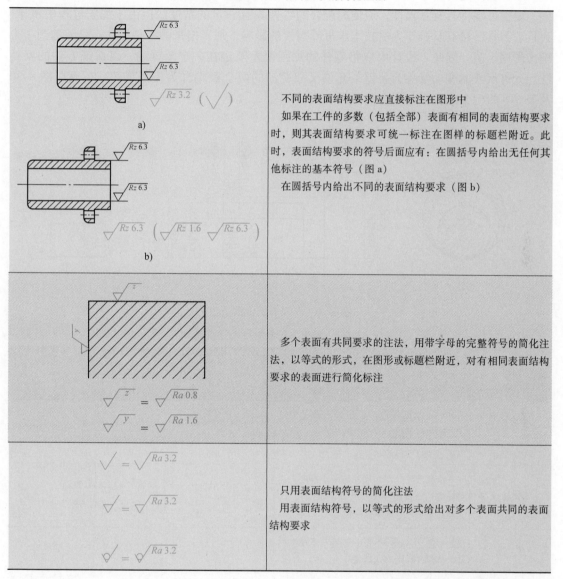

不同的表面结构要求应直接标注在图形中

如果在工件的多数（包括全部）表面有相同的表面结构要求时，则其表面结构要求可统一标注在图样的标题栏附近。此时，表面结构要求的符号后面应有：在圆括号内给出无任何其他标注的基本符号（图a）

在圆括号内给出不同的表面结构要求（图b）

多个表面有共同要求的注法，用带字母的完整符号的简化注法，以等式的形式，在图形或标题栏附近，对有相同表面结构要求的表面进行简化标注

只用表面结构符号的简化注法

用表面结构符号，以等式的形式给出对多个表面共同的表面结构要求

第七节　极限与配合

极限与配合的正确标注，可以保证零件的尺寸精确，确保零件具有互换性。本节介绍我国颁布的《极限与配合》（GB/T 1800.1—2009、GB/T 1800.2—2009）、《机械制图　尺寸公差与配合注法》（GB/T 4458.5—2003）的有关术语及应用。

一、互换性的概念

从一批规格相同的零（部）件中任取一个，不需修配即可装到机器或部件上，并保持

原定的性能和使用要求，零件的这种性质称作互换性。零件具有互换性，不仅给机器装配、修理带来方便，而且提高了经济效益。

二、极限与配合术语

要保证零件具有互换性，应使相配合的零件具有一定的精度。但由于加工过程中机床、夹具、刀具、量具及操作人员技术水平等因素的影响，加工出来的零件尺寸不可能达到一个理想的固定值。因此，设计中应将零件的加工误差限定在一定范围内，以保证零件的互换性。允许尺寸的变动量称为公差，允许尺寸变动的两个极端称为极限尺寸。下面以图 8-30 及表 8-8 为例介绍极限与配合的常用术语。

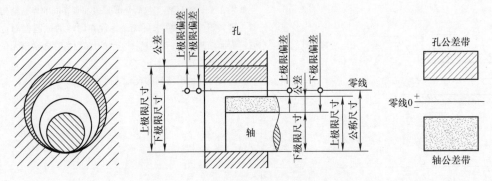

图 8-30 极限与配合术语图例

表 8-8 极限与配合常用术语图例

术 语	定 义	举 例	
		孔 $\phi 45^{+0.039}_{0}$	轴 $\phi 45^{-0.025}_{-0.050}$
公称尺寸	设计时根据零件的使用要求确定的尺寸，通常取整数	$D = 45$	$d = 45$
实际尺寸	通过测量获得的某一孔、轴的尺寸	$\phi 45.01$	$\phi 44.96$
极限尺寸	一个孔或轴允许的尺寸的两个极端。其中孔或轴允许的最大尺寸称上极限尺寸，允许的最小尺寸称下极限尺寸	$D_{max} = 45.039$ $D_{min} = 45$	$d_{max} = 44.975$ $d_{min} = 44.95$
偏 差	某一尺寸（实际尺寸、极限尺寸等）减其公称尺寸所得的代数差		
极限偏差	上极限尺寸或下极限尺寸减公称尺寸所得的代数差，分别为上极限偏差（ES 或 es）或下极限偏差（EI 或 ei），统称为极限偏差（其数值可为正、负值或为零）	$ES = D_{max} - D = +0.039$ $EI = D_{min} - D = 0$	$es = d_{max} - d = -0.025$ $ei = d_{min} - d = -0.05$
尺寸公差（简称公差）	上极限尺寸减下极限尺寸之差或上极限偏差减下极限偏差之差，它是允许尺寸的变动量 尺寸公差是一个没有符号的绝对值，且不得为零	$T_D = D_{max} - D_{min}$ $= ES - EI = 0.039$	$T_d = d_{max} - d_{min}$ $= es - ei = 0.025$

（续）

术 语	定 义	举 例	
		孔 $\phi 45^{+0.039}_{0}$	轴 $\phi 45^{-0.025}_{-0.050}$
零线	在极限与配合图解（简称公差带图）中，表示基本尺寸的一条直线，以其为基准确定偏差和公差。通常，零线沿水平方向绘制，正偏差位于其上，负偏差位于其下		
尺寸公差带（简称公差带）	在公差带图中，代表上、下极限偏差的两条直线所限定的一个区域		

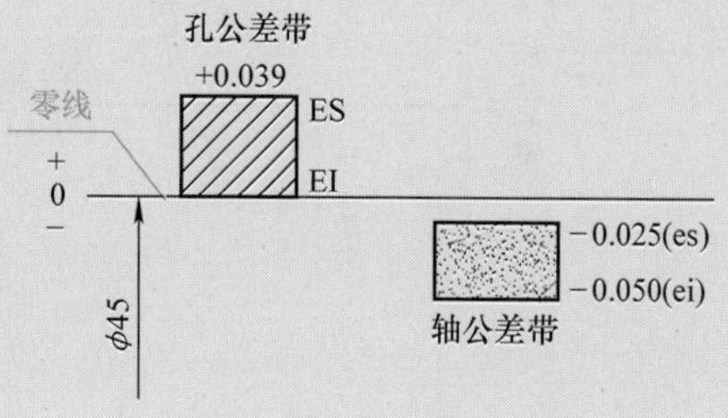

三、标准公差与基本偏差

零件的公差由"公差带大小"和"公差带位置"等两个要素组成。"公差带大小"用标准公差的等级来表示，"公差带位置"由基本偏差来确定（图 8-31）。

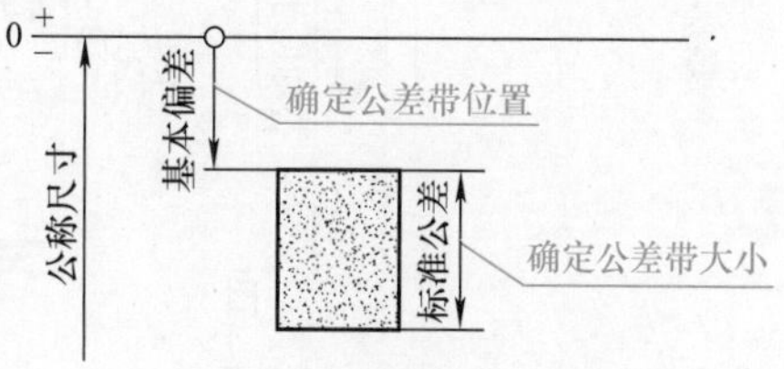

1. 标准公差

标准公差是指国家标准列出的用以确定公差带大小的任一公差。国家标准将公差等级分为 20 级，即 IT01，IT0，IT1，IT2，…，IT18（IT 为"国际公差"符号，数字表示公差等级）。IT01 为最高尺寸精度等级，公差值最小；其余等级精确程度依次降低，公差值依次增大。标准公差的数值见附录 T。

图 8-31　公差带大小和位置

2. 基本偏差

基本偏差是国家标准规定的用以确定公差带相对零线位置的上极限偏差或下极限偏差，一般为靠近零线的那个极限偏差。当公差带在零线上方时，基本偏差为下极限偏差；当公差带在零线下方时，基本偏差为上极限偏差（图 8-32）。

图 8-32　基本偏差

基本偏差的代号用拉丁字母表示，大写表示孔，小写表示轴，各 28 个（图 8-33）。其中 H（h）的基本偏差为零，代表基准孔（基准轴）。

孔的基本偏差从 A ~ H 为下极限偏差，J ~ ZC 为上极限偏差。JS 的上下极限偏差分别为 + IT/2 和 – IT/2。轴的基本偏差从 a ~ h 为上极限偏差，j ~ zc 为下极限偏差，js 的上下极限偏差分别为 + IT/2 和 – IT/2。孔 A ~ H 与轴 a ~ h 各对应的基本偏差对称地分布于零线两侧，即 EI = – es。

轴和孔的基本偏差数值见附录 U 和附录 V。

3. 孔、轴公差带的确定

根据孔、轴的基本偏差和标准公差，可以算出孔、轴的另一个偏差：

$$\text{对于孔：IT = ES – EI；对于轴：IT = es – ei}$$

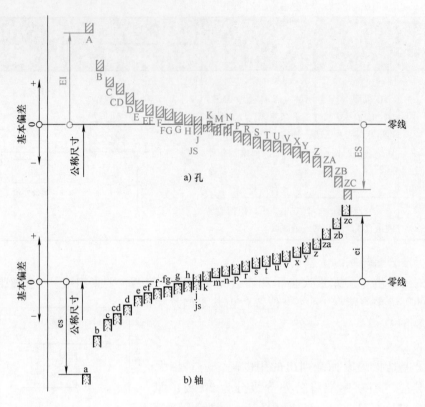

图 8-33　基本偏差系列示意图

4. 孔、轴的公差带代号

孔、轴的公差带代号由基本偏差与公差等级代号组成，并用同一号字母书写：如 H7，F8，h7，f6 等。

例 8-1　说明φ25H7的含义。

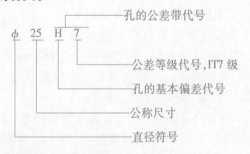

此公差带的全称是：公称尺寸为 φ25mm，公差等级为 7 级，基本偏差为 H 的孔的公差带。

四、配合与配合制

1. 配合

配合是指基本尺寸相同、相互结合的孔和轴公差带之间的关系，其三种配合类型见表8-9。

表8-9 配合的种类

术语	示意图	公差带图	定义及计算公式
间隙配合		ES EI es ei 最小间隙 最大间隙 (+)	具有间隙 X（包括最小间隙等于零）的配合，此时孔公差带在轴公差带之上。 $X_{max} = D_{max} - d_{min} = ES - ei$ $X_{min} = D_{min} - d_{max} = EI - es$
过盈配合		es ei ES EI (−) 最大过盈 最小过盈	具有过盈 Y（包括最小过盈等于零）的配合，此时孔的公差带在轴的公差带之下。 $Y_{max} = d_{max} - D_{min} = es - EI$ $Y_{min} = d_{min} - D_{max} = ei - ES$
过渡配合		ES EI es ei 最大过盈 最大间隙	可具有间隙或过盈的配合，此时，孔、轴公差相互交叠

2. 配合制

在制造相互配合的零件时，使其中一种零件作为基准件，它的基本偏差固定，通过改变另一种非基准件的偏差来获得各种不同性质的配合制度称为配合制。国家标准规定了两种配合制：基孔制配合和基轴制配合。采用配合制的目的是为了统一基准件的极限偏差，减少定位刀具和量具规格的数量，获得最大的经济效益。

（1）基孔制配合 基本偏差为一定的孔的公差带，与不同基本偏差的轴的公差带形成各种配合的一种制度。基孔制配合的孔为基准孔，其基本偏差代号为 H，此时，孔的下极限尺寸与公称尺寸相等、下极限偏差 EI 为零（图 8-34a）。

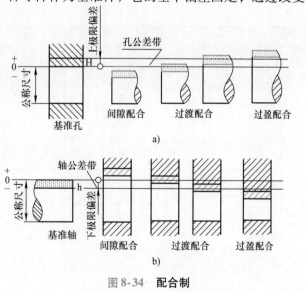

图 8-34 配合制
a）基孔制配合 b）基轴制配合

（2）基轴制配合　基本偏差为一定的轴的公差带，与不同基本偏差的孔的公差带形成各种配合的一种制度。基轴制配合的轴为基准轴，其基本偏差代号为 h，此时，轴的上极限尺寸与公称尺寸相等、上极限偏差 es 为零（8-34b）。

五、常用极限与配合的选择

1. 配合制的选用

设计时，应优先选用基孔制配合，因为孔的加工难于轴，同时还可减少刀具、量具的数量。但在下面三种情况下，选用基轴制配合才是较为合理的。

1）在同一基本尺寸的轴上，需分装不同配合或精度的零件（图 8-35）。

2）与某些标准件、外购件互相配合，如滚动轴承、平键等，如图 8-36 中，轴承外圈与轴承座孔的配合为基轴制配合。

3）当精度要求不高，用冷拉圆型钢材（可达 IT7～IT9）作为不经机械加工的光轴时。

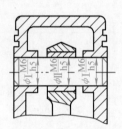

图 8-35　采用基轴制活塞销的配合

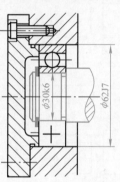

图 8-36　轴承孔的配合

2. 优先选用与常用配合的选择

设计中应尽可能选用优先配合，其次是常用配合，再其次是一般配合。基轴制和基孔制的优先配合及常用配合见表 8-10 和表 8-11。

表 8-10　尺寸至 500mm 基轴制优先常用配合

基准轴	孔																						
	A	B	C	D	E	F	G	H	JS	K	M	N	P	R	S	T	U	V	X	Y	Z
	间隙配合								过渡配合				过盈配合								
h5						$\frac{F6}{h5}$	$\frac{G6}{h5}$	$\frac{H6}{h5}$	$\frac{JS6}{h5}$	$\frac{K6}{h5}$	$\frac{M6}{h5}$	$\frac{N6}{h5}$	$\frac{P6}{h5}$	$\frac{R6}{h5}$	$\frac{S6}{h5}$	$\frac{T6}{h5}$					
h6						$\frac{F7}{h6}$	$\frac{G7}{h6}$	$\frac{H7}{h6}$	$\frac{JS7}{h6}$	$\frac{K7}{h6}$	$\frac{M7}{h6}$	$\frac{N7}{h6}$	$\frac{P7}{h6}$	$\frac{R7}{h6}$	$\frac{S7}{h6}$	$\frac{T7}{h6}$	$\frac{U7}{h6}$				
h7					$\frac{E8}{h7}$	$\frac{F8}{h7}$		$\frac{H8}{h7}$	$\frac{JS8}{h7}$	$\frac{K8}{h7}$	$\frac{M8}{h7}$	$\frac{N8}{h7}$									
h8				$\frac{D8}{h8}$	$\frac{E8}{h8}$	$\frac{F8}{h8}$		$\frac{H8}{h8}$													
h9				$\frac{D9}{h9}$	$\frac{E9}{h9}$	$\frac{F9}{h9}$		$\frac{H9}{h9}$													
h10				$\frac{D10}{h10}$				$\frac{H10}{h10}$													
h11	$\frac{A11}{h11}$	$\frac{B11}{h11}$	$\frac{C11}{h11}$	$\frac{D11}{h11}$				$\frac{H11}{h11}$													
h12		$\frac{B12}{h12}$						$\frac{H12}{h12}$													

注：标注"▼"的配合为优先配合

表8-11　尺寸至500mm 基孔制优先常用配合

基准孔	轴																				
	a	b	c	d	e	f	g	h	jS	k	m	n	p	r	s	t	u	v	x	y	z
	间隙配合								过渡配合				过盈配合								
H6						$\frac{H6}{f5}$	$\frac{H6}{g5}$	$\frac{H6}{h5}$	$\frac{H6}{jS5}$	$\frac{H6}{k5}$	$\frac{H6}{m5}$	$\frac{H6}{n5}$	$\frac{H6}{p5}$	$\frac{H6}{r5}$	$\frac{H6}{s5}$	$\frac{H6}{t5}$					
H7						$\frac{H7}{f6}$	$\frac{H7}{g6}$	$\frac{H7}{h6}$	$\frac{H7}{jS6}$	$\frac{H7}{k6}$	$\frac{H7}{m6}$	$\frac{H7}{n6}$	$\frac{H7}{p6}$	$\frac{H7}{r6}$	$\frac{H7}{s6}$	$\frac{H7}{t6}$	$\frac{H7}{u6}$	$\frac{H7}{v6}$	$\frac{H7}{x6}$	$\frac{H7}{y6}$	$\frac{H7}{z6}$
H8					$\frac{H8}{e7}$	$\frac{H8}{f7}$	$\frac{H8}{g7}$	$\frac{H8}{h7}$	$\frac{H8}{jS7}$	$\frac{H8}{k7}$	$\frac{H8}{m7}$	$\frac{H8}{n7}$	$\frac{H8}{p7}$	$\frac{H8}{r7}$	$\frac{H8}{s7}$	$\frac{H8}{t7}$	$\frac{H8}{u7}$				
H8				$\frac{H8}{d8}$	$\frac{H8}{e8}$	$\frac{H8}{f8}$		$\frac{H8}{h8}$													
H9			$\frac{H9}{c9}$	$\frac{H9}{d9}$	$\frac{H9}{e9}$	$\frac{H9}{f9}$		$\frac{H9}{h9}$													
H10			$\frac{H10}{c10}$	$\frac{H10}{d10}$				$\frac{H10}{h10}$													
H11	$\frac{H11}{a11}$	$\frac{H11}{b11}$	$\frac{H11}{c11}$	$\frac{H11}{d11}$				$\frac{H11}{h11}$													
H12		$\frac{H12}{b12}$						$\frac{H12}{h12}$													

注：1. $\frac{H6}{n5}$、$\frac{H7}{p6}$在公称尺寸小于或等于3mm 和$\frac{H8}{r7}$在小于或等于100mm 时，为过渡配合

2. 标注"▶"的配合为优先配合

六、极限与配合在图样上的标注与查表

1. 在零件图上的标注

在零件图上标注公差带代号的三种形式：

（1）标注公差带代号　在公称尺寸右边标注公差带代号（图8-37a），且基本偏差代号与公差等级数字等高，如 H8、f7。

（2）标注极限偏差　在公称尺寸右边标注极限偏差数值（图8-37b）。上极限偏差注在基本尺寸右上方，下极限偏差注在公称尺寸同一底线上。上、下极限偏差的数字的字号应比公称尺寸的数字的字体小一号，上、下极限偏差前面带正、负号，小数点对齐，小数点后的最后一位数若为零，一般不予注出。当上极限偏差或下极限偏差为零时，则标注"0"，并与另一个极限偏差的个位数对齐。当上、下极限偏差的绝对值相同时，极限偏差数字只需标注一次，如"$\phi30 \pm 0.065$"，此时，极限偏差数字与公称尺寸数字的字体大小相同。

（3）综合标注　在公称尺寸右边同时标注公差带代号和极限偏差，但极限偏差应加圆括号（图8-37c）。

2. 在装配图上的标注

（1）一般标注形式　在公称尺寸右边以分数形式注出孔和轴的配合代号（图8-38a），其中，分子为孔的公差带代号，分母为轴的公差带代号。

（2）标注极限偏差　允许将孔和轴的极限偏差分别注在各自基本尺寸右边，并分别标注在尺寸线的上方与下方（图8-38b）。

（3）特殊标注形式　与标准件和外购件相配合的孔与轴，可以只标注公差带代号。如零件与滚动轴承配合时，滚动轴承是标准件，其内圈与轴的配合采用基孔制，而外圈与轴承座孔的配合采用基轴制，因此，在装配图中，只需标注轴和轴承座孔的公差带代号（图8-36）。

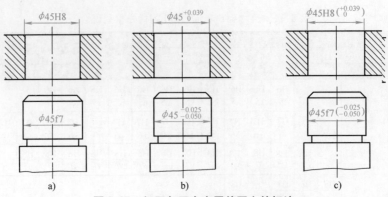

图 8-37　极限与配合在零件图上的标注

3. 查表举例

例 8-2　确定 $\phi 25\dfrac{\mathrm{H8}}{\mathrm{f7}}$ 中孔、轴的上、下极限偏差值。

解：1）从表 8-11 查得 $\dfrac{\mathrm{H8}}{\mathrm{f7}}$ 是基孔制优先选用的间隙配合，H8 是基准孔的公差带代号，f7 是配合轴的公差带代号。

2）$\phi 25\mathrm{H8}$ 中基准孔的下极限偏差，可从附录 V 查得。由公称尺寸 $>24\sim30\mathrm{mm}$ 的行和代号为 H 的列相交处查得下极限偏差 $\mathrm{EI}=0$。

从附录 T 中，由公称尺寸 $>18\sim30\mathrm{mm}$ 的行和标准公差等级 IT8 的列相交处查得 $\phi 25\mathrm{mm}$ 的 $\mathrm{IT8}=33\mu\mathrm{m}$。

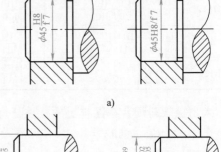

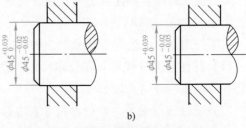

图 8-38　极限与配合在装配图上的标注

$\phi 25\mathrm{H8}$ 的上极限偏差 $\mathrm{ES}=\mathrm{IT8}-\mathrm{EI}=33\mu\mathrm{m}-0=33\mu\mathrm{m}$（即 $0.033\mathrm{mm}$）。

故 $\phi 25\mathrm{H8}$ 可写成 "$\phi 25^{+0.033}_{\ \ 0}$"。

3）$\phi 25\mathrm{f7}$ 配合轴的极限偏差，可从附录 U 查得。由公称尺寸 $>24\sim30$ 的行与代号为 f 的列相交处查得上极限偏差 $\mathrm{es}=-20\mu\mathrm{m}$（即 $-0.02\mathrm{mm}$）。

从附录 T 查得 $\phi 25\mathrm{mm}$ 的 $\mathrm{IT7}=21\mu\mathrm{m}$（即 $0.021\mathrm{mm}$）。

$\phi 25\mathrm{f7}$ 的下极限偏差 $\mathrm{ei}=\mathrm{es}-\mathrm{IT7}=-20\mu\mathrm{m}-21\mu\mathrm{m}=-41\mu\mathrm{m}$（即 $-0.041\mathrm{mm}$）。

故 $\phi 25\mathrm{f7}$ 可写成 "$\phi 25^{-0.020}_{-0.041}$"。

在 $\phi 25\dfrac{\mathrm{H8}}{\mathrm{f7}}$ 的公差带图（图 8-39）中，可见最大间隙 $X_{\max}=+0.074\mathrm{mm}$，最小间隙 $X_{\min}=+0.020\mathrm{mm}$。

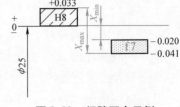

图 8-39　间隙配合示例

例 8-3　确定 $\phi 35\dfrac{\mathrm{S7}}{\mathrm{h6}}$ 中孔、轴的上、下极限偏差值。

解：1）从表 8-10 查得 $\dfrac{\mathrm{S7}}{\mathrm{h6}}$ 是基轴制优先选用的过盈配合。h6 是基准轴的公差带代号，S7 是配合孔的公差带代号。

2）φ35h6 中基准轴的上极限偏差，可从附录 U 查得。由公称尺寸 > 30 ~ 40mm 的行和代号为 h6 的列相交处查得上极限偏差 es = 0。

从附录 T 中，由公称尺寸 > 30 ~ 50mm 的行和 IT6 的列相交处查得 φ35mm 的 IT6 = 16μm （即 0.016mm）。

φ35h6 的下极限偏差 ei = es − IT = 0 − 16μm = − 16μm （即 − 0.016mm）。

故 φ35h6 可写成 "$\phi 35^{\ 0}_{-0.016}$"。

3）附录 V 中未直接列出 φ35S7 配合孔的上极限偏差，可从附录 V 中的 ≤IT7、代号为 P ~ ZC 的列查得 "在大于 IT7 的相应数值上增加一个 Δ 值"。即从公称尺寸 > 30 ~ 40mm 的行及 > IT7 代号为 S 的列和 Δ 值为 IT7 的列相交处分别查到相应数值为 − 43μm （即 − 0.043mm）、Δ = 9μm （即 0.009mm）。所以，φ35S7 的上极限偏差为 ES = − 43μm + Δ = − 43μm + 9μm = − 34μm （即 − 0.034μm）。

从附录 T 查得 φ35mm 的 IT7 = 25μm （即 0.025mm）。

φ35S7 的下极限偏差 EI = ES − IT7 = − 34μm − 25μm = − 59μm （即 − 0.059mm）。

故 φ35S7 可写成 "$\phi 35^{-0.034}_{-0.059}$"。

在 $\phi 35\dfrac{S7}{h6}$ 的公差带图（图 8-40）中，可见最大过盈 Y_{max} = − 0.059mm，最小过盈 Y_{min} = − 0.018mm。

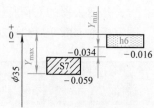

图 8-40　过盈配合示例

例 8-4　确定 $\phi 50\dfrac{K8}{h7}$ 中孔、轴的上、下极限偏差值。

解： 1）从表 8-10 查得 $\dfrac{K8}{h7}$ 是基轴制常用过渡配合。

2）从附录 U 查得 φ50h7 基准轴的上极限偏差 es = 0。从附录 T 中，由公称尺寸 > 30 ~ 50mm 的行与 IT7 的相交处查得 φ50mm 的 IT7 = 25μm。φ50h7 的下极限偏差 ei = es − IT7 = 0 − 25μm = − 25μm （即 − 0.025mm）。

3）从附录 V 中，由公称尺寸 > 40 ~ 50mm 的行代号为 K 的列及 Δ 值中 IT8 的列相交处查得 φ50K8 的上极限偏差 ES = − 2μm + Δ，Δ = 14μm，即 ES = − 2μm + 14μm = + 12μm （即 + 0.012mm）。

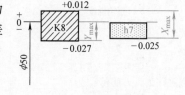

从附录 T 查得 φ50mm 的 IT8 = 39μm （即 0.039mm）。

φ50K8 的下极限偏差 EI = ES − IT8 = 12μm − 39μm = − 27μm （即 − 0.027mm）。

图 8-41　过渡配合示例

故 φ50K8 可写成 "$\phi 50^{+0.012}_{-0.027}$"。

在 $\phi 50\dfrac{K8}{h7}$ 的公差带图（图 8-41）中，可见最大间隙 X_{max} = 0.037mm，最大过盈 Y_{max} = − 0.027mm。

第八节　几何公差

零件加工后，不仅有尺寸的误差，而且实际零件几何要素的形状、方向和位置相对其理想要素也会有一定的误差，如图 8-42 所示。若零件的几何误差过大，也会影响机器的工作精度和质量。国家标准 GB/T 1182—2008《产品几何技术规范（GPS） 几何公差 形状、方向、位置和跳动公差标注》规定了几何公差的图样表示和各种标注的含义。

形状公差为单一实际要素的形状所允许的变动全量，而方向和位置公差为关联实际要素的位置或方向对基准所允许的变动全量。构成零件几何特征的点、线、面统称为要素。用来确定被测要素的方向或（和）位置的要素称为基准要素，理想的基准要素称为基准。

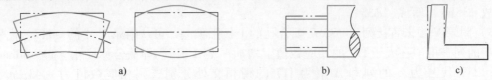

图 8-42 形状、位置、方向误差示例

a）形状误差 b）位置误差 c）方向误差

一、几何公差的几何特征及符号

国家标准 GB/T 1182—2008 规定了 19 项几何公差的几何特征及符号，见表 8-12。

表 8-12 几何公差的几何特征及符号

公差类型	几何特征	符号	有或无基准要求	公差类型	几何特征	符号	有或无基准要求
形状公差	直线度	—	无	方向公差	线轮廓度	⌒	有
	平面度	▱	无		面轮廓度	⌓	有
	圆度	○	无	位置公差	位置度	⊕	有或无
	圆柱度	⌭	无		同心度（用于中心点）	◎	有
	线轮廓度	⌒	无		同轴度（用于轴线）	◎	有
	面轮廓度	⌓	无		对称度	=	有
方向公差	平行度	//	有		线轮廓度	⌒	有
	垂直度	⊥	有		面轮廓度	⌓	有
	倾斜度	∠	有	跳动	圆跳动	↗	有
					全跳动	⌰	有

二、几何公差标注方法

几何公差的标注方法如图 8-43 所示。几何公差的框格用细实线画，分成两格或多格，可水平或垂直放置，框格中的内容从左到右按几何特征符号、公差值、基准字母的次序填写。框格中的数字、字母一般应与图中的字体同高。框格的一端与指引线相连；箭头指向被测表面，并垂直于被测表面的可见轮廓线或其延长线，箭头的方向就是公差带宽度的方向。

基准所在处用实心三角形表示。画在靠近基准要素的轮廓线或其延长线上。三角形上的指引线与框格的一端相连；如不便相连时，则需标注基准代号。基准方框的高度与宽度相等。

与三角形相连的引线或框格一端的箭头与有关尺寸线对齐，表示基准要素或被测要素是轴心线或对称平面。

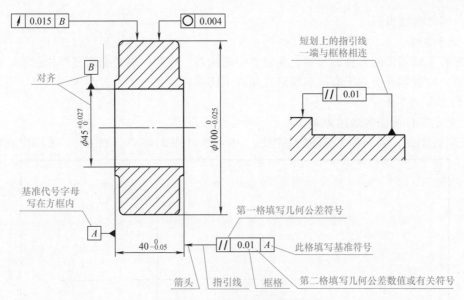

图 8-43　几何公差标注方法

三、几何公差标注示例

几何公差的综合标注示例如图 8-44 所示，图中标注的各个几何公差代号的含义如下：

1）基准 A 为 φ16f7 圆柱的轴线。

2）φ 16f7 圆柱面的圆柱度公差为 0.005mm。

3）M8×1 的轴线相对基准 A（轴线）的同轴度公差为 φ 0.1mm。

4）φ 36 $_{-0.34}^{0}$ mm 的右端面对基准 A（轴线）的垂直度公差为 0.025mm。

5）φ 14 $_{-0.24}^{0}$ mm 的右端面对基准 A（轴线）的端面圆跳动公差为 0.1mm。

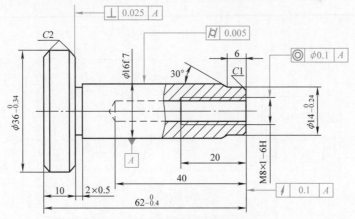

图 8-44　几何公差综合标注示例

第九节　零件测绘

根据零件实物绘制草图、测量、标注尺寸、确定技术要求、填写标题栏，然后整理出零件草图并画出零件图的过程称零件测绘。零件测绘在机器仿造、维修或技术革新中起着重要的作用。

一、零件测绘步骤

1. 分析零件

首先要了解零件的名称、材料、在机器中的位置、作用，然后分析其结构形状、特点和装配关系，检查零件上有无磨损和缺陷，并且了解零件的工艺制造过程等。

2. 绘制零件草图

1）确定零件视图的表达方案。

2）布置图面，画出各个视图的基准线、中心线（图 8-45a）。画图时，要考虑到各视图

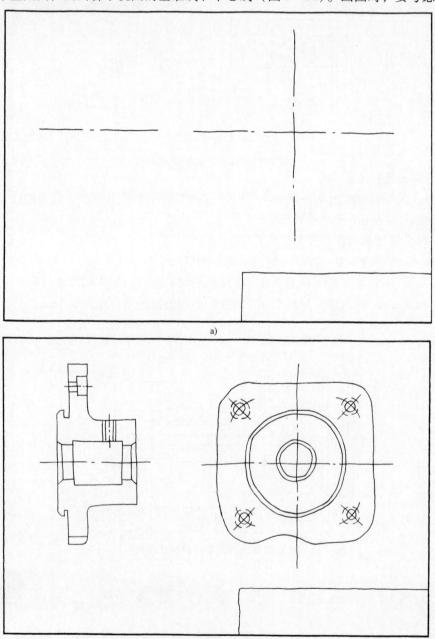

a)

b)

图 8-45　零件草图的测绘步骤（一）

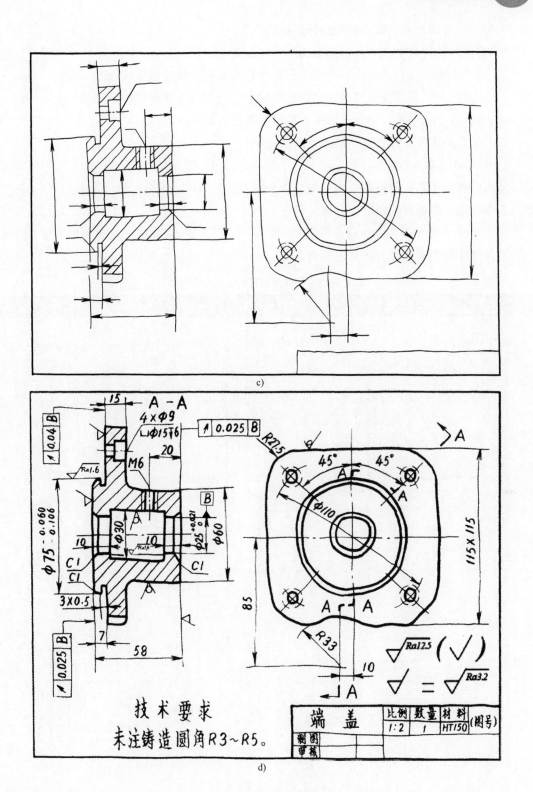

图 8-45　零件草图的测绘步骤（二）

间应有标注尺寸的地方，留出右下角标题栏的位置。

3）详细画出零件的内、外部的结构形状（图8-45b）。

4）画出剖面线，选择基准，画出全部尺寸界线、尺寸线及箭头（图8-45c）。

5）测量尺寸，定出技术要求，并将尺寸数字、技术要求等标注在草图中。

6）校核草图无误后，加深轮廓线，填写标题栏（图8-45d）。

二、常用的测量工具及零件的尺寸测量方法

1. 常用的测量工具

常用的测量工具有钢直尺、内卡钳、外卡钳、游标卡尺、千分尺等。常用的量具有螺纹量规、圆角规、游标万能角度尺、塞尺等。

2. 零件尺寸常用的测量方法

零件尺寸常用的测量方法见表8-13。

表8-13 零件尺寸常用的测量方法

项目	测 量 方 法	项目	测 量 方 法
直线尺寸	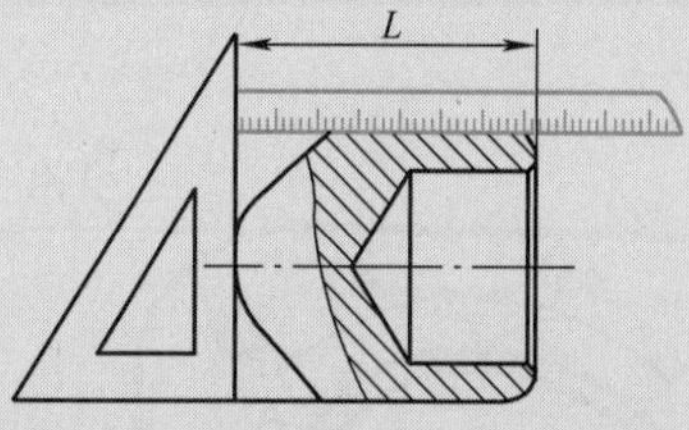	孔间距	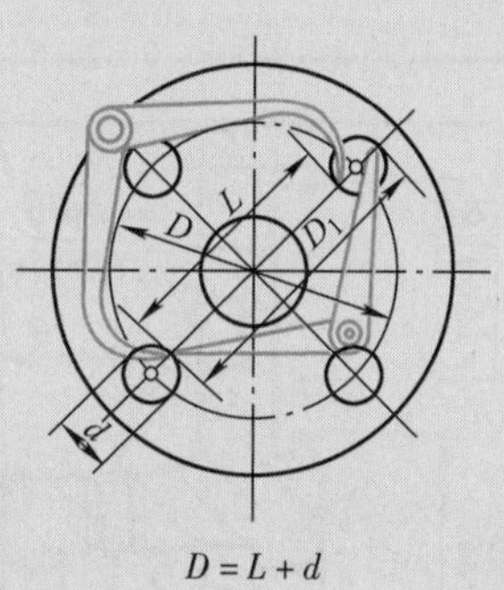 $D = L + d$
中心高度	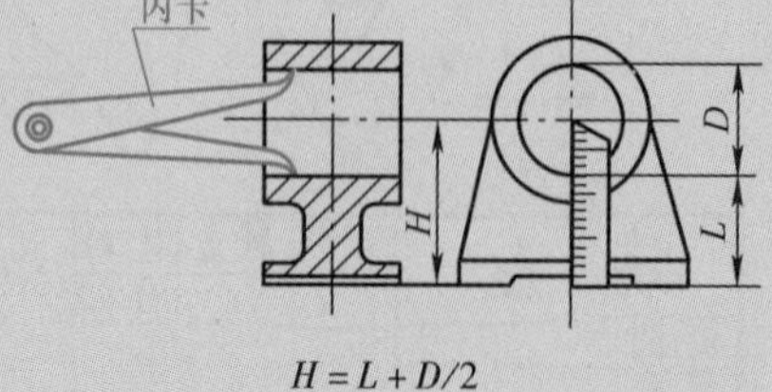 $H = L + D/2$	壁厚	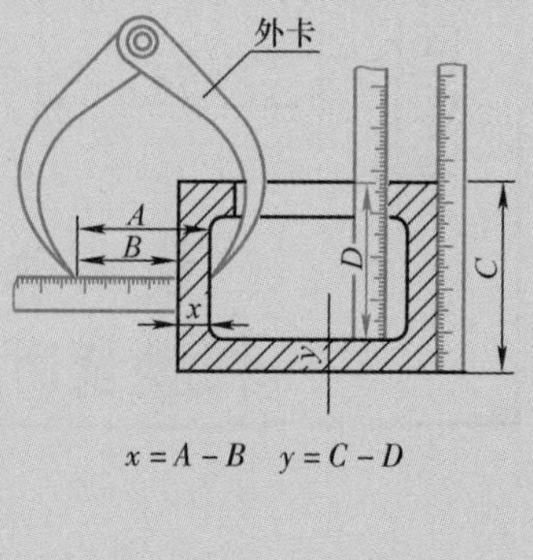 $x = A - B \quad y = C - D$

（续）

项 目	测 量 方 法	项 目	测 量 方 法
孔径深度		间隙	
齿轮的模数	 模数 $= d_a / (z+2)$ 注：奇数齿 $d_a = 2K + d$	圆弧半径	
螺纹的螺距		角度	
曲线与曲面	 a) 拓印法　　　　b) 铅丝法　　　　c) 坐标法 1）用中垂线法，求出各段圆弧圆心 O_1、O_2 2）测量曲率半径 R_1、R_2		

三、零件测绘注意事项

1）零件的制造缺陷如缩孔、砂眼、刀痕及使用中造成的磨损或损坏的部位，均不应画出。

2）一对相互旋合的内、外螺纹尺寸，一般只测量外螺纹尺寸；对于孔、轴配合尺寸，一般只测量轴的尺寸；与滚动轴承配合的孔、轴尺寸应查表确定。

3）有配合关系的尺寸，可测量出基本尺寸，其配合性质和相应的公差值，应查阅有关手册确定。对于非配合尺寸或不重要尺寸，可将测量值取整数。

4）对标准结构尺寸，如倒角、圆角、退刀槽、键槽、中心孔、螺纹、螺孔深度、齿轮模数以及与滚动轴承配合的孔和轴的尺寸等，在测得主要尺寸后，应查表采用标准结构尺寸。

四、画零件图

绘制零件草图时，受工作地点和环境条件限制，草图不一定很完善，因此，画完草图后应进行如下审核整理：

1）完善视图的表达方案。

2）检查尺寸标注方式，进行补充或修改。

3）检查表面粗糙度、尺寸公差、几何公差，并查阅国家标准，予以标准化。

4）最后根据草图画出零件图。

第十节　读　零　件　图

在零部件制造工作中，首先需要读懂零件图。读零件图是通过对零件图的四项内容进行概况了解，具体分析和全面综合理解设计意图。

一、读零件图的步骤与方法

（1）读标题栏　从标题栏了解零件的名称、材料、比例、用途。

（2）分析零件的表达方案　找出主视图，分析各视图间的关系，读懂剖视图中的投射方向、剖切位置及表达的内容。

（3）分析形体　利用"三等"规律，分析零件内、外部结构，想象出整体形状与结构。

（4）分析尺寸　了解尺寸基准、定形尺寸、定位尺寸及确定零件的总体尺寸。

（5）看技术要求　了解表面粗糙度、尺寸公差、几何公差和其他技术要求。

（6）综合总结，读懂零件图　综合上述分析，了解零件的完整结构，真正读懂零件图。

二、读图举例

例8-5　读懂图8-46所示的零件图。

（1）读标题栏　由图8-46标题栏可知，该零件名称为减速器箱体，是减速器的主体零件，主要用来容纳和支承锥齿轮和蜗轮蜗杆（图8-47）。材料是铸铁（HT200），由铸铁可联想到制造该零件时的工艺结构有铸造圆角等。

（2）分析表达方案　箱体零件采用了三个基本视图、一个 $C—C$ 剖视图和三个局部视图。主视图为 $A—A$ 阶梯剖，剖切平面位置标注在俯视图上，表达箱体沿水平轴线（蜗杆轴线）剖切后的内部结构，反映了输入轴（蜗杆）轴孔 $\phi35K7$、输出轴（锥齿轮轴）轴孔 $\phi48H7$ 以及与蜗杆啮合的蜗轮轴孔（图形中部的孔）三者之间相对位置及各组成部分的连接关系。左视图为 $B—B$ 全剖视图，表达箱体沿铅垂轴线（蜗轮轴线）剖切后的左、右壁上同轴的轴孔及内部结构。俯视图表达减速箱的外形、上端面的形状及螺孔位置、底板安装凸台形状

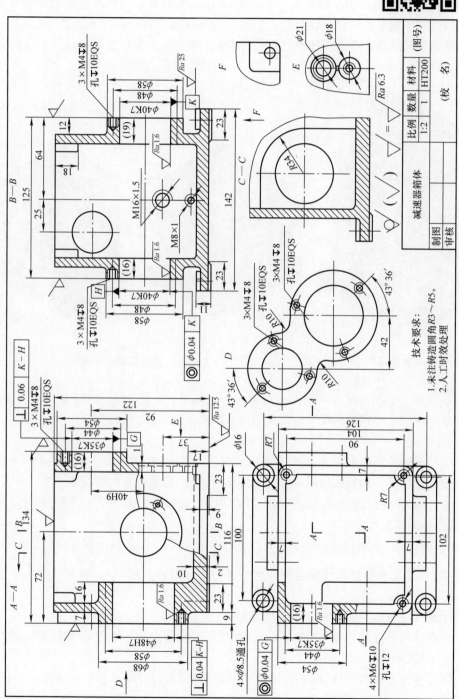

图 8-46 减速器箱体零件图

技术要求：
1.未注铸造圆角R3～R5。
2.人工时效处理

比例	数量	材料	(图号)
1:2	1	HT200	

减速器箱体

制图
审核

(校 名)

及位置。C—C 局部剖视图表达左壁内凸台的形状。

D 向局部视图表达左侧凸台外形及安装螺孔位置。E 向局部视图表达观察孔、放油孔。F 向局部视图表达底板安装平面的形状。从标注方法上可以分别找出它们的投影关系。

（3）分析形体 结合三个基本视图，可将箱体分成两部分：一是减速箱上部长方形腔体，用来容纳与支承蜗轮、蜗杆、锥齿轮；二是长方形底板，为安装箱体之用。箱体外侧的凸台及底板形状，反映在 D 向和 F 向视图上，根据投影关系，综合想象出减速箱体的结构形状如图 8-48 所示。

a)   b)

图 8-47 减速器   图 8-48 减速器箱体轴测图

（4）分析尺寸 分析尺寸应从两方面考虑，一是找出长、高、宽三个方向的尺寸基准，分清定形尺寸、定位尺寸和重要尺寸。二是结合表面粗糙度代号与公差配合，分析重要尺寸对加工方法的要求。

尺寸基准：减速器箱体底面是高度方向的尺寸基准，蜗轮的轴线（位于 ϕ40K7 孔中）是长度方向的尺寸基准，蜗杆的轴线（位于 ϕ35K7 孔中）是宽度方向的尺寸基准。

主要尺寸：减速器箱体轴承孔直径（如 ϕ48H7、ϕ40K7、ϕ35K7）及高度定位尺寸40H9 等均属箱体的主要尺寸。

（5）看技术要求 表面粗糙度等级最高的是代号 $\sqrt{Ra\,1.6}$，等级最低的是代号 $\sqrt{}$（毛坯面）。从文字技术要求中得知未注铸造圆角半径尺寸是 R3mm ~ R5mm，铸件应经人工时效处理。

配合尺寸有：ϕ48H7、ϕ40H9、ϕ40K7、ϕ35K7 等。

几何公差有：垂直度公差为 0.06mm，表示 ϕ35K7 的轴线与 ϕ40K7 的轴线的垂直度允许误差值不大于 0.06mm。

此外，还有垂直度公差为 0.04mm，同轴度公差为 0.04mm，请读者自行分析。

（6）综合总结，读懂零件图 综上所述，通过分析零件的总体结构形状、尺寸分析、技术要求及加工方法，读懂整个零件图的内容。

第九章
CHAPTER 9

装 配 图

本章主要讨论装配图的内容、装配工艺结构、拼图和拆图以及部件的测绘方法和步骤等。

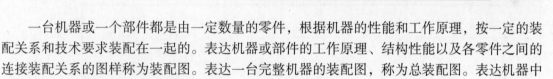

第一节　装配图的概述

一台机器或一个部件都是由一定数量的零件，根据机器的性能和工作原理，按一定的装配关系和技术要求装配在一起的。表达机器或部件的工作原理、结构性能以及各零件之间的连接装配关系的图样称为装配图。表达一台完整机器的装配图，称为总装配图。表达机器中某个部件（或组件）的装配图称为部件（或组件）装配图。

一、装配图的作用

1）在设计阶段，一般先画出装配图，并根据它所表达的机器或部件的构造、形状和尺寸等，设计绘制零件图。

2）在生产、检验产品时，根据装配图表达的装配关系，制订装配工艺流程，检验、调试和安装产品。

3）在机器的使用和维修中，根据装配图了解机器或部件工作原理及结构性能，从而决定机器的操作、保养、拆装和维修方法。

二、装配图的内容

球阀（图9-1）是用于开关和调节流体流量的部件，它由阀体等13种零件组成。从球阀装配图（图9-2）上可知，一张装配图应具备下列四项内容。

1. 一组视图

用来正确、清晰、完整地表达机器或部件的装配关系、工作原理和主要零件的结构形状的一组视图。如图9-2所示的球阀装配图，其一组视图采用了全剖的主视图、局部剖的俯视图、半剖的左视图。

2. 必要的尺寸

必要的尺寸是指反映机器或部件的性能、规格、外形大小以及装配、检验和安装时所必需的主要尺寸。

3. 技术要求

用文字或符号准确简明地表达出机器或部件的装配、检验、调试、验收条件、使用维修

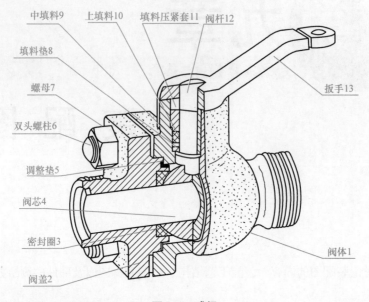

图 9-1 球阀

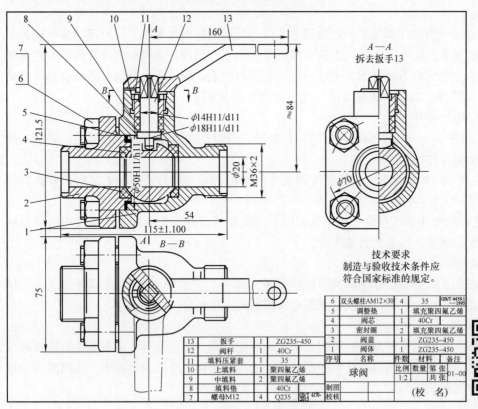

6	双头螺柱AM12×30	4	35	GB/T 4459.1—1995
5	调整垫	1	填充聚四氟乙烯	
4	阀芯	1	40Cr	
3	密封圈	2	填充聚四氟乙烯	
2	阀盖	1	ZG235-450	
1	阀体	1	ZG235-450	
序号	名称	件数	材料	备注

13	扳手	1	ZG235-450
12	阀杆	1	40Cr
11	填料压紧套	1	35
10	上填料	1	聚四氟乙烯
9	中填料	2	聚四氟乙烯
8	填料垫	1	40Cr
7	螺母M12	4	Q235

技术要求
制造与验收技术条件应
符合国家标准的规定。

球阀
比例 1:2 数量 第 张 01-00 共 张
制图
校核
(校 名)

图 9-2 球阀装配图

和维护规则等。如图 9-2 所示，除三处注明配合要求外，还用文字说明了球阀的制造与验收
条件。

4. 标题栏、序号和明细栏

说明机器或部件的名称、数量、比例、材料、标准规格、标准代号、图号以及设计者的姓名等内容。装配图中的每个零件都应编写序号，并在标题栏的上方用明细栏来说明。

第二节　装配图的表达方法

前面学过的零件表达方法在表达部件的装配图中也同样适用，但由于机器或部件是由若干零件组成的，装配图主要用来表达零件间的工作原理、装配关系、连接方式以及主要零件的结构形状，因此，装配图还有一些专门的规定画法和特殊表达方法。

一、装配图的视图选择

1. 主视图的选择原则

1）选择尽可能多地反映机器或部件主要装配关系、工作原理、传动路线、润滑、密封以及主要零件结构形状的方向作为主视图的投射方向。如图 9-2 所示的主视图采用全剖视，清楚地表达了球阀的工作原理、两条主要装配干线的装配关系以及密封和主要零件的基本形状。

2）考虑装配体的安放位置。一般选择机器或部件的工作位置，即使装配体的主要轴线呈水平或铅垂位置作为装配体的安放位置。

2. 其他视图的选择

主视图确定以后，应根据所表达的机器或部件的形状结构特征配置其他视图。对其他视图的选择，可以考虑下面几点：

1）还有哪些装配关系、工作原理以及主要零件的结构形状未在主视图上表达或表达得不够清楚。

2）选择哪些视图及相应的表达方法才能正确、完整、清晰、简便地表达这些内容。

装配图的视图数量，是由所表达的机器或部件的复杂、难易程度所决定的。一般说来，每种零件最少应在视图中出现一次，否则，图样上就会缺少一种零件。但在清楚地表达了机器或部件的装配关系、工作原理和主要零件结构形状的基础上，所选用的视图数量应尽量少。

图 9-3 所示的是车床尾座的装配图，它的视图配置较好地体现了视图选择的原则。在加工轴类零件时，尾座是通过旋转手轮（10 号零件）左右移动顶尖（4 号零件）来顶紧工件的。装配图的主视图（采用了全剖）选择了反映这一装配主干线，且主视图表达的也正是车床尾座的工作位置。而左视图（采用了 *A—A* 阶梯剖）反映了通过转动手柄（5 号零件）移动上、下夹紧套（11、13 号零件）的情况。俯视图反映尾座的主要、次要装配干线之间的位置关系以及尾座体的外形。主视图采用剖视图来表达螺杆（12 号零件）、轴套（2 号零件）和顶尖（4 号零件）、螺母（6 号零件）与两螺钉的螺纹联接方式。

二、装配图的规定画法

1）两零件的接触表面和配合表面（即使是间隙配合）只画一条线（图 9-4 ①），非接触表面（即使间隙很小）应画成两条线（图 9-4 ②）。

2）两个或两个以上的零件相邻时，其剖面线方向应相反或者第 3 个零件剖面线方向可以相同但间隔不等（图 9-4）。注意：同一零件在各视图上的剖面线必须保持方向、间隔一

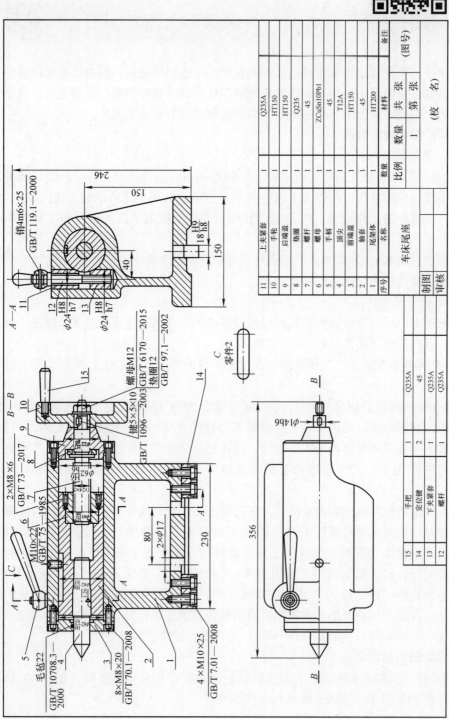

图 9-3 车床尾座装配图

致，当零件的厚度小于或等于 2mm 时，可用涂黑的方法代替剖面符号。

3）在装配图中，对于实心件，如轴、连杆、球和标准零件的键、销、螺栓、螺柱、螺钉以及非实心件如螺母、垫圈等，当剖切平面通过其轴线或对称平面时，这些零件按不剖绘制（图 9-4 ③）。如果需要特别表明零件的构造，如键槽、销孔等，则可以用局部剖表示，当剖切平面与这些零件的轴线垂直时，则应画出剖面线。

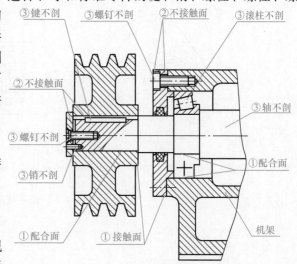

图 9-4　装配图的规定画法

三、装配图的特殊表达方法

为了适应部件结构的复杂性和多样性，画装配图时，可以根据表达的需要，选用下面的表达方法。

1. 拆卸画法

当一个或几个零件在装配图的某个视图中遮住了需要表达的零件时，可假想拆去该零件后再画图。若需说明，可在视图上方加注"拆去某某零件"来说明（图 9-2 左视图）。拆卸范围，可根据需要灵活选取，对称时可以半拆，不对称时则全拆。根据需要，也可以局部拆卸，此时，应以波浪线表示拆卸范围。

2. 沿结合面剖切画法

在装配图中，为表达某些内部结构，可沿零件间的结合面处剖切后进行投影，这种表达方法称为沿结合面剖切画法。结合面不画剖面线，但被剖切到的螺栓等实心件若横向被剖切，则应画剖面线（图 9-5 俯视图）。又如图 9-6 中转子泵装配图中的右视图（A—A 剖视图）是沿泵体和泵盖的结合面（中间的垫片）处剖切后画出的。

注意：沿结合面剖切画法与拆卸画法是不同的，前者是剖切，而后者是拆卸。

3. 单个零件的画法

在装配图中，为表示某零件的形状，可另外单独画出该零件的视图或剖视图，并在所画视图的上方加标注，如图 9-6 中转子泵中泵盖零件的 B 向视图。但应注意在视图上方标注"泵盖 B"或"某某零件 B"。

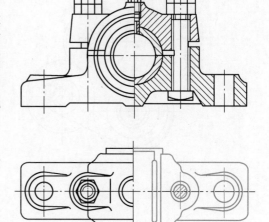

图 9-5　滑动轴承沿结合面剖切画法

4. 假想画法

（1）运动零（部）件极限位置表示法　在装配图中，当需要表示运动零（部）件的运动范围或极限位置时，可将运动件画在一个极限位置（或中间位置）上，用双点画线在另一极限位置（或两极限位置）画出该运动件的外形轮廓。图 9-7 所示主视图即为三星齿轮机构主视图上手柄的运动极限位置画法。

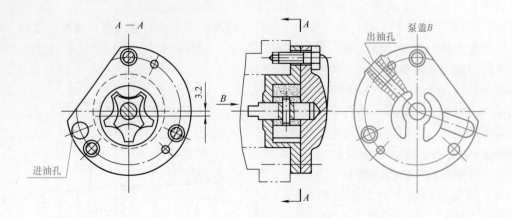

图 9-6　转子泵装配图

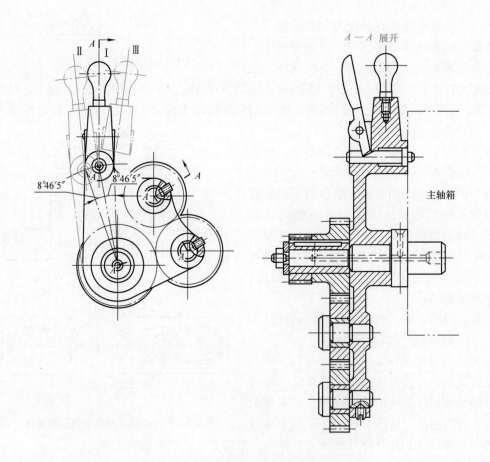

图 9-7　三星齿轮传动机构装配图

（2）相邻零（部）件表示法　在装配图中，当需要表示与本部件有装配和安装关系，但又不属于本部件的相邻其他零（部）件时，可用双点画线画出该相邻零（部）件的部分外形轮廓。如图 9-6 所示的主视图和图 9-7 所示的左视图（A—A 展开）中的双点画线，分别表示了转子泵的相邻零件机架和三星齿轮传动机构的相邻部件的主轴箱。

5. 展开画法

为了表达不在同一平面内的传动机构及其传动路线和装配关系，可假想按传动顺序沿各轴线剖开，然后将切平面依次展开在一个平面上，画出其剖视图，并在视图上方标注"×—×展开"（图9-7）。

6. 夸大画法

画装配图时，经常会遇到相对细小的零件，如直径小于2mm的圆或厚度小于2mm的薄片，以及非配合面的微小间隙、较小的斜度和锥度等，此时，允许将该部分不按原定比例而适当夸大画出。如图9-2中的调整垫5和图9-8中的垫片都采用了夸大画法。

7. 简化画法

在装配图中，如遇下列情况，可以简化画出：

1）对于若干相同的零件组，如螺钉、螺栓、螺柱联接等，可只详细地画出一处，其余则用细点画线标明其中心位置（图9-8）。

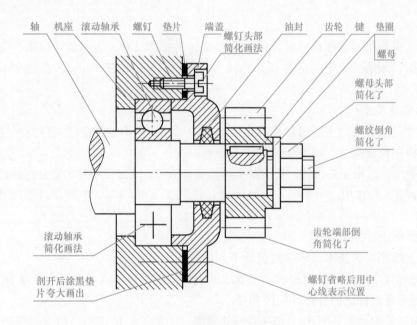

图9-8　装配图中的简化画法

2）滚动轴承等零部件，在剖视图中可按轴承的规定画法（表7-11）画出（图9-8）。

3）零件的工艺结构，如倒角、倒圆、砂轮越程槽、半径较小的铸造圆角、起模斜度等可省略不画，而螺母、螺柱头部可采用简化画法（图9-8）。

第三节　装配图的尺寸标注与技术要求

装配图和零件图在生产中所起的作用不同。装配图中，不必注全所属的全部尺寸，只需标注出与机器或部件的性能、工作原理、装配关系和安装、运输等有关方面的尺寸。

一、装配图中的尺寸标注

1. 性能与规格尺寸

这类尺寸是表示机器或部件的规格、性能和特征的尺寸，是设计和选用机器或部件的依据，如图9-2中球阀的管口直径 $\phi20$mm。

2. 装配尺寸

（1）配合尺寸 这类尺寸是表示两零件之间配合性质的尺寸，如图9-2中的 $\phi14\dfrac{H11}{d11}$、$\phi18\dfrac{H11}{d11}$、$\phi50\dfrac{H11}{h11}$等。

（2）相对位置尺寸 这类尺寸是表示在装配、调试时保证零件间相对位置所必须具备的，如图9-6所示转子泵的偏心距3.2mm。

3. 安装尺寸

这类尺寸是机器安装在基础上或部件安装在机器上所需的尺寸，如图9-2中的"M36 × 2"、"≈84"、"54"等。

4. 总体尺寸

这类尺寸系指机器或部件外形轮廓的长、宽、高总体尺寸，为包装、运输、安装和厂房设计提供依据，如图9-2中的总高121.5mm、总长（115±1.100）mm、总宽75mm等都是总体尺寸。

5. 其他重要尺寸

这类尺寸是指在设计中经过计算确定或选用的尺寸，但不包括在以上四类尺寸之中，如运动零件的极限位置尺寸、减速器齿轮中心距等。

以上五类尺寸是相互关联的，要根据实际需要来标注。装配图中并非要全部注出，有时一个尺寸可能兼有几种作用，如图9-2中的尺寸（115±1.100）mm，它既是外形尺寸，又与安装有关。

二、装配图上的技术要求

装配图上所注写的技术要求一般包括下列内容：

1）装配过程中的注意事项和对加工要求的说明，装配后应满足的配合要求等。

2）装配后必须保证的各种几何公差要求等。

3）装配过程中的特殊要求（如对零件的清洗、上油等）的说明，指定的装配方法等。

4）检验、调试的条件和要求及检验方法等。

5）操作方法和使用注意事项（如维护、保养）等。

以上要求在装配图中不一定样样俱全，它随装配体的需要而定。这些要求有的用符号直接标注在图形上（如配合代号），有的则用文字注写在明细表的上边或左边空白处。对较复杂的大型机器或部件，还需另行编写技术要求的说明书。

第四节　装配图的零件序号和明细栏

为了便于读图和图样资料的管理，在装配图上必须对每种零件编写序号，并在标题栏上方的明细栏内列出序号以及它们的名称、材料、数量等。

一、零件序号及编写方法（GB/T 4458.2—2003）

1）编写零件序号。在所指的零件的可见轮廓内画一圆点，然后从圆点开始画指引线（细实线），在水平线上或圆（细实线）内注写序号，序号的字高应比尺寸数字大一号或两号（图9-9a），也可以不画水平线或圆，在指引线另一端附近注写序号（图9-9b）。

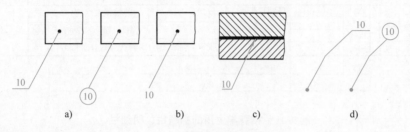

图9-9　零件序号的编写形式

对于很薄的零件或涂黑的剖面，可在指引线末端画出箭头，并指向该部分的轮廓（图9-9c）。

2）指引线不能相交，当它通过有剖面线的区域时，不应与剖面线平行。必要时，指引线可以画成折线，但只允许曲折一次（图9-9d）。

3）对同一部位装配关系清楚的零件组或一组紧固件，可以采用公共指引线（图9-10）。

4）指引线、短横线及小圆圈均为细实线。

5）形状和规格相同的零件只标注一个序号，而且只标注一次。

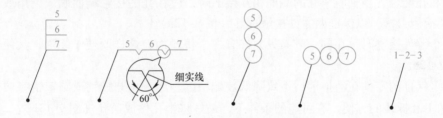

图9-10　零件组的编写形式

6）装配图中的序号，应按水平或垂直方向，并依顺时针或逆时针方向顺序整齐排列，以便于查找零件（图9-2）。

常用的序号编排方法有两种，一种是标准件和非标准件混合一起编排（图9-2），另一种是将一般零件按顺序编写后填入明细栏中，而将标准件直接在图上标注出其规格、数量和国家标准代号（图9-3）。

二、明细栏

明细栏是机器或部件中全部零件的详细目录，GB/T 10609.1—2008、GB/T 10609.2—2009 和 JB/T 5054.3—2000 分别规定了标题栏和明细栏的格式，推荐学生制图作业的明细栏采用图9-11所示的格式。

1）明细栏画在标题栏上方，并与标题栏相连，若图上位置不够时，可将其一部分移至标题栏左侧。明细栏内所有竖线均为粗实线，水平线为细实线（图9-3）。

2）明细栏中的零件序号应自下而上依次填写，当遇漏编或需要增加零件时，便于添加内容。同时，上边框线也画成细实线。

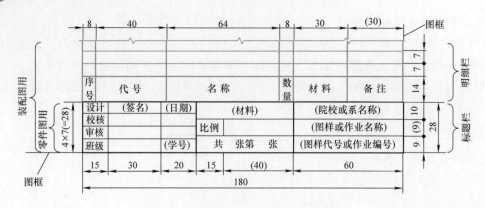

图 9-11 推荐学生用的标题栏、明细栏

3）对于标准件，在"备注"栏内填写国家标准代号，在"名称"栏内填写其名称、代号，如螺母 M12、双头螺柱 AM12×30（图 9-2）。

<h2>第五节 装配工艺结构</h2>

为了保证机器或部件能顺利装配，在设计和绘制装配图的过程中，应该考虑到装配结构的合理性，这样，不仅可以保证机器和部件的性能要求，而且便于零件的加工和拆装。

一、接触面或配合面的结构

1）轴和孔配合，当轴肩与孔的端面相互接触时，应在孔的接触端面制成倒角或在轴肩处制成倒圆或退刀槽，以保证两零件接触良好（图 9-12a）。

2）两个零件接触时，在同一方向只允许有一个接触面，这样既便于装配，又便于加工制造（图 9-12c）。

3）为了保证两零件在装拆前后不致降低装配精度，通常用圆柱销或圆锥销将两零件定位。为了加工和拆装的方便，在可能的条件下，最好将销孔做成通孔（图 9-13b）。

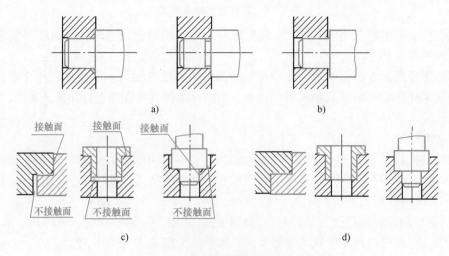

图 9-12 常见接触面及配合面结构

a)、c) 正确 b)、d) 错误

二、螺纹联接的合理结构

为了保证螺纹旋紧，应在螺纹尾部留出退刀槽或在螺孔端部加工出凹坑或倒角（图9-14）。

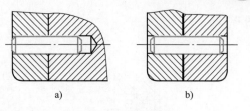

图9-13 销定位结构

为了保证联接件与被联接件间的良好接触，被联接件上应做成沉孔或凸台。为了便于装配，被联接件通孔的直径应大于螺纹大径或螺杆直径（图9-15）。

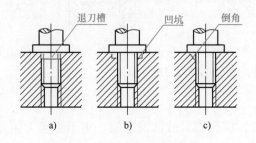

图9-14 利于螺纹旋紧的结构

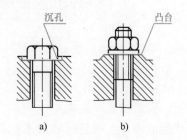

图9-15 保证良好接触的结构

三、螺纹紧固件的防松结构

机器在运转过程中由于受振动或冲击，螺纹紧固件可能会发生松动或脱落，这不仅妨碍机器正常工作，有时甚至会造成严重事故，因此，需加防松装置。常用的防松装置有：双螺母、弹簧垫圈、止退垫圈、开口销等（图9-16）。

四、滚动轴承轴向固定的合理结构

为了防止滚动轴承产生轴向窜动，必须采用一定的结构来固定其内、外圈。常用的轴向固定结构形式有：轴肩、台肩、弹性挡圈、端盖凸缘、圆螺母和止退垫圈、轴端挡圈等

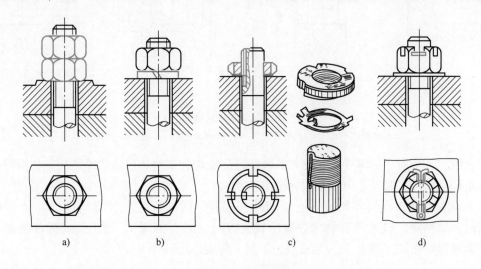

图9-16 防松结构

a）用两个螺母防松　b）用弹簧垫圈防松　c）用止退垫圈防松　d）用开口销防松

（图 9-17）。

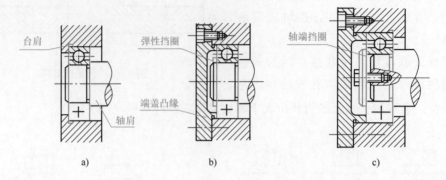

台肩　弹性挡圈　轴端挡圈
端盖凸缘
轴肩

a) b) c)

图 9-17　滚动轴承内、外圈的轴向固定

五、密封或防漏结构

机器或部件上的旋转轴或滑动杆的伸出处，应有密封或防漏装置，用于阻止工作介质（液体或气体）沿轴杆泄（渗）漏，并防止外界的灰尘杂质侵入机器内部。

（1）滚动轴承的密封　为了防止外部的杂质和水分进入轴承以及轴承润滑剂渗漏，滚动轴承应进行密封。常用的密封方式如图 9-18 所示。

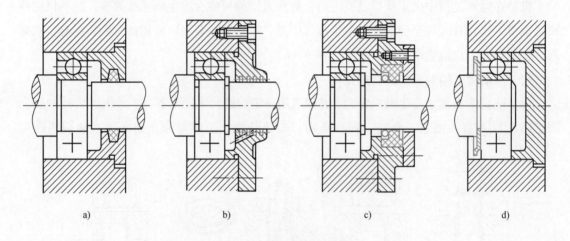

a) b) c) d)

图 9-18　滚动轴承的密封
a）毡圈式密封　b）沟槽式密封　c）皮碗式密封　d）挡片式密封

各种密封方法所用的零件，如皮碗和毡圈已标准化，某些相应的局部结构如毡圈槽、油沟等也是标准结构，其尺寸可从有关标准中查取。

（2）防漏结构　在机器的旋转或滑动杆（阀杆、活塞杆等）伸出阀体（箱体）的地方，做成一填料箱，填入具有特殊性质的软性材料（如石棉绳），用压盖或螺母将填料压紧，使填料紧贴在轴（杆）上，起密封、防漏、防尘作用（图 9-19）。

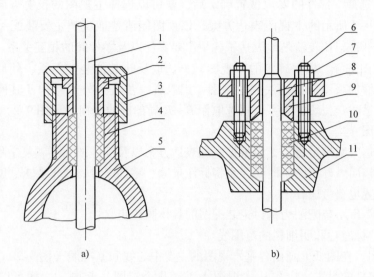

图9-19 防漏结构

a）阀体密封结构 b）缸体密封结构

1—阀杆 2、9—压套 3—螺套 4、10—填料 5—阀体 6—螺柱 7—螺母 8—活塞 11—缸体

第六节 画装配图

机器或部件是由一定数量的零件组成，根据机器或部件所属的零件图，就可以拼画出装配图。现以图9-1所示球阀为例，说明由零件图画装配图的方法步骤。

一、了解部件的装配关系和工作原理

对照部件的实体或装配示意图（有关内容参见本章第八节）进行仔细的观察分析，了解部件的工作原理和装配关系。

（1）球阀的用途 球阀安装于管道中，用以启闭和调节流体流量。

（2）装配关系 带有方形凸缘的阀体1和阀盖2是用四个双头螺柱6和螺母7联接的，在它们的轴向接触处加了调整垫5，用以调节阀芯4与密封圈3之间的松紧程度。阀杆12下部的凸块与阀芯4上的凹槽榫接，其上部的四棱柱结构套进扳手13的方孔内。为了密封，在阀体与阀杆之间加入填料垫8和填料9、10。为防止填料松动而达不到良好的密封效果，旋入填料压紧套11。

（3）工作原理 图9-2所示的位置（阀芯通孔与阀体和阀盖孔对中）为阀门全部开启的位置，此时管道畅通。当顺时针方向转动扳手时，由扳手带动与阀芯榫接的阀杆，使阀芯转动，阀芯的孔与阀体和阀盖上的孔产生偏离，从而实现了流量的调节。当扳手旋转到90°时，则阀门全部关闭，管道断流。

二、视图选择

根据对部件的分析，即可确定合适的表达方案。

（1）球阀的安放 球阀的工作位置情况多变，但一般是将其通路安放成水平位置。

（2）主视图选择　部件的安放位置确定后，就可以选择主视图的投射方向了。经过分析对比，选择图9-2所示的主视图表达方案，该视图能清楚地反映主要装配关系和工作原理，结合适当的剖视，比较清晰地表达了各个主要零件以及零件间的相互关系。

（3）其他视图选择　根据确定的主视图，再选取反映其他装配关系、外形及局部结构的视图，为此再增加采用拆卸画法的左视图，用以进一步表达外形结构及其他一些装配关系。为了反映扳手与定位块的关系，再选取作 B—B 局部剖的俯视图（图9-2）。

三、画装配图

在部件的表达方案确定之后，应根据视图表达方案以及部件的大小和复杂程度，选取适当的比例和图纸幅面。确定图幅时要注意将标注尺寸、零件序号、技术要求、明细栏和标题栏等所需占用位置也要考虑在内。

下面以图9-2所示装配图为例讨论装配图的具体画图步骤：

1）画边框、标题栏和明细栏的范围线。

2）布置视图。在图纸上画出各基本视图的主要中心线和基准线（图9-20a）。

3）画主要零件的投影。应先从主视图入手，几个视图一起画，这样可以提高绘图速度，减小作图误差（图9-20b）。画剖视图时，尽量从主要轴线开始，围绕装配干线由里向

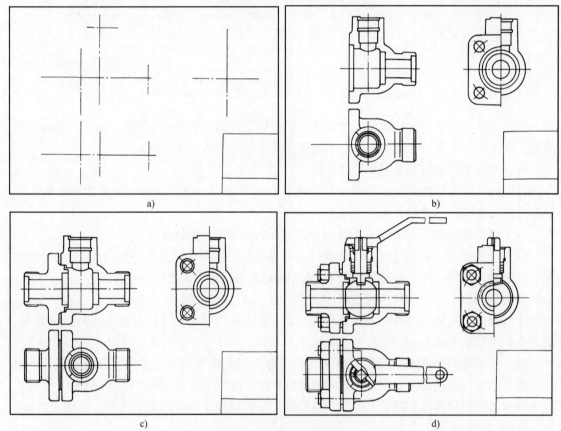

a)　　　　　　　　　b)

c)　　　　　　　　　d)

图9-20　画装配图的方法步骤

a）画出各视图的主要轴线、对称中心线及基准线　b）先画主要零件的轮廓线，三个视图要联系起来画
c）根据阀盖和阀体的相对位置画出三视图　d）画出其他零件，再画出扳手的极限位置（图中位置不够未画）

外画出各零件。

4）画其余零件。按装配关系及零件间的相对位置将其他零件逐个画出（图9-20d）。

5）检查、描深、画剖面线。底稿画完后，要检查校核，擦去多余图线，进行图线描深，在断面上画剖面线（注意按规定的画法画出）、画尺寸界线、尺寸线和箭头。

6）注写尺寸数字，编写零件序号，填写标题栏和明细栏，编写技术要求。

7）校核，完成全图（图9-2）。

第七节　装配图的读图及由装配图拆画零件图

在从机器或部件的设计、制造、装配、检验和维修工作到进行技术创新、技术交流的过程中，都需要用到装配图，用其来了解设计者的意图、机器或部件的用途、装配关系、相互作用、拆装顺序以及正确的操作方法等。因此，工程技术人员必须具备熟练阅读装配图以及综合分析问题、解决问题的能力。

一、读装配图

下面以图9-21所示的齿轮泵为例说明读图的方法与步骤：

1. 概括了解

从标题栏了解部件的名称，从明细栏了解零件名称和数量、材料、标准件的规格、代号等，并在视图中找出相应零件的所在位置，大致阅读一下所有视图、尺寸和技术要求等，以便对部件的整体情况有一概括了解，为下一步工作打下基础。在可能的条件下，可参考产品说明书等资料，从中了解部件的用途、性能和工作原理等信息。

从图9-21所示的装配图中可以看出，齿轮泵由17种零件组成，其中标准件7种。

齿轮泵的工作原理如图9-22所示。当主动齿轮作逆时针方向旋转时，带动从动齿轮作顺时针方向旋转，齿轮啮合区内右侧两齿轮的齿退出啮合，空间增大，压力降低而产生局部真空，油箱内的油在大气压力作用下，由入口进入齿轮泵的低压区。随着齿轮的旋转，齿槽中的油不断沿箭头方向送至左边，由于该区压力不断增高，从而将油从此处压出，送到机器中各润滑部位。

2. 分析视图，了解装配关系和传动路线

齿轮泵的装配图（图9-21）用两个基本视图表达。主视图采用了全剖视图，表达了组成齿轮泵各个零件间的装配关系。泵体内腔容纳一对起吸油和压油作用的齿轮，而两齿轮又分别是与齿轮轴做成一体的。齿轮装入后，两侧有左端盖1、右端盖7支承这一对齿轮轴的旋转运动。左右两端盖与泵体的定位是由销4来实现的，并通过螺钉15进行联接。为了防止泵体6与泵端盖1、7的结合面处以及传动齿轮轴3伸出端的泄漏，分别采用了垫片5及密封圈8、轴套9和压紧螺母10进行密封。

齿轮泵的动力是由传动齿轮11传递过来的。当传动齿轮11按逆时针方向转动时，通过键14将转矩传递给传动齿轮轴3（主动齿轮），经过齿轮啮合带动齿轮轴2（从动齿轮）作顺时针方向转动。为了防止传动齿轮沿轴向滑出，在轴端用弹簧垫圈12和螺母13定位。

左视图采用了沿结合面的剖切画法，从图中可以清楚地分析出其工作原理。同时，在该视图上还反映了左端盖1、泵体6的结构形状，所采用的局部剖视图则反映了油口的内部结构形状。左视图还反映了螺钉15和销4的分布情况。

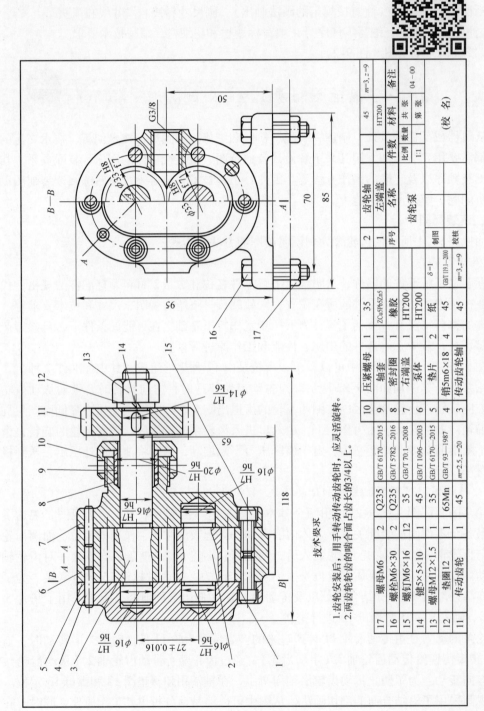

技术要求

1.齿轮安装后，用手转动传动齿轮时，应灵活旋转。
2.两齿轮轮齿的啮合面占齿长的3/4以上。

17	螺母M6	2	Q235	GB/T 6170—2015						
16	螺栓M6×30	2	Q235	GB/T 5782—2016						
15	销钉M6×16	12	35	GB/T 70.1—2008						
14	键5×5×10	1	45	GB/T 1096—2003						
13	螺母M12×1.5	1	35	GB/T 6170—2015						
12	垫圈12	1	65Mn	GB/T 93—1987						
11	传动齿轮	1	45	$m=2.5, z=20$						
10	压紧螺母	1	35							
9	轴套	1	ZCuSPbSZn5							
8	密封圈	1	橡胶							
7	右端盖	1	HT200							
6	泵体	1	HT200							
5	垫片	2	纸							
4	销5m6×18	4	45	GB/T 1191—2000						
3	传动齿轮轴	1	45	$m=3, z=9$						
2	齿轮轴	1	45	$m=3, z=9$						
1	左端盖	1	HT200							
序号	名称	件数	材料	备注						

			比例	共 张
齿轮泵			1:1	第 张
制图				04—00
校核				（校 名）

图9-21 齿轮泵装配图

$\delta=1$

3. 分析尺寸及技术要求

装配图上标注的尺寸包括性能与规格、配合、安装、总体和其他重要尺寸，通过对这些尺寸的标注及技术要求的分析，可以进一步了解装配关系和工作原理：

1）齿轮轴的齿顶圆与泵体内腔的配合尺寸为 $\phi 33H8/f7$，这是基孔制间隙配合。

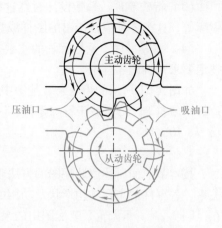

图 9-22　齿轮泵的工作原理

2）齿轮轴与端盖在支承处的配合尺寸为 $\phi 16H7/h6$，这是基孔（或基轴）制的间隙配合。

3）轴套与右端盖的配合尺寸为 $\phi 20H7/h6$，是基孔（或基轴）制的间隙配合。

4）传动齿轮与所带动的传动齿轮轴一起转动，两者之间除了有键联结外，还定出了相应的配合，其配合尺寸为 $\phi 14H7/k6$，是基孔制优先的过渡配合。

以上配合的有关公差和偏差均可根据配合代号由附录T、附录U和附录V查得，请读者自行练习。吸、压油口的尺寸 G3/8 和两个螺栓 16 之间的尺寸 70mm 是安装尺寸。给出这两个尺寸的目的是便于在齿轮泵安装之前准备好与之对接的管线和做好安装的基座。

尺寸 118mm、95mm、85mm 是齿轮泵的总体尺寸。

尺寸（27±0.016）mm 是两齿轮的中心距，这是一个重要尺寸。中心距尺寸的准确与否将会对齿轮的啮合产生很大的影响。而尺寸 65mm 是传动齿轮轴线离泵体安装底面的高度尺寸，也是一个重要尺寸。

4. 归纳总结想整体

在对机器或部件的工作原理、装配关系和各零件的结构形状进行了分析，又对尺寸和技术要求进行了分析研究后，就了解了机器或部件的设计意图和拆装顺序。在此基础上，开始对所有的分析进行归纳总结，最终便可想象出一个完整的装配体形状（图 9-23），从而完成看装配图的全过程，并为拆画零件图打下基础。

二、由装配图拆画零件图

在设计过程中，一般先画出装配图，然后根据装配图拆画零件图，这一环节称为拆图。由装配图拆画零件图是设计过程的重要环节，必须在全面看懂装配图的基础上，按照零件图的内容和要求拆画零件图。下面介绍拆画零件图的一般方法步骤：

1. 零件分类

拆画零件图前，要对机器或部件中的零件进行分类处理，以明确拆画对象。

图 9-23　齿轮泵

（1）标准件　标准件一般由标准件厂加工，故只需列出总表，填写标准件的规定标记、材料及数量即可，不需拆画其零件图。

（2）借用零件　系指借用定型产品中的零件，可利用已有的零件图而不必另行拆画零件图。

（3）特殊零件 系指设计时经过特殊考虑和计算所确定的重要零件，如汽轮机的叶片、喷嘴等。这类零件应按给出的图样或数据资料拆画零件图。

（4）一般零件 系指拆画的主要对象，应按照在装配图中所表达的形状、大小和有关技术要求来拆画零件图。

如图9-21所示的齿轮泵装配图中有七种标准件（零件4、12~17），两种为密封圈和垫片等（零件8、5），属于特殊零件，因此需要拆画的只有八种一般零件（零件1、2、3、6、7、9、10、11）。

2. 分离零件

按本节前面所述读装配图的方法步骤看懂装配图，在弄清机器或部件的工作原理、装配关系、各零件的主要结构形状及功用的基础上，将所要拆画的零件从装配图中分离出来。现在以图9-21所示齿轮泵装配图中的泵体6为例，说明分离零件的方法。

（1）利用序号指引线 在主视图中，从序号6的指引线起点，可找到泵体的位置和大致轮廓范围。

（2）利用剖面线方向、间隔、配合代号 从主视图上可以看出，泵体6两边的剖面线方向，左边相反的为左端盖，右边方向虽相同，但间隔不同且又错开，因此是右端盖，这样就确定了泵体的位置。借助齿轮轴的剖面线方向和齿轮的啮合关系，再借助左视图上的配合代号 $\phi33H8/f7$，就可以大致确定泵体的形状，并对其位置作进一步的确定。

（3）利用投影关系和形体分析法 在主视图上只能确定泵体的位置，不能很好地反映其形状。左视图采用沿结合面剖切画法，并增加了局部剖视，不仅反映了泵体的外形，而且反映了油孔的内部结构。

综合上述方法和分析过程，便可完整地想象出泵体的轮廓形状和其上六个螺孔、两个销孔的形状和相对位置，这样就可以将泵体从装配图中分离出来。同样的方法可将其他零件从装配图中分离出来。

3. 确定零件的表达方案

装配图的表达方案是从整个机器或部件的角度考虑的，重点是表达机器或部件的工作原理和装配关系。而零件的表达方案则是从对零件的设计和工艺要求出发，并根据零件的结构形状来确定的，零件图必须把零件的结构形状表达清楚。但零件在装配图中所体现的视图方案不一定适合零件的表达要求，因此，一般不宜照搬零件在装配图中的表达方案，应重新全面考虑。其方案的选择按四大类典型零件表达方法的原则进行。通常应注意以下几点：

（1）主视图选择 箱（壳）类零件主视图应与装配图（工作位置）一致；轴、套类零件应按工作位置或摆正后选择主视图。

（2）其他视图选择 根据零件的结构形状复杂程度和特点，选择适当的视图和表达方法。

（3）零件上未表示的结构的补画 由于装配图不侧重表达零件的结构形状，因此，某些零件的个别结构在装配中可能表达不清或未给出形状。另外，零件上的标准结构要素，如倒角、圆角、退刀槽、砂轮越程槽及起模斜度等，在装配图中允许省略不画。所以在拆画零件时，对这些在装配图中未表示或省略的结构，应结合设计和工艺要求，将其补画出来，以便满足零件图的要求。

下面介绍选择泵体的表达方案。因为泵体是箱（壳）类零件，根据前面所述，其主视图就选取它在装配图中的视图（图9-24），不需重新选取。增加一个画外形的左视图，在其上再加适当的局部剖视，反映进出油孔和螺孔的形状。为了表达底板及凹槽的形状，加 *B* 向视图。这样的表达方案对完整、清楚、简洁地表达泵体的结构形状是一个较好的方案。

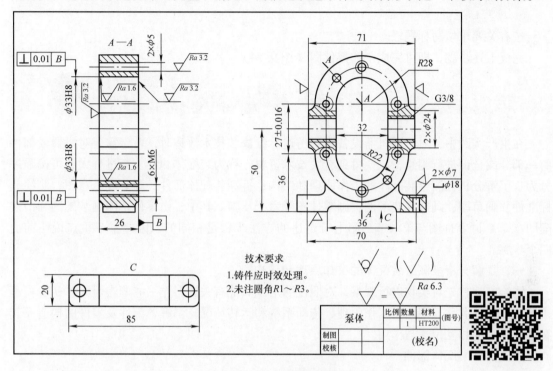

图 9-24　泵体零件图

4. 确定零件图上的尺寸

零件图上的尺寸，应按正确、完整、清晰、合理的要求进行标注。对拆画的零件图，其尺寸来源可以从以下几方面确定：

（1）抄注　凡是装配图上已注出的尺寸都是比较重要的尺寸，这些尺寸数值，甚至包括公差代号、偏差数值都可以直接抄注到相应的零件图上。例如，图 9-24 中，泵体左视图上的尺寸 G3/8 就是直接从齿轮泵装配图得到的。

（2）查取　零件上的一些标准结构（如倒角、圆角、退刀槽、砂轮越程槽、螺纹、销孔、键槽等）的尺寸数值，应从有关标准中查取核对后进行标注，如泵体上的销孔和螺孔尺寸均可以从明细栏内根据规定标记查得，例如螺钉 M6×16，销 5m6×18。

（3）计算　零件上的某些尺寸数值应根据装配图所给定的有关尺寸和参数，经过必要的计算或校核来确定，并不许圆整，如齿轮分度圆直径，可根据模数和齿数进行计算。

（4）量取　零件上需标注的大部分尺寸并未标注在装配图上，对这部分尺寸，应按装配图的绘制比例在装配图上直接量取后算出，并按标准系列适当圆整，使之尽量符合标准长度或标准直径的数值。图 9-24 上标注的大多数尺寸都是经过量取后换算而来的。

经过上述四方面工作，可以配齐拆画的零件图上的尺寸。标注尺寸时要恰当选择尺寸基准和标注形式，与相关零件的配合尺寸、相对位置尺寸应协调一致，避免发生矛盾，重要尺寸应准确无误。

5. 确定零件图上的技术要求

技术要求包括数字和文字两种，应根据零件的作用，在可能的条件下结合设计要求，查阅有关手册或参阅同类及相近产品的零件图来确定拆画零件图上的表面粗糙度、极限与配合、几何公差等技术要求。

6. 填写标题栏

按有关要求填写标题栏。

完成上述步骤，即可完成泵体零件图（图9-24）。

第八节 装配体测绘

在生产实践中，对原有机器设备进行仿造、维修和技术改造时，常常需要对机器或部件的一部分或全部进行测绘，以便得到有关技术资料，称为装配体测绘。其过程大致可按顺序分为：了解分析被测绘装配体的工作原理和结构；拆卸装配体部件；画装配示意图；测绘非标准件并画草图；画部件装配图；画零件图等六个步骤。其中，由零件草图画装配图和由装配图（草）画零件图与第六节、第七节讲述的方法步骤是相同的，因此本节重点说明前面四个步骤。

一、了解分析被测绘装配体的工作原理和结构

测绘前，首先对实物进行观察，对照说明书或其他有关资料作一些调查研究，初步了解机器或部件的名称、用途、工作原理、传动系统和运转情况，了解各部件及零件的构造及其在装配体中的相互位置与作用。

二、拆卸装配体部件

拆卸装配体部件时应注意以下几点：

（1）测量必要的数据 拆卸前应先测量一些必要的数据，如某些零件的相对位置尺寸、运动件极限位置尺寸等，以作为测绘中校核图样的参考。

（2）拆卸零件 制订拆卸顺序，对配合精度较高的部位或者过盈配合，应尽量少拆或不拆，以免降低精度或损坏零件。选用适当的拆卸工具和正确的拆卸方法，忌乱敲乱打和划伤零件。

（3）编号登记 为了避免零件的丢失和产生混乱，对拆下的零件要分类、分组，并对所有零件进行编号登记，挂上标签，有顺序地放置，防止碰伤、变形等，以便在再装配时仍能保证部件的性能要求。

拆卸的同时也是对零件的作用、结构特点和零件间的装配关系、配合性质加深认识的过程。

三、画装配示意图

装配示意图是指在拆卸过程中，通过目测，徒手用简单的线条示意性地画出部件或机器的图样，用它来记录、表达机器或部件的结构、装配关系、工作原理和传动路线等。装配示意图可供重新装配机器或部件和画装配图时参考。

装配示意图应按国家标准 GB/T 4460—2013 中所规定的符号绘制。图 9-25 所示为齿轮泵的装配示意图。

装配示意图可不对零件进行编号和列明细栏，但应以指引线方式说明零件的名称和个数，对标准件应注明国家标准代号（图9-25）。

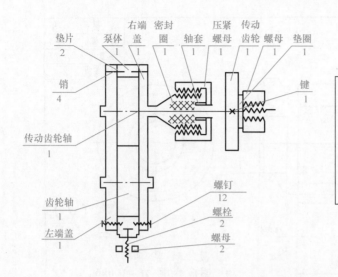

- 销GB/T 119.1 5m6×18
- 垫圈GB/T 93 12
- 螺母GB/T 6170 M12
- GB/T 1096 键5×5×10
- 螺钉GB/T 70.1 M6×16
- 螺栓GB/T 5782 M6×30
- 螺母GB/T 6170 M6

图 9-25 齿轮泵的装配示意图

四、测绘零件，画零件草图

零件的测绘是根据实际零件画出草图，测量出它的尺寸和确定技术要求，最后画出零件的工作图（只画出非标准件，测绘作图方法同第八章第九节）。零件草图是凭目测，根据大致比例，徒手绘制的图样，并非潦草之图。零件草图的内容及要求与零件工作图相同，是绘制装配图和零件图的依据。因此，测绘装配体零件草图时，应做到正确、清晰、完整地表达零件结构，并且图面整洁、线型分明、尺寸齐全，还应注明零件的序号、名称、数量、材料及技术要求等。图 9-23 所示齿轮泵的非标准件草图如图 9-26 ~ 图 9-30 所示。

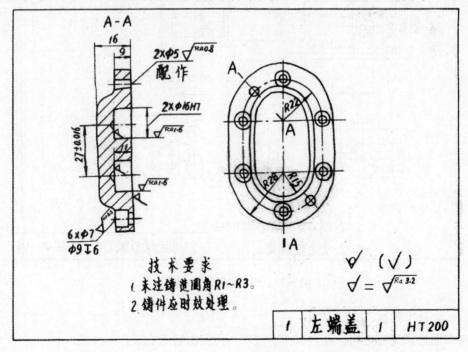

图 9-26 左端盖的草图

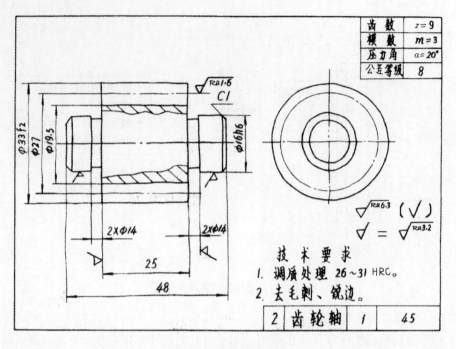

图 9-27 齿轮轴的草图

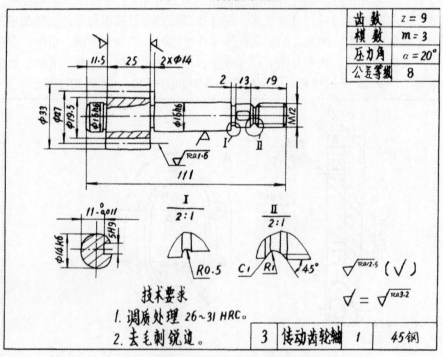

图 9-28 传动齿轮轴的草图

五、画零件工作图

零件草图绘制完成之后，经过校核、整理，再依次绘制成零件工作图。

（1）校核零件草图 核校的内容是：

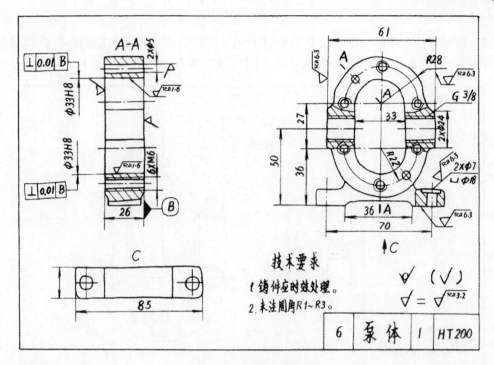

图 9-29 泵体的草图

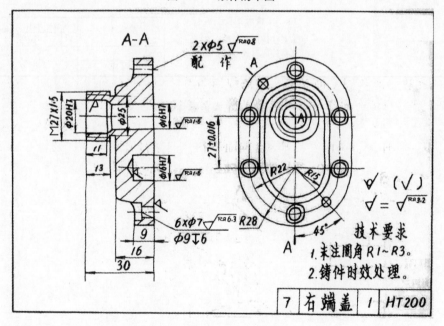

图 9-30 右端盖的草图

1）表达方案是否正确、完整、清晰。

2）尺寸标注是否做到了正确、完整、清晰和合理。

3）技术要求的确定是否满足零件的性能和使用要求，且经济上较为合理。

校核后，该修改的修改，该补充的补充，确定没有问题之后，就可根据零件草图绘制零件工作图。

（2）绘制零件工作图　由测绘草图绘制零件工作图的方法步骤与绘制零件草图是相同的。图 9-31 所示是根据测绘的左端盖草图（图 9-26）绘制的零件图。

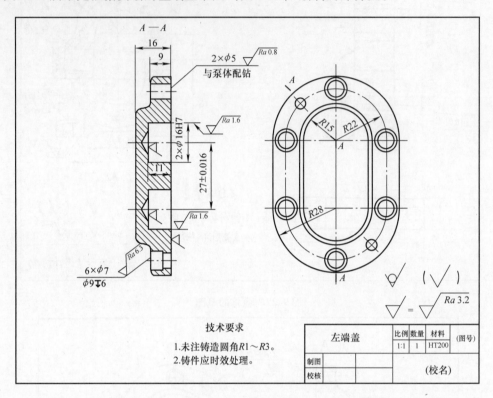

技术要求

1.未注铸造圆角 $R1\sim R3$。

2.铸件应时效处理。

左端盖		比例	数量	材料	（图号）
		1:1	1	HT200	
制图					
校核				（校名）	

图 9-31　左端盖零件图

第十章
CHAPTER 10

其他工程图样

除了前面章节所讨论的图样外，工程上还使用很多图样，本章主要介绍第三角画法、展开图和焊接图的有关画法和规定。

第一节　第三角画法简介

目前，虽然世界上各国都采用正投影原理表达机件，但欧洲国家（如英国、德国和俄国等）以及中国均采用第一角画法，而美国、日本、我国台湾等国家和地区则采用第三角画法。为了更好地进行国际间的工程技术交流，我们应对第三角画法有所了解，以便能阅读一些国外的图样和技术资料。现对第三角画法作一简要介绍。

一、第三角画法与第一角画法的区别

用水平和铅垂的两投影面将空间分成的四个区域称为分角，并按顺序编号（图10-1）。所谓第一角画法，就是把机件放在第一分角内，并使其处于观察者与投影面之间（即保持人—物—投影面的相互位置关系）而得到的多面正投影。第一角画法视图展开后如图6-2和图6-3所示。而第三角画法则是把机件放在第三分角内，并使投影面处于观察者与物体之间（即保持人—投影面—物的相互位置关系）而得到的多面正投影。

二、第三角画法

1. 三视图的形成与投影面的展开

（1）三视图的形成（图10-2a）　从前向后投射，在 V 面上所得到的视图，称为主视图；从上向下投射，在 H 面上所得到的视图，称为俯视图；从右向左投射，在 W 面上所得到的视图，称为右视图。

（2）投影面的展开　V 面保持不动，将 H 面向上旋转，W 面向右（前）旋转，使 H、W 面与 V 面展开成一个平面，即得到第三角画法的三视图（图10-2b）。

2. 三视图之间的"三等"投影关系与方位关系

（1）"三等"关系　主视图、俯视图长对正；主视图、右视图高平齐；俯视图、右视图宽相等。

（2）方位关系　由于第三角画法的投影面处于物体与观察者之间，因此在俯视图、右视图中靠近主视图的一侧表示物体的前面，远离主视图的一侧表示物体的后面。这与第一角

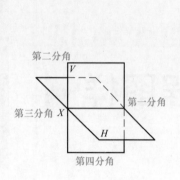

图 10-1 分角

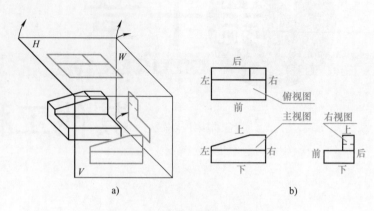

图 10-2 第三角画法及三视图

的画法恰恰相反。

3. 基本视图

按第三角画法得到的六个基本视图分别为：以主视图为基准，俯视图配置在主视图上方，左视图配置在主视图的左方，右视图配置在主视图的右方，仰视图配置在主视图的下方，后视图配置在主视图的右方（图 10-3）。

投影面的展开方法是：V 面保持不动，其余投影面按图 10-3a 箭头所指方向展开成一个平面。展开后各视图的配置关系如图 10-3b 所示。在同一张图纸上，按图 10-3b 所示配置视图时，一律不注写名称。

4. 第三角画法和第一角画法的标记

在 ISO 国际标准中，第三角画法称为 A 法，规定用图 10-4a 所示的识别符号表示，识别符号画在标题栏附近。第一角画法称为 E 法，规定用图 10-4b 所示的识别符号表示。采用第一角画法时，一般不画出其识别符号。

5. 举例

图 10-5a 所示为用第三角画法绘

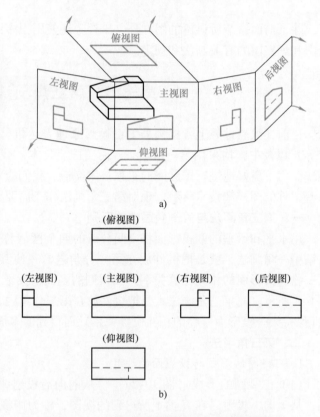

图 10-3 采用第三角画法的六个基本视图

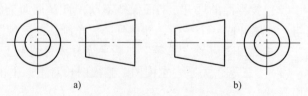

图 10-4 第三角画法和第一角画法的识别符号

a）第三角画法 b）第一角画法

制的机件的主视图、俯视图和右视图。根据投影规律及读图方法，不难想象出该机件的形状（图10-5b）。

为了帮助读者对第三角投影理解的加深和掌握第三角投影关系，图10-6给出了组合体第三角投影的三视图，供读者学习参考之用。

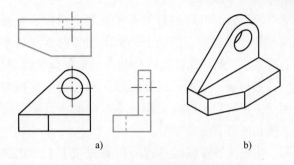

图 10-5   机件的第三角画法

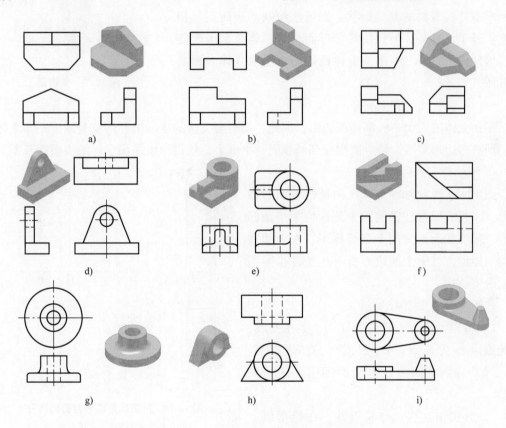

图 10-6   组合体第三角投影的三视图

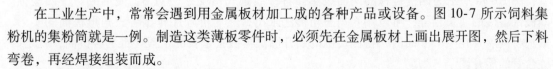

第二节 展 开 图

在工业生产中，常常会遇到用金属板材加工成的各种产品或设备。图10-7所示饲料集粉机的集粉筒就是一例。制造这类薄板零件时，必须先在金属板材上画出展开图，然后下料弯卷，再经焊接组装而成。

将立体表面按其实际形状依次摊平在同一平面上，称为立体表面展开。展开后所得的图形称为展开图。

立体表面分为可展表面与不可展表面两种。平面立体的表面都是可展表面，曲面中，如果相邻两素线是平行或相交的两直线，则该曲面为可展曲面（如柱面、锥面）。有些曲面（如球面、环面、螺旋面等）只能近似地摊平在一个平面上，则称为不可展曲面。不可展曲面只能用近似展开的方法画出其表面展开图。

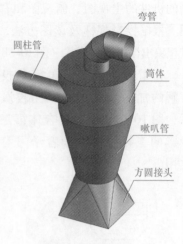

图10-7　集粉筒

画立体表面展开图的过程一般是先按1∶1的比例画出制件的投影图，然后根据投影图画出表面展开图，其实质就是求制件各表面的真实形状。图解法绘制的表面实形精确度虽低于计算法，但比较简便，而且基本能满足生产要求，因此应用较广。本节着重讨论用图解法求立体表面的展开图。

一、平面立体的表面展开

平面立体的表面一般都是多边形，因此，画平面立体的表面展开图就是画出平面立体表面的所有多边形实形，然后依次排列画在同一平面上，就得到该平面立体的表面展开图。

1. 棱柱的表面展开

图10-8a所示为斜切口直四棱柱管的两面投影。组成该四棱柱管的四个侧面均为平面四边形，前面和后面为两个全等梯形，左面和右面均为矩形，且4个四边形所有边长在投影图上反映实长。

作图步骤（图10-8b）：

1）将矩形各底边实长展开为一条水平线，依此截取各点 E、F、G、H、E，使 EF、FG、GH、HE 分别为四棱柱管底面四边形的边长实长。

2）分别由这些点作铅垂线，在铅垂线上量取各棱线的实长，即得对应端点 A、B、C、D、A。

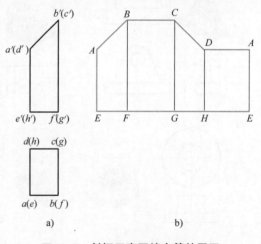

图10-8　斜切口直四棱台管的展开
a）两面投影　b）展开图

3）用直线依次连接各点，即得斜切口直四棱柱管的展开图。

2. 棱锥的表面展开

图10-9a所示为四棱台管的两面投影。各棱线延长后交于一点 S，便形成一个四棱锥。四棱锥各棱的实长相等，可以用直角三角形法求出，然后可顺序作出各三角形棱面的实形，依次将其展开在一个平面内，得四棱锥的展开图。再截去延长的上段棱锥的各棱面，就是四棱台管的展开图了。

作图步骤：

1）用直角三角形法求棱线实长。以四棱锥的高 H 为一直角边，水平投影 sa 为另一直角

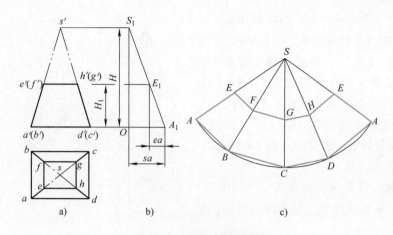

图 10-9　四棱台管的展开

a）两面投影　b）求实长　c）展开图

边，S_1A_1 即为四棱锥棱线的实长，再过 e' 作平行于 OX 轴的直线交 S_1A_1 于 E_1，则 E_1A_1 即为四棱台棱线的实长（图 10-9b）。

2）作四棱锥的展开图。以 S 为圆心，以 S_1A_1 为半径画圆弧，在圆弧上依次截取 $AB = ab$、$BC = bc$、$CD = cd$、$DA = da$，并依次连接 SA、SB、SC、SD、SA（图 10-9c）。

3）在 SA 上截取 E 点，使 $EA = E_1A_1$，再过 E 点依次做底边的平行线得 F、G、H、E 点，即得四棱台管的表面展开图。

二、可展曲面的表面展开

凡以直线为母线，且相邻两素线为平行二直线或相交二直线的曲面均为可展曲面。圆柱面和圆锥面是最常见的可展曲面。

1. 圆柱面的展开

图 10-10 所示为斜口圆柱管的表面展开图。

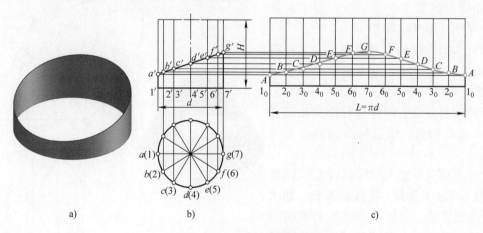

图 10-10　斜口圆柱管的表面展开

a）轴测图　b）两面投影　c）展开图

作图步骤：

1）将 H 面投影圆周分为 12 等分，分别作出各分点的 V 面投影，并在斜口各分点处作素

线的实长 $1'a'$、$2'b'$、…、$7'g'$（图 10-10b）。

2）将底圆周长展成直线 L（$L = \pi d$），在 L 上量取点 1_0、2_0、…，两分点间长度等于圆周各分点的长度（弦长代替弧长）。由点 1_0、2_0、…作平行于 Z 轴的素线实长 1_0A、2_0B、…。

3）依次光滑连接点 A、B、C…，即得所求的斜口圆柱管的表面展开图（图 10-10c）。

2. 圆锥表面的展开

（1）平截口正圆锥管的展开（图 10-11）

圆锥表面（未被截口时）展开图是扇形。作图步骤：

1）作圆锥的 12 条等分素线，将圆锥看成 12 棱锥（图 10-11a）。

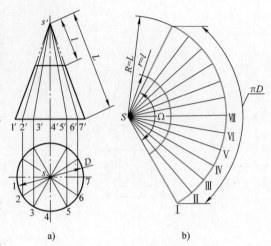

图 10-11 平截口正圆锥管的展开
a）两面投影 b）展开图

2）作半径 R 等于圆锥母线实长 L 的圆弧，在此圆弧上依次截取弦长 $\overline{\text{I}\text{II}}$、$\overline{\text{II}\text{III}}$、$\overline{\text{III}\text{IV}}$、…，使其分别与底圆弦长 $\overline{12}$、$\overline{23}$、$\overline{34}$、…相等，量取 12 次即可完成圆锥表面（未被截口时）的展开图。

3）重复上述步骤并减去上面延伸的部分，即得平截口正圆锥管的展开图（图 10-11b）。

也可以用计算法作圆锥的表面展开图，展开图扇形半径 R 为正圆锥素线的实长 L，圆心角 $\Omega = \dfrac{360° \cdot \pi D}{2\pi L} = 180° \dfrac{D}{L}$。

（2）斜口圆锥管的展开（图 10-12）

作图步骤：

1）先画出完整的圆锥表面展开图，并作出等分素线 $1S$、$2S$、…，图中共分为 12 等分（图 10-12b）。

2）求出斜口圆锥管表面最左、最右素线实长 $1'a'$、$7'g'$，并准确移至扇形展开图上。

3）把斜截口上的各点看作为相互平行的正截口的点，而正截圆锥的各素线相等。

4）利用投影面平行线反映实长的特点，便可求出被截掉各素线的实长。如求 SC 素线的实长，只要从该素线的正面投影 $3's'$ 和截面交点 c' 作水平线，使之交转向轮廓线正面投影 $1's'$ 于点 c_1'，则从锥顶 s' 到该点 c_1' 的长度即为所求被截去素线实长。以 s' 为圆心，以 $s'c_1'$ 为半径画弧，与

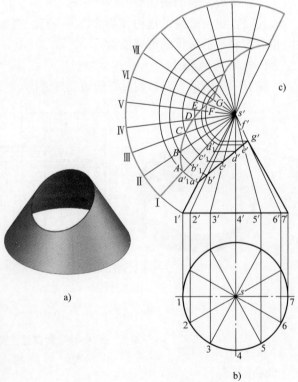

图 10-12 斜口圆锥管的展开

s'Ⅲ相交，得点 C。依次类推，便可求出其余素线截去部分的实长。

5）用光滑曲线依次连接各端点 A、B、…，即得所求斜截口的展开曲线，并完成斜口圆锥管的展开图（图 10-12c）。

3. 方圆接头的展开

图 10-13a 所示为锻造加热炉用的烟罩。上部是圆管，下部是方管，中间部分为连接圆管与方管（俗称"天圆地方"）的变形接头。变形接头可以看作由四个等腰三角形和四个相同的斜圆锥面所组成。其中，已知等腰三角形的底边长度 AB，两腰为一般位置直线；只要求出两腰的实长，就可得到三角形的实形。对于斜圆锥面，可以看作由若干个三角形组成，这些三角形的一边是用一段圆上的弦长来代替弧长，另两边是一般位置直线的素线，须求出其实长。

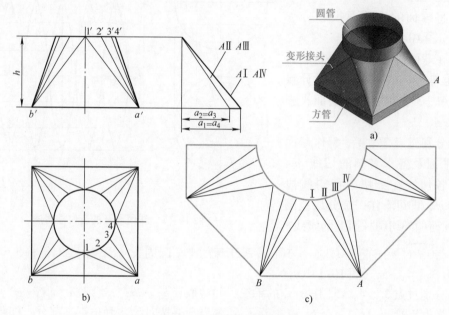

图 10-13　方圆接头的展开

作图步骤：

1）求 AⅠ实长。在水平面投影上（图 10-13b），将其中一个斜锥面（ⅠAⅣ）分成若干个三角形，即将 $\overparen{ⅠⅣ}$ 分成三等份，可得 3 个小三角形 $\triangle A$ⅠⅡ、$\triangle A$ⅡⅢ、$\triangle A$ⅢⅣ。

2）求斜圆锥面上的素线实长。用直角三角形法求出 AⅠ、AⅡ、AⅢ、AⅣ各素线的实长，其中 AⅠ$=A$Ⅳ，AⅡ$=A$Ⅲ。

3）考虑制造工艺要求，以后面等腰三角形的中垂线为接缝展开，则前面的等腰三角形为展开图的对称中心，作出 $AB=ab$。

4）分别以 A、B 为圆心，AⅠ为半径画弧交于Ⅰ点，得 $\triangle A$ⅠB。再分别以 A 和Ⅰ为圆心，以 AⅡ和 12 弧长为半径画弧交于Ⅱ点，得 $\triangle A$ⅠⅡ。同理可依此作出其他各三角形。

5）将Ⅰ、Ⅱ、Ⅲ、Ⅳ各点光滑连成曲线，即可得一等腰三角形和一局部斜锥面的展开图。用同样的方法依次作出其余三角形和斜锥面的展开图，即可完成"方圆接头"的展开图（图 10-13c）。

三、不可展曲面的展开

对于不可展曲面，只能采用近似展开法将其展开。作图时，可假想把不可展曲面划分为若干小部分，使每一小部分接近于可展曲面（平面、柱面或锥面），然后按可展曲面将其近似地展开。

球面属于不可展开面，在工程上通常采用近似柱面展开法将其展开。即通过球的铅垂轴线，作若干铅垂截平面，把球面截切成若干等分，把每一等分近似当作圆柱面。因为相邻两个截平面截出的一部分圆柱面可近似地看作为一个等分球面，则作出这块圆柱面的柳叶状展开图，就可近似地作为这块等分球面的展开图（图 10-14）。

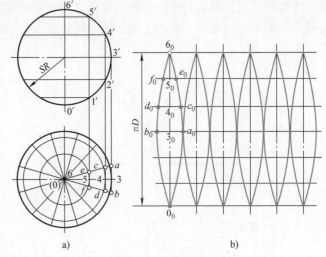

作图步骤：

1）将球面的水平面投影分为 12 等分（图 10-14a）。

2）在球面的正面投影上将圆弧的一半也等分，如六等分，得分点 $6'$、$5'$、$4'$、$3'$，对应的水平面投影为 6、5、4、3。

3）分别过点 $3'$、$4'$、$5'$ 作球面上的水平圆及各水平圆的切线 ab、cd、ef。各切线在分块内截得线段 ab、cd、ef，即可看作一个分块范围内代替球面的外切圆柱面上的素线。

图 10-14　球面展开的近似柱面法

4）将 $\overset{\frown}{0'3'6'}$ 展成直线 $0_0 3_0 6_0$，其长度等于球的半个圆周长 πR，中点 3_0，将 $3_0 6_0$ 三等分得分点为 3_0、4_0、5_0（图 10-14b）。

5）分别过点 3_0、4_0、5_0 作 $0_0 6_0$ 的垂线，并截取 $a_0 b_0 = ab$，$c_0 d_0 = cd$，$e_0 f_0 = ef$。

6）光滑连接 a_0、c_0、e_0、6_0 和 $6_0 f_0 d_0 b_0$ 各点，并按对称法画出下半部分，即得到球面一个分块的近似展开图（柳叶状）。

7）以此方法画出其余五块的展开图，即得 1/2 球面的近似展开图（图 10-14b）。若画出 12 片柳叶状的分块展开图，则为整个球面的展开图。

第三节　焊　接　图

所谓焊接，是指将工件连接处局部加热熔化或加热加压熔化，用或者不用填充材料，使零件连接处熔合为一体的一种连接方法。焊接为不可拆连接，广泛用于机械、电子、造船、化工、建筑等行业。常用的焊接方法有：焊条电弧焊、气焊、氩弧焊等。

焊接图是表示焊接件的结构和焊接加工要求的一种图样，国家标准（GB/T 324—2008、GB/T 985.1—2008、GB/T 985.2—2008、GB/T 12212—2012）规定了焊缝的画法、符号、尺寸标注方法和焊接方法的表示代号。本节主要介绍常见的焊缝符号及其标注方法。

一、焊缝的图示法和代号标注

焊接零件时，常见的焊接接头有：对接接头、搭接接头、T 形接头和角接接头等。

工件经焊接后所形成的接缝称为焊缝,其主要形式有对接焊缝、点焊缝和角焊缝等（图 10-15）。常用焊缝的基本符号、图示法及标注方法示例见表 10-1。

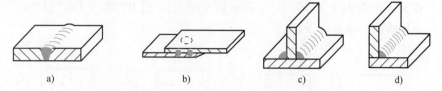

图 10-15 **常见焊接接头和焊缝型式**

a）对接接头、对接焊缝 b）搭接接头、点焊缝 c）T 型接头、角焊缝 d）角接接头、角焊缝

表 10-1 常用焊缝的基本符号、图示法及标注方法示例（摘自 GB/T 324—2008）

名称	符号	示 意 图	图 示 法	标 注 法
I 形焊缝	‖			
V 形焊缝	V			
单边 V 形焊缝	V			
带钝边 V 形焊缝	Y			
带钝边 单边 V 形焊缝	Y			
带钝边 U 形焊缝	Y			
带钝边 J 形焊缝	Y			
角焊缝	△			

1. 焊缝图示法 （GB/T 12212—2012）

（1）视图 在视图中，可用一系列细实线段（允许徒手绘制）表示焊缝（图 10-16a、b、c、d），也允许用粗实线（$2d \sim 3d$）表示可见焊缝（图 10-16e、f）。但在同一图样中，只允许采用一种画法，以避免误解。

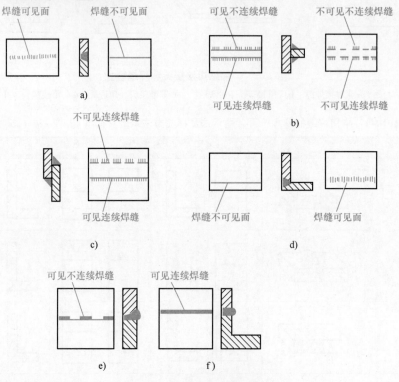

图 10-16 焊缝的规定画法

在表示焊缝端面的视图中，通常用粗实线绘制出焊缝的轮廓。必要时，可用细实线画出焊接前的坡口形状（图 10-17）。

（2）剖视图或断面图 在剖视图或断面图上，焊缝的金属熔焊区通常应涂黑表示（图 10-18a、表 10-1）。若同时需要表示坡口等的形状时，熔焊区部分亦可用细实线画出焊接前的坡口形状（图 10-18b）。

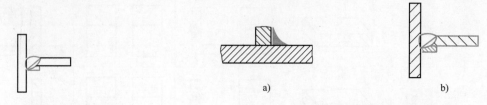

图 10-17 焊缝端面视图的画法　　图 10-18 剖视图上焊缝金属熔焊区的画法

2. 焊缝代号

图样中一般不需特别图示焊缝，通常采用焊缝代号进行标注，以便表明图样中的焊接要求。

GB/T 985.1—2008、GB/T 985.2—2008 和 GB/T 324—2008 分别对焊接接头的基本形式与尺寸、焊缝代号等作了规定。焊缝代号主要由基本符号、辅助符号、指引线和焊缝尺寸符号等组成。下面分别进行说明：

（1）基本符号　表示焊缝横截面形状的符号称为基本符号，它采用近似于焊缝横剖面形状的符号来表示。基本符号采用粗实线绘制。常用焊缝的基本符号图示法及符号的标注法参见表 10-1。

（2）辅助符号　表示焊缝表面形状特征的符号称为辅助符号，它采用粗实线绘制。常用的辅助符号见表 10-2。

表 10-2　辅助符号及标注示例（摘自 GB/T 324—2008）

名称	符号	示意图	图示法	标注法	说明
平面符号	 —		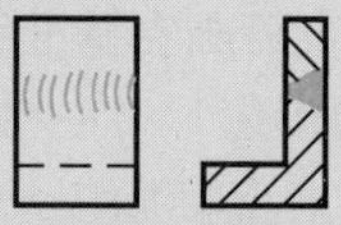	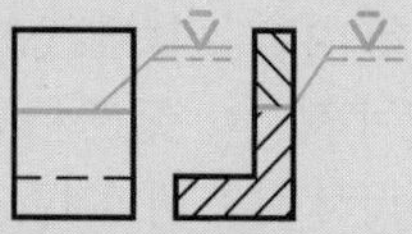	焊缝表面平齐（一般通过加工）
凹面符号	 ⌣	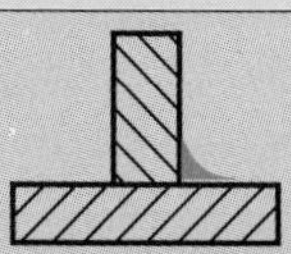	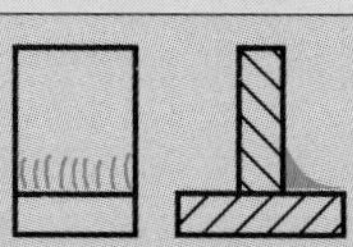	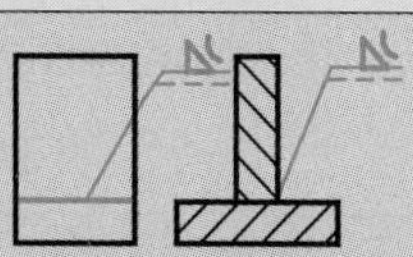	焊缝表面凹陷
凸面符号	 ⌢		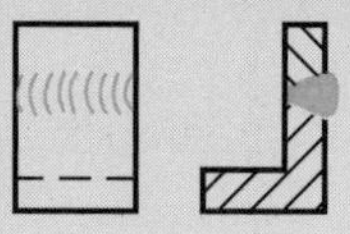	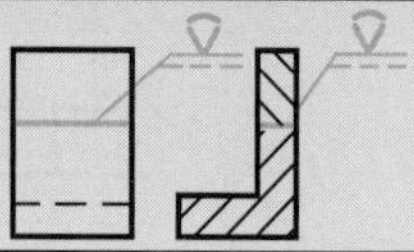	焊缝表面凸起

（3）补充符号　用于补充说明焊缝某些特征的符号称为补充符号。补充符号除尾部符号外均用粗实线绘制，尾部符号用细实线绘制。补充符号及其标注见表 10-3。

表 10-3　补充符号及标注示例（摘自 GB/T 324—2008）

名称	符号	示意图	标注法	说明
带垫板符号	▭		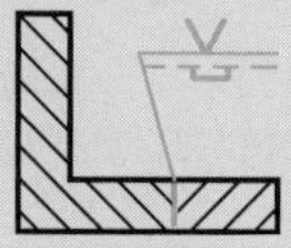	表示 V 形焊缝的背面底部有垫板
三面焊缝符号	⊏	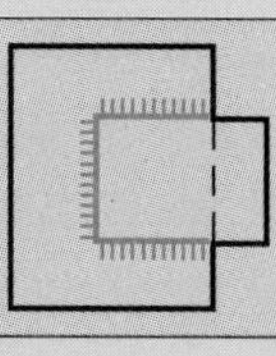	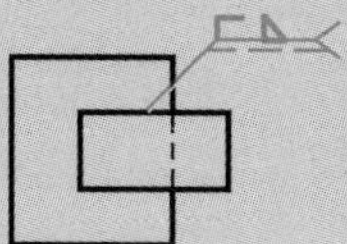	工件三面带有焊缝，焊接方法为焊条电弧焊
周围焊缝符号	○	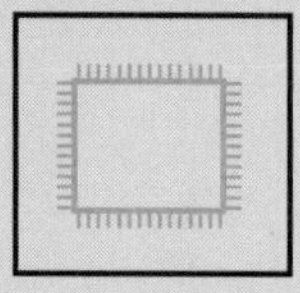	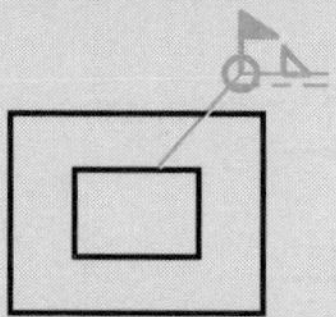	表示在现场沿工件周围施焊
现场符号	 ▶		见上图	表示在现场或工地上进行焊接
尾部符号	＜		见上图	标注焊接方法等内容

（4）指引线　指引线一般由带箭头的指引线（简称箭头线）和两条基准线（一条为实线，另一条为虚线）两部分组成（图10-19）。

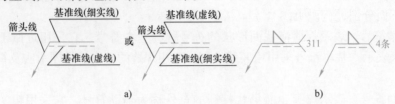

图 10-19　指引线

指引线是用来将整个代号指到图样上有关焊缝处，基准线一般应与主标题栏平行，其上、下方用来标注各种符号和尺寸。必要时，可在基准线末端加一尾部，表示焊接方法的数字代号或焊缝条数等内容。基准线的虚线也可画在基准线实线的上侧。

（5）焊缝的尺寸符号　无严格要求的焊缝尺寸一般不标注。但特别要求下，如设计或生产需要标明焊缝尺寸时，可在焊缝剖面上直接标注或注写在代号中。GB/T 324—2008 对焊缝尺寸符号作了规定，常用的焊缝尺寸符号见表10-4。

表 10-4　焊缝尺寸符号及示意图

名　称	符号	示　意　图	名　称	符号	示　意　图
工件厚度	δ		焊缝间距	e	
坡口角度	α		焊角尺寸	K	
根部间隙	b		熔核直径	d	
钝　边	p		焊缝有效厚度	S	
焊缝宽度	C		相同焊缝数量符号	N	
根部半径	R		坡口深度	H	
焊缝长度	l		余　高	h	
焊缝段数	n		坡口面角度	β	

3. 常见焊缝的标注

标注焊缝符号时，指引线的箭头应指向接头。在指引线的基准线上标注焊缝各种符号和尺寸时，对于在箭头一面的焊缝应标注在基准线的上方，对于在箭头另一面（相对一面）的焊缝，则应标注在横线的下方。但不管是在基准线上方还是下方的符号指的都是单面焊缝，参见表 10-1 和表 10-5 中的标注示例。

表 10-5　焊缝的标注示例

接头形式	焊缝形式	标注示例	说　明
对接接头			用焊条电弧焊，V 形焊缝，坡口角度为 α，对接间隙为 b，有 n 条焊缝，焊缝长度为 l
T 形接头			▶表示在现场装配时进行焊接 ▷表示双面角焊缝，焊角高度为 k
T 形接头			▷ $n \times l$（e）表示有 n 条断续双面链状角焊缝，l 表示焊缝的长度，e 表示断续焊缝的间距
T 形接头			Z 表示交错断续焊缝
角接接头			□表示三面焊接 ◁表示单面角焊缝
角接接头			单面角焊缝，焊角高度为 k，○表示周围焊缝，即圆周一圈均为单面角焊缝
角接接头			⬙表示双面焊缝，上面为单边 V 形焊缝，下面为角焊缝
角接接头			○表示点焊，d 表示焊点直径，e 表示焊点的间距，a 表示焊点至板边的间距

若一张图纸上所表达的全部焊缝采用相同的焊接方法时，焊缝代号中的焊接方法注写可以省略，但必须在技术要求或其他技术文件上注明"全部焊缝均采用×××焊"字样。若大部分焊接方法相同，也可以注明"除注明焊缝的焊接方式外，其余焊缝均采用×××焊"字样。

二、焊接图举例

焊接图实际上是焊接件的装配图，除应包括装配图的所有内容外，还应标注焊缝符号，并根据焊接件的复杂程度标注尺寸。若焊接件结构简单，应将各组成构件的全部尺寸直接标注在焊接图中，从而不画各组成构件的零件图（图10-20）。如果焊接件结构比较复杂，则可按装配图要求标注尺寸，此时应画出各组成构件的零件图。

图10-20所示的支架即为一焊接组合件，下面分别说明各视图中的焊接符号。

1）主视图中，底板1与竖板2之间采用了焊接尺寸为10mm的对称角焊缝焊接，这样

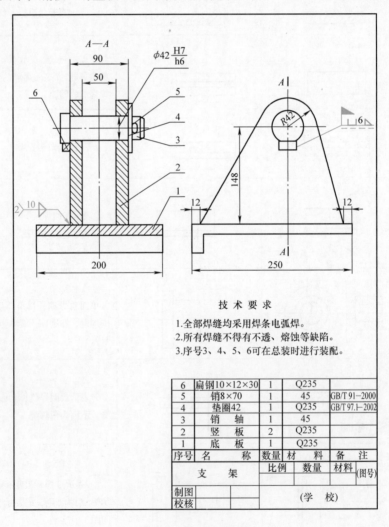

技 术 要 求

1.全部焊缝均采用焊条电弧焊。
2.所有焊缝不得有不透、熔蚀等缺陷。
3.序号3、4、5、6可在总装时进行装配。

6	扁钢10×12×30	1	Q235	
5	销8×70	1	45	GB/T 91−2000
4	垫圈42	1	Q235	GB/T 97.1−2002
3	销 轴	1	45	
2	竖 板	2	Q235	
1	底 板	1	Q235	
序号	名 称	数量	材 料	备 注

支 架	比例	数量	材料	
				(图号)
制图		(学 校)		
校核				

图10-20 支架焊接件

的焊缝在竖板左右两处共有 4 条。

焊缝基本符号的右侧无任何标注且又无其他说明，说明焊缝在竖板的全长是连续的。

2）左视图中，扁钢 6 与支架左侧竖板 2 也是采用焊接方式，此处采用了焊接尺寸为 6mm 的单面焊缝，三面施焊。三面施焊的开口方向与焊缝的实际方向一致，说明销轴 3 与扁钢 6 之间无焊缝。

按技术要求中第一点的说明，上述两处的焊缝均为焊条电弧焊。

第十一章
CHAPTER 11

AutoCAD绘图基础

计算机辅助绘图是一种现代化的绘图技术，目前已经得到了广泛应用，是工程技术人员必备的一种技能。在当今设计领域，越来越多的设计师和工程技术人员正在摒弃传统的手工绘图方式，转而应用计算机辅助绘图技术，以缩短设计周期，提高工作效率。使用计算机辅助绘图技术，不仅使成图方式发生了革命性的变化，也是设计过程的一次革命。每一个工科学生都必须掌握计算机绘图的基本原理和基本方法，才能适应时代的要求。

本章介绍的 AutoCAD 绘图软件是目前世界上使用最为广泛的绘图应用软件。

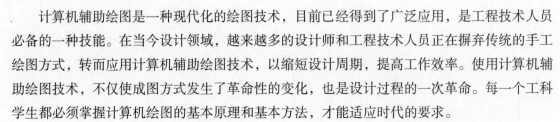

第一节 AutoCAD 软件的工作界面

AutoCAD 软件是美国 Autodesk 公司开发的一个交互式图形软件系统，具有功能丰富、操作便捷、易于掌握、体系结构开放等特点，不仅能够绘制二维平面图形、标注图形尺寸，还能进行三维图形绘制、效果渲染以及打印输出图样等多种功能。AutoCAD 自 1982 年问世以来，经过不断的应用、发展和完善，版本几经更新，功能不断增强，已成为目前最流行的图形软件之一。不同版本的工作界面略有不同，但应用方法基本一样。本书主要以 AutoCAD 2018 为例进行介绍。

正确地安装 AutoCAD 2018 后，将在桌面上产生 "AutoCAD 2018" 的图标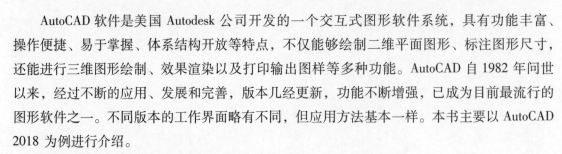。双击该图标，系统将进入软件绘图界面，如图 11-1 所示。

AutoCAD 2018 的默认绘图界面采用了选项面板加图标按钮的操作方式，这是近年来比较流行的一种软件界面，但是为了保持与 AutoCAD 早期版本操作的连续性，本书仍然以 AutoCAD 经典界面为例进行介绍。在 AutoCAD 2018 中虽然取消了默认的经典界面，但可以通过界面设置将其配置出来，并进行保存。配置和保存经典界面的方法如下：

1）单击 "快速访问工具栏" 右侧的下箭头，单击 "显示菜单栏"，将系统主菜单显示出来，如图 11-2 所示。

2）在主菜单中，单击 "工具" 菜单下的 "工具栏"，并进一步选择 "AutoCAD"，可以

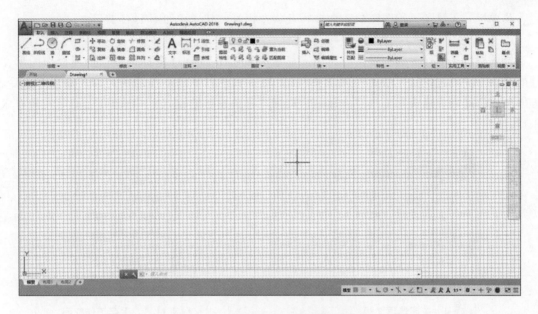

图 11-1 AutoCAD2018 默认绘图界面

看到能够调出的各个工具栏的名称，如图 11-3 所示。依次将"标准""样式""图层""特性""绘图"和"修改"等几个常用工具条显示出来。

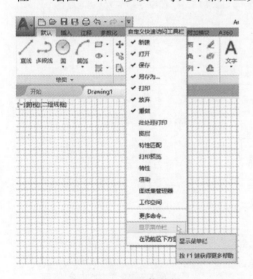

图 11-2 显示菜单栏

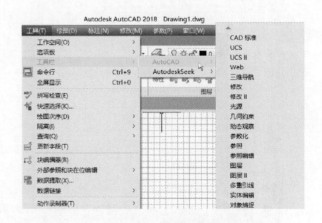

图 11-3 显示工具栏

3）在"默认""插入"等选项面板上单击鼠标右键，在弹出的菜单中选择"关闭"，将所有选项面板关闭显示，如图 11-4 所示。

4）单击右下角状态栏的"切换工作空间"按钮，选中其中的"将当前工作空间另存为"选项，输入"经典界面"作为工作空间的名称，如图 11-5 所示。

一旦经典界面设置完成，即可通过"切换工作空间"按钮在"草图与注释""三维基础""三维建模"和"经典界面"之间进行切换。AutoCAD 经典绘图界面主要包括：标题栏、菜单栏、工具条、绘图窗口、命令行及状态栏等，其样式如图 11-6 所示。

1. 标题栏

标题栏位于工作界面的最上方，用来显示 AutoCAD 的程序图标以及当前所操作图形文件的名字，同时也包括"快速访问工具栏"，该工具栏右侧的下拉箭头可以展开更多命令，方便用户添加到快速访问工具栏。标题栏右侧还有快速帮助输入框和 A360 云服务用户登录入口。

图 11-4　关闭选项面板

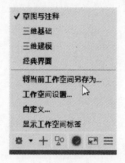

图 11-5　保存工作空间

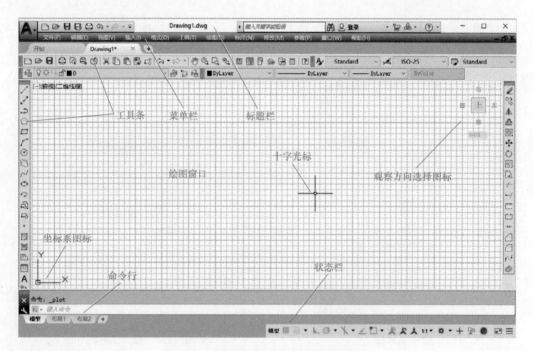

图 11-6　**AutoCAD 2018 经典绘图界面**

2. 菜单栏

菜单栏由"文件""编辑"和"视图"等菜单组成，单击某一菜单会弹出相应的命令列表，在使用菜单命令时应注意以下几方面：

1）命令后跟有"▶"符号，表示该命令下还有子命令，如"建模（M）▶"。

2）命令后跟有快捷键，表示按下快捷键即可执行该命令，如"直线（L）"。

3）命令后跟有组合键，表示直接按组合键即可执行菜单命令，如"全屏显示（C）Ctrl +0"。

4）命令后跟有"…"符号，表示选择该命令可打开一个对话框，如"图层（L）…"。

5）命令呈现灰色，表示该命令在当前状态下不可用。

3. 工具按钮和工具条

工具按钮是在 AutoCAD 中快速执行各种操作命令最常用的操作方式之一，这些按钮具有形象的图标，以方便用户快速识别其对应的功能。工具按钮涵盖了大部分绘图和编辑命令，只需通过单击鼠标就可以调用对应命令。不同类别的工具按钮集合起来形成不同的工具条，常用的工具条有"标准""特性""图层""绘图"及"修改"等，如图11-7 所示。

图11-7　常用的工具条

一个工具条的显示与关闭可按下述方法操作：右键单击任意工具条上的按钮，弹出所有工具栏名称列表，如图11-8 所示。在列表上单击某一工具条的名称（如"标注"），则该工具条将被显示在屏幕上。若要关闭一个工具条，只需要单击右上角的"×"即可。

另外，工具条有浮动和嵌入两种状态，即独立显示状态和嵌入界面框架状态，也可以水平排列或竖直排列，只需按下鼠标并拖动工具条，根据需要进行摆放即可。

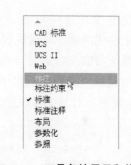

图11-8　工具条的显示和关闭

4. 绘图窗口

绘图窗口是用户绘图的工作区域，所有的绘图结果都反映在这个窗口中。用户可以通过绘图窗口缩放工具和平移工具调整其显示的范围。同时，绘图窗口还显示了当前使用的坐标系类型以及坐标原点、X、Y、Z轴的方向等。默认情况下，坐标系为世界坐标系（WCS）。在平面绘图时，绘图区就相当于一张图纸，在坐标原点的位置有一个坐标系图标，如图11-6 所示。当坐标原点处于绘图窗口之外时，坐标系图标将显示在绘图窗口的左下角。

另外，在绘图窗口的右上角还有一个观察方向选择图标。在三维绘图时，可以方便地改变观察视角。

5. 命令行

"命令行"位于绘图窗口的底部，用于接收用户输入的命令，并显示系统的提示信息。可以通过拖动命令行边框来调整其高度和位置，以显示更多行信息，也可以按下键盘上的"F2"键，通过独立文本窗口的方式显示更多已执行过的命令。命令行和文本窗口如图11-9 所示。

命令行

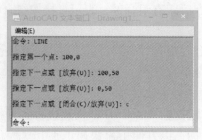

文本窗口

图 11-9　命令行与文本窗口

6. 状态栏

AutoCAD 2018 的状态栏位于系统窗口的右下方。状态栏包括一些绘图辅助工具，如栅格设置、捕捉设置、工作空间切换等。最右侧的按钮可以进行状态栏显示按钮的自定义设置，例如可以将坐标值和动态输入模式开关等显示在状态栏中，如图 11-10 所示。

262.3427, 33.0358, 0.0000　模型

图 11-10　状态栏

7. 设置绘图环境

个性化的绘图环境配置往往是提高绘图效率和显示精度的有效途径，用户完全可以通过改变系统参数来自定义个性化的绘图环境。通过下拉菜单"工具"→"选项"打开"选项"对话框（或在绘图区单击鼠标右键，选择"选项"），可以看到大量的设置参数，如图11-11 所示。对其中参数的改变将直接影响后续的绘图环境和精度。

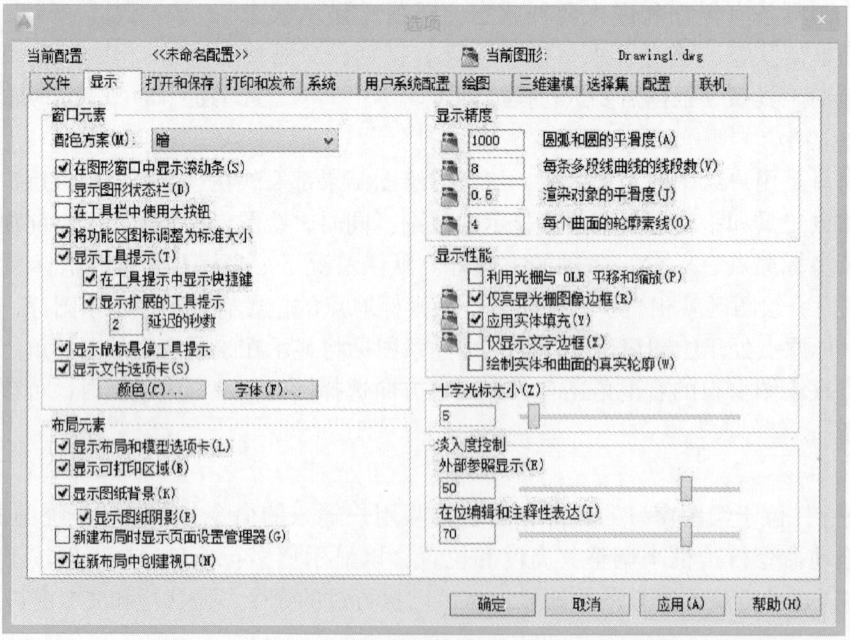

图 11-11　"选项"对话框

下面以改变绘图区窗口的背景颜色为例，介绍改变绘图环境系统参数的一般方法。

1）在图11-11所示的选项对话框中，选择"显示"选项卡，对显示参数进行设置。

2）单击"窗口元素"下方包含的"颜色"按钮，弹出"图形窗口颜色"设置对话框，如图11-12所示。

3）参考图11-12的参数进行设置，将"颜色"选项改为"白"。

4）单击"应用并关闭"按钮，关闭图形窗口颜色设置对话框；在"选项"对话框中单击"确定"按钮，关闭该对话框。

完成以上设置后，绘图区窗口的背景颜色将以白色显示。

绘图环境参数的种类和数量非常多，读者可自行尝试设置其他参数。若想恢复系统默认的绘图环境设置，可以在图11-11所示的"选项"对话框中的"配置"选项卡下，单击"重置"按钮，如图11-13所示。

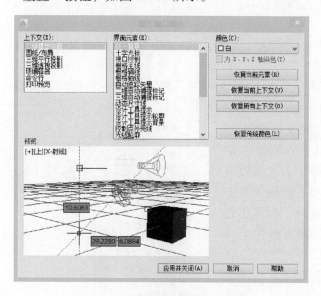

图 11-12　"图形窗口颜色"对话框

图 11-13　重置系统参数

第二节　交互式绘图基础

AutoCAD是一种交互式绘图软件，当用户用键盘或鼠标向系统输入命令的时候，系统会快速做出回应，并提供多种方式供用户选择。同时也提供了方便快捷的图形显示功能，熟悉并掌握这些功能对快速和精确绘图能够起到重要作用。

一、命令的输入

1. 命令输入方式

命令有以下三种输入方式：

1）通过下拉菜单激活命令。

2）通过鼠标单击工具图标激活命令，如单击"直线"图标。

3）在命令行中直接输入命令英文名称，执行相应命令。命令名称不区分大小写。例如，在点（100，80）和点（300，200）绘制直线可使用如下命令：

命令：LINE ↵（"↵"符号表示回车，下同）

指定第一点：100，80 ↵（输入直线的第一个端点坐标）

指定下一点或［放弃（U）］：300，200 ↵（输入直线的第二个端点坐标）

指定下一点或［放弃（U）］：↵（结束 LINE 命令）

命令：

除了可以在命令行进行命令输入之外，命令行还具有信息提示和子命令选择的功能，如在绘制圆的时候，会出现以下信息：

命令：CIRCLE 指定圆的圆心或［三点（3P)/两点（2P)/切点、切点、半径（T)］:

此时，若直接输入坐标点或用鼠标在屏幕上拾取一点，则系统将该点作为圆心；若输入"3P"，则切换到以三点方式画圆；若输入"2P"，则切换到两点方式画圆；若输入字母"T"，则切换到"切点、切点、半径"方式画圆。

2. 命令的重复、撤销与中止

在执行完一个命令之后，可以快速再次重复执行该命令，方法为直接按下键盘上的空格键或＜Enter＞键。

撤销刚刚执行完的命令可以输入命令"U"（或"UNDO"），再按＜Enter＞键。在键盘输入命令"REDO"也可恢复前面执行的命令。

另外，也可以通过快捷菜单实现命令的重复和撤销。方法为直接单击鼠标右键，AutoCAD 弹出一个如图 11-14 所示的快捷菜单，单击"重复××"（图中为"重复直线"），即可重复上一命令；如果选择"最近的输入"中的命令，则可以重复最近执行过的多个命令。如果单击"放弃××"（图中为"放弃直线"），即可撤销上一命令。

命令中止的方法为：在执行命令的过程中，按下键盘上的＜ESC＞键，即可中止该命令。

二、数据的输入

图 11-14 命令的重复、撤销与中止

对于交互式绘图，需要经常输入几何元素（AutoCAD 中称为"对象"）的参数和数据，如直线的端点坐标、圆的圆心坐标和半径等，这些数据的输入可以通过鼠标拾取或键盘输入的方式实现。

1. 光标中心拾取数据

当移动鼠标时，十字光标和状态行的坐标会值随着变化，可以通过鼠标拾取以光标中心作为一个点的数据。使用鼠标选择位置拾取数据比较直观，只需在适当的位置单击鼠标左键，即可输入光标中心的坐标位置数据。但是采用这种方式不容易获得准确数据，因此绘图时常结合对象捕捉方式来实现精确绘图（见对象捕捉功能介绍）。

2. 键盘输入数据

利用键盘可以准确地输入坐标位置数据。常用的键盘输入数据有绝对坐标、相对坐标和极坐标三种方式：

（1）采用绝对坐标输入数据 在默认情况下，以左下角为坐标原点，X 轴方向为从左至右、Y轴方向为从下至上。绘制二维图形时，可输入点的X、Y坐标来确定其位置，其输入格式为："X，Y"，其中，X和Y的坐标值之间用英文半角逗号分隔。

例11-1 从点（300，200）画直线到点（700，500）。

首先用鼠标左键单击状态栏中的动态输入模式开关按钮 ＋_ ，使其成为灰色以关闭动态输入功能。若该按钮不存在，可以通过状态栏最右侧的"自定义"按钮将其显示出来。

命令：LINE（或别名L）↵（画直线）

指定第一点：300，200↵

指定下一点或［放弃（U）］：700，500↵

指定下一点或［放弃（U）］：↵（绘制完成的直线如图11-15所示）

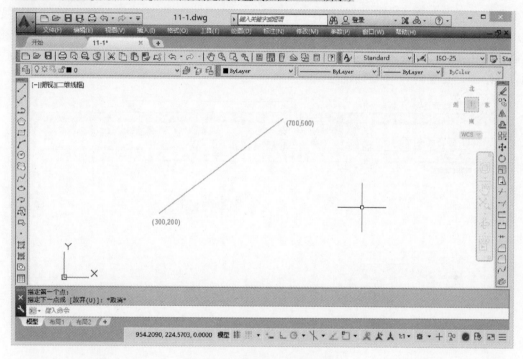

图11-15 采用绝对坐标画直线

要想删除一个图形对象，可以用鼠标点选的方式选中该图形对象，然后按下键盘上的＜Del＞键即可。AutoCAD提供了多种选择和删除的方法。

（2）采用相对坐标输入数据 相对坐标是指当前输入点相对前一个输入点的相对位置坐标。

例11-2 采用相对坐标画上例直线。

命令：LINE↵（画直线）

指定第一点：300，200↵

指定下一点或［放弃（U）］：@400，300↵

指定下一点或［放弃（U）］：↵

（3）采用极坐标输入数据 采用极坐标的方式一般以前一输入点为极点，极角由X轴正向测量，逆时针方向为正向。

例11-3 采用极坐标绘制一段直线，该直线以（300，200）为起点，与X轴正方向夹角为40°，长度为500。

命令：LINE ↵（画直线）

指定第一点：300，200 ↵

指定下一点或［放弃（U）］：@500 <40 ↵（以点"300，200"为极心、500为极径、40°为极角来确定下一个端点）

指定下一点或［放弃（U）］：↵

（4）采用动态输入方式绘图　动态输入方式以鼠标跟随的方式动态显示了鼠标所在位置的长度、角度等信息，也是一种快捷方便的输入方式。通过用鼠标单击状态栏的 图标，可以控制动态输入方式的开启和关闭。在这种方式下，也可以利用键盘输入来修改屏幕上动态变化的参数。如图11-16中输入第一点"300，200"后，动态显示直线的极角和长度，当屏幕显示极角为40°时，在键盘输入"500"后按下<Enter>键，即可完成例11-3直线的绘制；若在获取第一点之后直接输入直角坐标"400，300"，则以当前点为基准采用相对坐标方式绘图，完成例11-1直线的绘制。

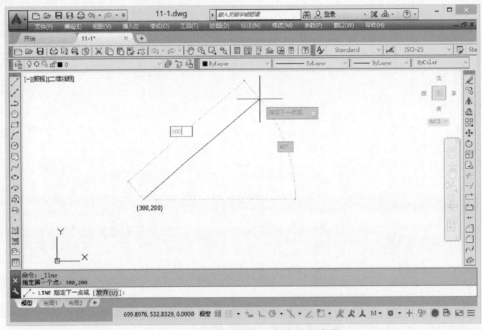

图11-16　采用动态输入方式绘制直线

动态输入虽然方便，但是也必须注意：采用动态输入方式绘图会在屏幕上出现过多的提示信息，有时候会对图形的显示造成一定的影响，而且动态输入往往以相对坐标的方式绘图。

三、绘图区显示控制

1. 光标显示方式

在绘图过程中，光标通常有四种显示方式，如图11-17所示。

1）箭头形式：这种形式下的鼠标通常位于菜单选项、工具或对话框内，通过单击鼠标左键可调用相应命令。

2）中心带方格的"十"字线形式：当鼠标放置在绘图区，但没有执行任何一项绘图命令时，鼠标显示为这种形式，表示等待命令的输入。

图 11-17　鼠标光标的四种常用形式

a）箭头形式　b）带方格的"十"字线形式　c）"十"字线形式　d）小方格形式

3）"十"字线形式：当鼠标在绘图区内，并且正处于某个绘图命令执行过程中的时候，鼠标显示为这种状态，表示等待用户进一步输入数据或后续操作选项。

4）小方格形式：当执行某项图形编辑命令时，一旦鼠标进入绘图区，光标即显示为一个小方格，表示可以用鼠标进行图形元素的拾取操作。

另外，在绘图或图形编辑状态下，鼠标的右键还相当于键盘上的 < Enter > 键，用于结束当前使用的命令，或根据当前绘图状态弹出不同的快捷菜单。

2. 视图的缩放与平移

在绘图过程中，为了方便绘图和提高绘图效率，经常要用到缩放视图和平移视图的功能。缩放视图可以增加或减少图形对象的屏幕显示尺寸，而图形对象的真实尺寸保持不变。通过改变显示区域和图形对象的显示大小，用户可以更加准确和详细地绘图。

（1）缩放视图　使用"视图"→"缩放（Z）"菜单中的子命令或选择"缩放"工具条，可以缩放视图，如图 11-18 所示。

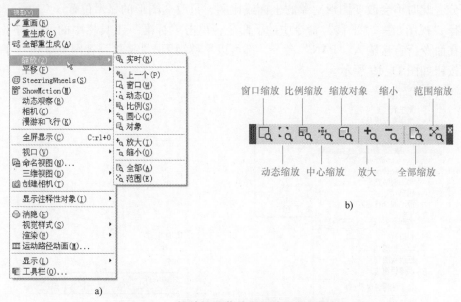

a)

b)

图 11-18　缩放视图菜单和缩放视图工具条

通常，在绘制图形的局部细节时，需要使用缩放工具将绘图区域放大；当绘图完成后，再使用缩放工具缩小图形来观察整体效果。常用的缩放命令有"实时""窗口""动态"和"中心点"。

1）实时缩放。选择"视图"→"缩放"→"实时"命令，或在"标准"工具栏中单击"实时缩放"按钮，进入实时缩放模式。此时光标指针呈放大镜形状，向上拖动光标可放大整个图形；向下拖动光标可缩小整个图形；释放鼠标后停止缩放，按下空格键或＜Enter＞键可退出缩放。

2）窗口缩放。选择"视图"→"缩放"→"窗口"命令，可以在屏幕上拾取两个对角点以确定一个矩形窗口，之后系统将矩形范围内的图形放大至整个屏幕。

3）动态缩放。选择"视图"→"缩放"→"动态"命令，可以动态缩放视图。当进入动态缩放模式时，在屏幕中将显示一个带"×"的矩形方框。单击鼠标左键，此时选择窗口中心的"×"消失，显示一个位于右边框的方向箭头，拖动鼠标可改变选择窗口的大小，以确定选择区域大小，最后按下＜Enter＞键，即可缩放图形。

4）中心点缩放。选择"视图"→"缩放"→"中心点"命令，在图形中指定一点，然后指定一个缩放比例因子或者指定高度值来显示一个新视图，而选择的点将作为该新视图的中心点。如果输入的数值比默认值小，则会放大图像；如果输入的数值比默认值大，则会缩小图像。要指定相对的显示比例，可输入带"x"的比例因子数值。例如，输入"2x"将显示比当前视图大两倍的视图。

此外，也可在命令行中输入"ZOOM"命令缩放图形，输入命令后出现的子选项的意义和上面所述一致。

命令：ZOOM ↵

指定窗口的角点，输入比例因子（nX 或 nXP），或者

[全部（A）/中心（C）/动态（D）/范围（E）/上一个（P）/比例（S）/窗口（W）/对象（O）] ＜实时＞：

（2）平移视图　使用平移视图命令，可以重新定位图形的显示位置，以便看清图形的其他部分。此时不会改变图形对象的坐标或比例，只改变图形的显示位置。

选择"视图"→"平移"命令中的子命令，单击"标准"工具栏中的"实时平移"按钮，或在命令行直接输入"PAN"命令，都可以平移视图。"平移"视图菜单和"平移"视图工具按钮如图 11-19 所示。

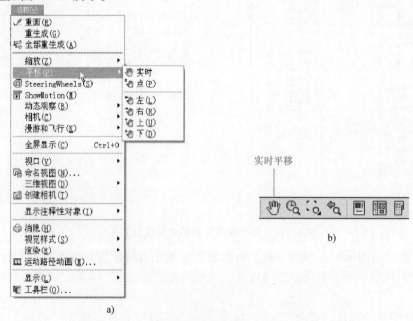

图 11-19　"平移"视图菜单和"平移"视图工具条

使用平移命令平移视图时，视图的显示比例不变。除了可以上、下、左、右平移视图外，还可以使用"实时"和"定点"命令平移视图。

1）实时平移。选择"视图"→"平移"→"实时"命令，此时光标指针变成一只小手。按住鼠标左键拖动，窗口内的图形就可按光标移动的方向移动。释放鼠标，可返回到平移等待状态。按空格键或＜Enter＞键退出实时平移模式。

2）定点平移。选择"视图"→"平移"→"定点"命令，可以通过指定基点和位移值来平移视图。

（3）用鼠标实现缩放和平移 在绘图的时候，需要频繁地对图形进行缩放和平移，采用鼠标进行快捷操作是一种非常有效的方式，通过鼠标的滚轮键即可方便地实现这两个功能。当光标位于绘图区内的时候，向上滚动滚轮，则图形以光标所在位置为中心进行放大；向下滚动滚轮，则图形以光标所在位置为中心进行缩小。若按下滚轮键的同时移动鼠标，则实现对图形的平移操作。

3. 控制线宽显示

为了提高 AutoCAD 的显示处理速度，绘图时一般默认关闭线宽显示，此时所有绘制的线显示为同一种宽度。单击状态栏上的线宽按钮，可以切换线宽显示的开和关（若该按钮不存在，可以通过状态栏最右侧的"自定义"按钮将其显示出来）。另外，右键单击该按钮，选择"设置"，可以弹出"线宽设置"对话框，如图 11-20 所示，用户可以进行线宽显示的进一步设置。

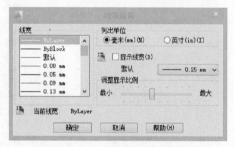

图 11-20 "线宽设置"对话框

指定了线宽的图线，在图形打印的时候将按照实际宽度打印，但在屏幕中与像素成比例显示，过大的宽度会影响图形的显示效果，也会降低 AutoCAD 的显示处理速度。

4. 重画与重生成

重画命令用于刷新屏幕显示，使图形进行更新。当用户修改了显示参数或屏幕上出现一些临时标记时，可以调用该命令，使图形重新绘制一遍。命令调用方式如下：

1）下拉菜单："视图"→"重画"。

2）命令：REDRAW（或别名 R）。

如果用重画命令刷新屏幕后仍不能正确显示图形，则可调用重生成命令。重生成命令不仅刷新显示，而且更新图形数据库中所有图形对象的屏幕坐标，因此使用该命令通常可以准确地显示图形数据。但是，当图形比较复杂时，使用重生成命令所用的时间要比重画命令长得多。重生成命令的调用方式如下：

1）菜单："视图"→"重生成"。

2）命令：REGEN（或别名 RE）。

第三节　基本二维绘图命令

AutoCAD 提供了丰富的绘图命令，可以方便地绘制出复杂的图形。基本二维图形绘制是整个 AutoCAD 的绘图基础，只有熟练地掌握它们的绘制方法和技巧，才能够更好地绘制出复杂的图形。本节只介绍最常用的绘图命令，其他命令可参阅 AutoCAD 的帮助文档。

AutoCAD 常用的二维绘图命令有直线、圆、矩形和多边形等，在"绘图"菜单中可以详细查看这些命令，如图 11-21 所示。

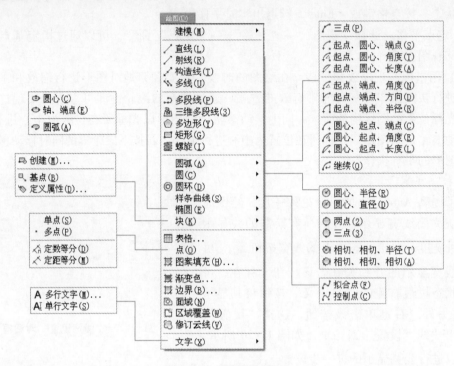

图 11-21 "绘图"菜单

绘图工具条如图 11-22 所示。

图 11-22 "绘图"工具条

1. 绘制直线

直线命令是 AutoCAD 中最常用到的绘图命令，操作也十分简便。调用直线命令的方式如下：

1）工具按钮： 。

2）下拉菜单："绘图"→"直线"。

3）命令：LINE。

典型执行过程如下：

命令：LINE ↵

指定第一个点：（用鼠标在屏幕上拾取一个点，或键盘输入坐标）

指定下一点或［放弃（U）］：（继续指定目标点）

指定下一点或［放弃（U）］：（继续指定目标点）

指定下一点或［闭合（C）/放弃（U）］：↵（按下＜Enter＞键或＜Esc＞键结束绘图命令）

绘制直线时，会从前一个拾取点向光标所在位置引出一条"橡皮筋"，以动态显示想要绘制直线的效果。当给出端点时，新的"橡皮筋"又会从该点引出。

在命令行提示信息"指定下一点或［闭合（C）/放弃（U）］："中，若输入字母"C"，则从当前点向第一个绘图点绘制直线，以使图形闭合；若输入字母"U"，则放弃当前绘制的这条直线，"橡皮筋"退回到上一点的位置引出。

2. 绘制构造线

构造线为两端可以无限延伸的直线，没有起点和终点，主要用于绘制辅助线或角平分线。调用构造线命令的方式如下：

1）工具按钮：✎。

2）下拉菜单："绘图"→"构造线"。

3）命令行：XLINE（或别名 XL）。

典型执行过程如下：

命令：XLINE ↵

指定点或［水平（H）/垂直（V）/角度（A）/二等分（B）/偏移（O）］：（指定一个点作为起点）

指定通过点：（指定第二个点作为通过点）

指定构造线的起点后，可在"指定通过点"提示下指定多个通过点，绘制以起点为端点的多条构造线，直到按＜Esc＞键或＜Enter＞键退出为止。

3. 绘制多段线

多段线是 AutoCAD 中较为特别的一种图形对象，在绘制一些变宽度线条的时候非常有效。多段线由彼此首尾相连的、具有不同宽度的直线段或弧线组成，并作为单一对象使用。事实上，AutoCAD 中直接使用矩形、正多边形和圆环等命令绘制的图形均属于多段线对象。调用多段线命令的方式如下：

1）工具按钮：⊃。

2）下拉菜单："绘图"→"多段线"。

3）命令：PLINE（或别名 PL）。

典型执行过程如下：

命令：PLINE ↵

指定起点：（指定一个点作为线段的起始点）

当前线宽为 0.0000 （提示当前绘制先的宽度）

指定下一个点或［圆弧（A）/半宽（H）/长度（L）/放弃（U）/宽度（W）］：

指定下一点或［圆弧（A）/闭合（C）/半宽（H）/长度（L）/放弃（U）/宽度（W）］：

可以看到，多段线的绘制过程与直线类似，但与直线不同的是：多段线给出了更多的命令选择，用户可以根据命令行的提示设置图线的样式和宽度。

例 11-4　用多段线绘制如图 11-23 所示的图形。

命令：PLINE ↵

指定起点：（用鼠标在屏幕上任意拾取一点作为图形最上部的顶点）

当前线宽为 0. 0000

指定下一个点或 [圆弧（A）/半宽（H）/长度（L）/放弃（U）/宽度（W）]:
w（输入"w"进行线宽设置）

指定起点宽度 <0. 0000 >: 0（将起点线宽设置为0）

指定端点宽度 <0. 0000 >: 40（将终点线宽设置为40）

指定下一个点或 [圆弧（A）/半宽（H）/长度（L）/放弃（U）/宽度（W）]:
5（将鼠标竖直向下拖动，在竖直方向上指定线的长度5，绘制出图形上部的三
角形区域）

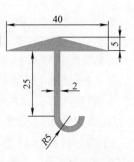

图 11-23　多段线绘图实例

指定下一点或 [圆弧（A）/闭合（C）/半宽（H）/长度（L）/放弃（U）/
宽度（W）]: h（用半宽度方式设定线宽）

指定起点半宽 <20. 0000 >: 1（将起点半宽度设置为1）

指定端点半宽 <1. 0000 >: ↵（直接输入回车，表示接受尖括号内的数值，将终点半宽度也设置为1）

指定下一点或 [圆弧（A）/闭合（C）/半宽（H）/长度（L）/放弃（U）/宽度（W）]: 25（将鼠标竖直
向下拖动，在竖直方向上指定线的长度为25，绘制出图形中间的竖线）

指定下一点或 [圆弧（A）/闭合（C）/半宽（H）/长度（L）/放弃（U）/宽度（W）]: a（切换到绘制圆
弧状态）

指定圆弧的端点或

[角度（A）/圆心（CE）/闭合（CL）/方向（D）/半宽（H）/直线（L）/半径（R）/第二个点（S）/放弃
（U）/宽度（W）]: r（输入"r"，进行半径值的指定）

指定圆弧的半径: 5（输入圆弧半径为5）

指定圆弧的端点或 [角度（A）]: 10（将鼠标水平向右拖动，按照距离10给出圆弧右侧端点的位置）

指定圆弧的端点或

[角度（A）/圆心（CE）/闭合（CL）/方向（D）/半宽（H）/直线（L）/半径（R）/第二个点（S）/放弃
（U）/宽度（W）]: ↵（回车结束命令，完成绘制）

在绘图过程中，经常需要在水平或垂直方向上移动鼠标，此时可以看到有极轴显示出
现，以使目标点处于绝对水平或垂直状态，这是一种精确绘图的辅助工具，称为极轴追踪，
在后续部分会有详细介绍。若没有出现这样的极轴，可以按下状态栏的"极轴追踪"按钮 ⟳。

4. 绘制正多边形

在 AutoCAD 中，可以利用正多边形工具方便地绘制正多边形。调用正多边形命令的方
式如下：

1）工具按钮：⬠。

2）下拉菜单："绘图"→"多边形"。

3）命令：POLYGON。

典型执行过程如下：

命令：POLYGON ↵

输入侧面数 <4 >:（输入多边形的边数）

指定正多边形的中心点或 [边（E）]:（指定一点作为多边形的中心点）

输入选项 [内接于圆（I）/外切于圆（C）] <I >:（指定多边形的生成方式）

指定圆的半径:（给定对应圆的圆心）

用内接于圆或外切于圆的方式绘制正多边形，需要指定不同的半径，如图 11-24 所示。

5. 绘制矩形

矩形也是在绘图过程中需要经常绘制的一种图形元素。实现绘制矩形的方式有多种，

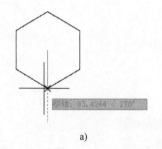 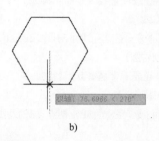

a)   b)

图 11-24　绘制正多边形

a)"内接与圆"方式　b)"外切于圆"方式

例如利用四条直线、利用多段线。这里介绍直接利用绘制矩形命令绘制矩形。使用绘制矩形命令可绘制出标准矩形、倒角矩形、圆角矩形、有厚度的矩形等多种矩形，如图 11-25 所示。调用矩形命令的方式如下：

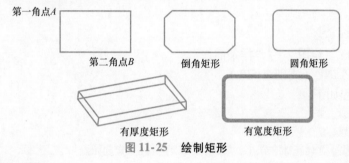

图 11-25　绘制矩形

1）工具按钮：□。

2）下拉菜单："绘图"→"矩形"。

3）命令：RECTANG（或别名 REC）。

典型执行过程如下：

命令：RECTAGN ↙

指定第一个角点或［倒角（C）/标高（E）/圆角（F）/厚度（T）/宽度（W）］：（指定一个点作为矩形的一个角点）

指定另一个角点或［面积（A）/尺寸（D）/旋转（R）］：（指定相对上一个点的矩形对角点）

6. 绘制圆

圆也是使用较频繁的一类绘图对象，其形成的条件也多种多样，因此 AutoCAD 提供了多种绘制圆的方法，如圆心半径方式、不共线三点方式、两点直径方式和相切关系与半径方式。这些方式能够适应不同场合的画圆要求。调用圆命令的方式如下：

1）工具按钮：⊘。

2）下拉菜单："绘图"→"圆"。

3）命令：CIRCLE（或别名 C）。

例 11-5　绘制图 11-26 所示的三个圆。

命令执行过程如下：

命令：CIRCLE ↙

指定圆的圆心或［三点（3P）/两点（2P）/相切、相切、半径（T）：600，600 ↙（绘画左圆）

指定圆的半径或［直径（D）］：300 ↵

命令：CIRCLE ↵

指定圆的圆心或［三点（3P）/两点（2P）/相切、相切、半径（T）：1200，600 ↵（绘画右圆）

指定圆的半径或［直径（D）］：200 ↵

命令：CIRCLE ↵

指定圆的圆心或［三点（3P）/两点（2P）/相切、相切、半径（T）：t ↵（绘画切圆）

指定对象与圆的第一个切点：（在左圆周的上部任意指定一点）

指定对象与圆的第二个切点：（在左圆周的上部任意指定一点）

指定圆的半径 < 200.0000 >：200 ↵

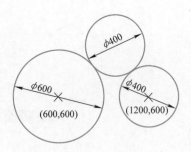

图 11-26　绘制圆

7. 绘制样条曲线

样条曲线是一种称为非均匀有理 B 样条曲线（NURBS）的特殊曲线。在 AutoCAD 中，通过指定的一系列控制点，以及与控制点之间的拟合公差来生成这类曲线。调用样条曲线命令的方式如下：

1）工具按钮：。

2）下拉菜单："绘图"→"样条曲线"。

3）命令：SPLINE（或别名 SPL）。

典型执行过程如下：

命令：SPLINE ↵

当前设置：方式 = 拟合　节点 = 弦

指定第一个点或［方式（M）/节点（K）/对象（O）］：（指定起始点）

输入下一个点或［起点切向（T）/公差（L）］：（指定拟合点）

输入下一个点或［端点相切（T）/公差（L）/放弃（U）］：（指定拟合点）

输入下一个点或［端点相切（T）/公差（L）/放弃（U）/闭合（C）］：↵（结束绘制）

图 11-27 所示为经过一系列折线端点的样条曲线。

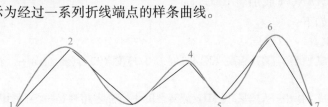

图 11-27　绘制样条曲线

8. 创建文字对象

文字对象是 AutoCAD 图形中很重要的一类对象，也是工程图样中不可缺少的组成部分，如注释说明、尺寸数字及技术要求等。一个完整的文字对象创建过程包括文字样式的创建和文字内容的创建两个部分。

（1）定义文字样式　在创建文字对象前，一般应先定义文字样式。文字样式包括文字"字体""字型""高度""宽度系数""倾斜角""反向""倒置"以及"垂直"等参数。在 AutoCAD 中，所有文字都有与之相关联的文字样式，可以使用系统的默认文字样式，也可以根据具体要求重新设置文字样式或创建新的样式。创建文字样式通常通过"文字样式"对话框来完成。

选择下拉菜单中的"格式"→"文字样式"命令，打开"文字样式"对话框。利用该对话框可以修改或创建文字样式，可设置文字的当前样式，如图 11-28 所示。

绘制工程图样时，一般会使用多种文字样式。如注写汉字时，常采用"仿宋 GB2312"字体，宽度因子可设定为 0.667，以满足长仿宋体的要求。单击"新建"，在弹出的"新建文字样式"对话框中可以给该文字样式命名；注写尺寸文

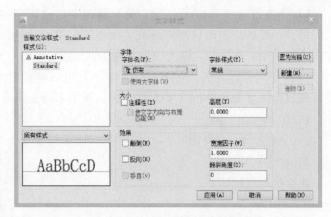

图 11-28 "文字样式"对话框

字时，常采用"isocp"字体，倾斜角度可选 0°或 15°，如需在一行文字中同时注写汉字和拉丁字母，可勾选"使用大字体"选项，并在后面的大字体选项中选择"gbcbig. shx"字体。

另外，如果将文字的高度设为 0，则在标注文字时命令行会出现提示"指定高度:"，要求用户指定文字的高度；如果在"高度"文本框中输入了文字高度，则 AutoCAD 将按此高度书写文字，而不再命令行中提示输入高度。

（2）创建单行文字 单行文字的每一行都是一个文字对象，并且可以进行单独编辑，因此可以用来创建内容比较简短的文字对象。绘图工具条中并没有给定创建单行文字的工具按钮，该工具按钮可以在"文字"工具条中找到。调用单行文字命令的方式如下：

1）工具按钮：A（该按钮位于"文字"工具条）。

2）下拉菜单："绘图"→"文字"→"单行文字"。

3）命令：DTEXT。

典型执行过程如下：

命令：DTEXT ↵

当前文字样式："Standard" 当前文字高度：2.5000

指定文字的起点或［对正（J）/样式（S）］：（在绘图区指定一点作为文字起始点）

指定高度 <2.5000>：（给定文字高度，或按下 <Enter> 键接受默认设置）

指定文字的旋转角度 <0>：（给定文字的旋转角度，水平书写时可直接按 <Enter> 键）

（在屏幕上闪烁的光标点位置输入文字，连续按两次 <Enter> 键结束文字输入）

在以上操作过程中，可以通过"样式（S）"选项对要输入的文字指定事先已经创建好的文字样式。

另外，在输入文字的时候经常需要输入特殊字符，如直径符号"φ"、角度符号"°"和加/减符号"±"等。特殊文字字符可用控制码来表示，控制码由双百分号（％％）加英文字母表示。常见的特殊文字字符的控制码如下：

1）下划线（％％U）：双百分号跟随字母"U"，给文字加下划线。

2）上划线（％％O）：双百分号后跟字母"O"，给文字加上划线。

3）直径符号（％％C）：双百分号后跟字母"C"，创建直径符号"φ"。

4）加/减符号（％％P）：双百分号后跟字母"P"，创建加/减符号"±"。

5）角度符号（%%D）：双百分号后跟字母"D"，创建角度符号"°"。

另外，某些控制码具有打开或关闭特殊字符的功能，如第一个"%%U"表示为下划线方式，第二个"%%U"则关闭下划线方式。

（3）创建多行文字 利用多行文字工具可以创建具有一定段落格式的文字，其文字和段落的属性信息要比单行文字丰富得多。调用多行文字命令的方式如下：

1）工具按钮：**A**。

2）下拉菜单："绘图"→"文字"→"多行文字"。

3）命令：MTEXT。

典型执行过程如下：

命令：MTEXT↵

当前文字样式："Standard" 文字高度： 2.5 注释性： 否

指定第一角点：（指定一个点作为文本框的一个角点）

指定对角点或［高度(H)/对正(J)/行距(L)/旋转(R)/样式(S)/宽度(W)/栏(C)］：（指定另一个点作为文本框的第二个对角点）

（在弹出的如图 11-29 所示的文本输入框内输入文字内容，并进行格式修改，最后单击"确认"按钮，完成文字输入）

图 11-29 创建多行文字

在图 11-29 所示的"文字格式"工具条中，可以指定文字的样式、字体、大小等属性，其操作方法与常用文字编辑软件类似。

9. 图案填充

图案填充可以对具有剖视或剖面的图形进行剖面符号的填充，此时要求填充区域是一个封闭的区域。调用图案填充命令的方式如下：

1）工具按钮：▨。

2）下拉菜单："绘图"→"图案填充"。

3）命令：HATCH（或别名 H）。

图案填充通常需要进行填充图案设置、选择填充区域和预览填充效果三个步骤。

（1）填充图案设置 与其他命令不同，执行图案填充命令后，系统弹出一个"图案填充和渐变色"对话框，如图 11-30 所示。用户可以在该对话框中对填充图案进行设定。通过"类型"下拉列表框可以进行"预定义""用户定义"和"自定义"三种类型的设定；通过"图案"下拉列表框和后续的按钮可以在图案库中选择填充图案的形式，并将其显示在下方的"样例"列表框内，例如机械图样的剖面符号通常选择"ANSI31"类型的45°斜线；通过"角度"下拉框可以输入或选择填充角度；通过"比例"下拉框可以设定填充比例，数值越大，填充密度越稀疏。

图 11-30   "图案填充和渐变色"对话框

（2）选择填充区域　通过按钮，可以按照"拾取点"的方式进行填充区域的指定，此时图案填充对话框消失，使绘图区最大化显示，系统进入拾取点状态，用户需要在封闭的区域内选择一点，则包围该点的最小边界将被拾取。

通过按钮，可以按照"选择对象"的方式进行填充区域的指定，此时图案填充对话框消失，系统进入对象拾取状态，此时需要选择构成填充区域的各个图形对象，如直线、圆弧和矩形等，这些对象围成的封闭区域将被拾取。

（3）预览填充效果　当用户选取好填充区域后，按下 < Enter > 键，可以重新将图案填充对话框显示出来，并可以通过单击其底部的"预览"按钮查看填充效果。若不再进行图案设置或区域选择，可以按"确定"按钮完成图案填充。

需要注意的是，一次填充后形成的图案为一个整体，若对其进行删除操作，则所有该次填充的图案均被删除。

例 11-6　分别采用拾取点和拾取对象的方式对图 11-31a 所示图形中的 A、B 两个区域进行填充，要求采用不同图案和比例。

操作步骤如下：

1）单击"图案填充"工具按钮，调出"图案填充和渐变色"对话框。

2）将填充图案设置为"ANSI31"，其他采用默认设置。

3）单击"拾取点"按钮，点取区域 A 内部任意一点，区域 A 的封闭边框将被拾取。

4）按下 < Enter > 键，返回到"图案填充和渐变色"对话框，单击"预览"按钮查看效果，并单击"确定"按钮，完成区域 A 的填充。

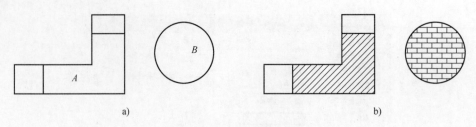

a) b)

图11-31 图案填充实例

5）重复步骤1），进行填充图案设置。

6）将图案设置为"BRICK"，其他采用默认设置。

7）单击"选择对象"按钮，拾取圆的边界。

8）按下＜Enter＞键，返回到"图案填充和渐变色"对话框，单击"预览"查看效果。再次按下＜Enter＞键，返回图案设置对话框，将比例修改为0.5，并点击"确定"按钮，完成区域B的填充。

填充完成后的效果如图11-31b所示。

第四节 绘图辅助工具

AutoCAD的绘图辅助工具有很多，灵活运用AutoCAD所提供的绘图辅助工具进行准确定位，可以有效地提高绘图的精确性和效率。例如在AutoCAD中，用户可以使用栅格、极轴追踪和对象捕捉等功能，在不必输入坐标的情况下快速、精确地绘制图形。

1. 正交模式

使用ORTHO命令，可以打开正交模式，用于控制是否以正交方式绘图。在这种模式下，绘制直线时，其走向被限制在水平或垂直方向上，以便于绘制出与当前X轴或Y轴平行的线段。打开或关闭正交模式有以下三种方法：

1）在状态栏中单击"正交"按钮。

2）按＜F8＞键打开或关闭。

3）命令：ORTHO。

2. 栅格捕捉

栅格点是AutoCAD提供的一系列点阵，用于辅助显示绘图区的范围和进行坐标点的精确定位，如果开启了栅格捕捉模式，则当光标在绘图区移动时，只能拾取栅格点作为绘图目标点。通常栅格点都被设置为坐标的整数，以精确控制图形元素的坐标。

栅格的显示和关闭可以通过状态栏的"栅格显示"按钮来控制，或通过键盘上的＜F7＞键控制。栅格点捕捉功能的开启和关闭可以通过状态栏的"捕捉模式"按钮来控制，或通过键盘上的＜F9＞键实现。

另外，用鼠标右键单击"栅格显示"或"捕捉模式"等状态栏按钮，并选择"设置"选项，可以调出"草图设置"对话框，如图11-32所示。可以在"草图设置"对话框中对栅格点的间隔尺寸、捕捉精度以及其他有关栅格和捕捉的参数进行设定。

必须指出，栅格和栅格点捕捉功能虽然对精确绘图比较方便，但过密的栅格显示和跳跃式的光标移动也会给绘图带来不便，只有在合适的坐标值要求下和恰当的图形显示比例下，该绘图模式才能发挥较高的效率。

3. 极轴追踪

极轴是在前一绘图点和当前光标点之间引出的一根虚拟轴，用来约束后续绘图点的走向，这种功能称为极轴追踪。通过鼠标单击状态栏的"极轴追踪"图标 ⟳，或按下键盘上的 <F10> 键，可以开启和关闭该功能。由于在绘图时，大量的线条是水平线和竖直线，因此在默认情况下，可以进行水平和垂直两个方向的极轴追踪。

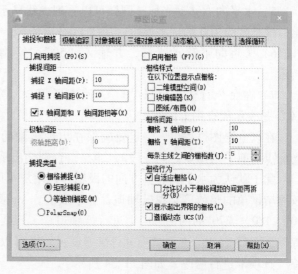

图 11-32 "草图设置"对话框

例 11-7 利用直线命令在绘图区的任意位置绘制一个宽度为 100，高度为 50 的长方形。

绘图具体过程如下：

1）单击状态栏的"极轴追踪"图标 ⟳，打开极轴追踪功能。

2）单击绘制直线图标 ✎，在绘图区的任意位置单击鼠标，拾取第一个绘图点。

3）竖直向上缓慢移动光标，可以看到出现一条虚线显示的极轴将光标吸附在该轴上，同时出现极轴线段长度和角度提示，如图 11-33a 所示。该长度表示从第一个绘图点到光标当前位置形成线段的长度，角度表示该线段与 X 轴方向的夹角。

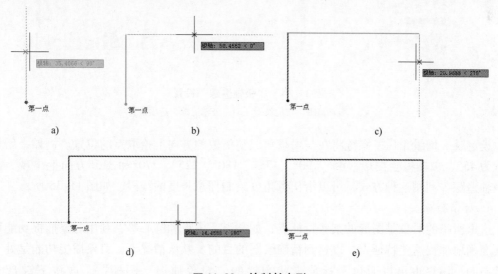

图 11-33 绘制长方形

4）用键盘输入数字"50"，则在竖直方向上自动绘制出一段长度为 50 的线段，如图 11-33b 所示。

5）水平向右移动光标，同样可以看到虚线显示的水平极轴，输入数字"100"，则绘制出一段长度为100的水平线段，如图11-33c所示。

6）竖直向下移动光标，并输入"50"，绘制出长方形右侧的竖直边，如图11-33d所示。

7）在命令行输入字母"C"，使矩形闭合，完成绘制，如图11-33e所示。这里字母"C"是表示闭合图形的意思。

在以上绘图过程中，一定要确保在出现极轴的情况下再输入尺寸数据（该数据将作为光标点与前一绘图点之间线段的长度），否则会出现线段不水平或不垂直的情况。

除了默认为水平和竖直方向的极轴外，用户可以自定义极轴的增量角，也就是说，可以按照增量角的整数倍实现极轴追踪。事实上，AutoCAD系统默认的增量角是90°，即在0°、90°、180°、270°的四个方向上进行极轴追踪。想要自定义极轴增量角，可以单击"极轴追踪"图标右侧的下拉箭头进行快捷设置，也可以利用"草图设置"对话框中的"极轴追踪"选项卡进行修改，如图11-34所示。

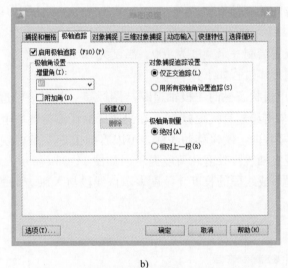

a)   b)

图11-34 "极轴追踪"设置

a）"极轴追踪"快捷设置 b）"极轴追踪"选项设置

设定某一增量角后，系统将在与增量角成整倍数的方向上拾取点的位置。例如，增量角设置为45°，极轴将会在0°、45°、90°、135°、180°、225°、270°和315°方向上出现，并进行极轴追踪。利用这种方式，可以沿任意角度绘制任意长度的线段，如图11-35所示。

4. 对象捕捉

这里所指的对象是图形的某些特征点，如端点、中点和圆心等，利用对象捕捉功能可以方便准确地捕捉这些特征点，以达到精确绘图的目的。默认情况下，对象捕捉功能是处于开启状态的，用户也可以通过鼠标单击状态栏的"对象捕捉"图标，或按下键盘上的<F3>键，来开启和关闭该功能。

例11-8 借助对象捕捉命令，绘制如图11-36所示的图形。

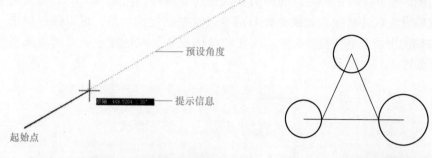

图 11-35　以自定义角度进行极轴追踪　　图 11-36　对象捕捉绘图实例

绘制本例的方法有多种，以下给出的绘图过程侧重于介绍对象捕捉功能。

1）单击状态栏的"对象捕捉"图标，打开对象捕捉功能。

2）单击绘制直线图标，借助极轴追踪功能绘制一段水平的直线段。

3）单击绘制圆图标，将光标放置在直线的左端点附近，可以看到光标被吸附在该端点上，并出现了"端点"捕捉提示，如图 11-37a 所示。以合适的半径在该位置绘制一个圆。

4）用同样的方法以直线的右端点为圆心绘制第二个圆，如图 11-37b 所示。

5）在直线上方合适的位置绘制第三个圆，如图 11-37c 所示。

6）单击绘制直线图标，将光标先放置在第三个圆的圆周上，待出现"圆心"捕捉提示之后，将光标移动至圆心附近，单击鼠标左键拾取圆心，如图 11-37d 所示。操作完成后将从圆心引出一条"橡皮筋"直线。

7）将光标放置在左侧圆与直线的交点上，出现"交点"捕捉提示，拾取该点，如图 11-37e 所示，完成直线的绘制。

8）用同样的方法，绘制右侧直线，如图 11-37f 所示。

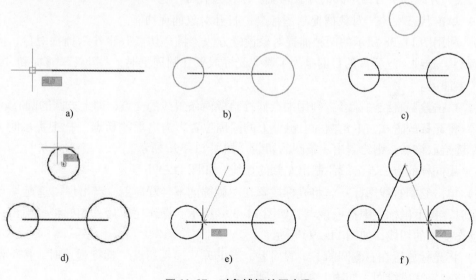

a)　　　　　　　　　b)　　　　　　　　　c)

d)　　　　　　　　　e)　　　　　　　　　f)

图 11-37　对象捕捉绘图步骤

当绘制的图形较复杂时，特征点的种类和数量将非常多，因此 AutoCAD 并没有将所有要捕捉的对象都设为默认捕捉。如果要查看或修改这些捕捉的对象，可以通过单击"对象捕捉"图标右侧的下箭头进行快捷设置，或在"草图设置"对话框中的"对象捕捉"选项卡进行设置，如图 11-38 所示。

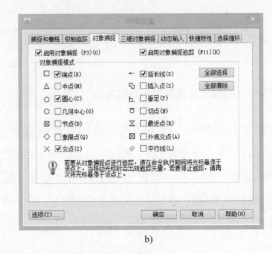

图 11-38　"对象捕捉"设置

a)"对象捕捉"快捷设置　b)"对象捕捉"选项设置

在图 11-38 所示的两种"对象捕捉"设置方式中，都明显给出了当前可以捕捉的特征点对象，用户可以增加或减少特征点的种类，之后的绘图将按照用户给定的特征点进行捕捉。需要指出的是，设置过多的特征点会造成绘图时捕捉点的混乱，因此通常只设定一些常用的特征点即可。

例 11-9　在例 11-8 的基础上，借助"捕捉切点"功能，从上方圆的圆心向下方两个圆绘制切线，并绘制下方两个圆的外公切线。绘图过程如下：

1）单击状态栏的"对象捕捉"图标🔲，打开对象捕捉功能。

2）利用图 11-38 所示的两种捕捉对象设置方法，将"切点"也作为捕捉对象，同时关闭"圆心"选项。这样做的目的是为了避免光标放置在圆周上时，"切点"捕捉和"圆心"捕捉产生冲突。

3）单击绘制直线图标📏，利用端点捕捉拾取两条斜线的交点，即上方圆的圆心。

4）将光标放置在右下角圆的右侧偏上的圆周位置，当出现"切点"捕捉提示时，按下鼠标左键拾取该点，则绘制出一条圆的切线，如图 11-39a 所示。

5）用同样的方法，继续绘制出左侧的切线，如图 11-39b 所示。

6）单击绘制直线图标📏，将光标放置在左侧圆的下半圆周上，当出现"递延切点"捕捉提示时，按下鼠标左键拾取该点，如图 11-39c 所示。操作完成后，光标将牵引出一条初始点动态变化的切线，如图 11-39d 所示。

7）将光标放置在右侧圆的下半圆周上，当出现"递延切点"捕捉提示时，按下鼠标左键拾取该点，完成绘图，如图 11-39e、f 所示。

在本例中，捕捉切点的时候只选择了一个大概的位置，因此会出现"递延切点"的提

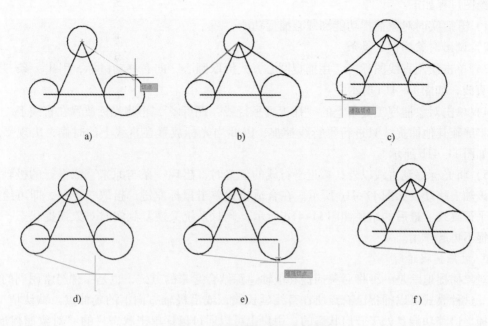

图 11-39　捕捉切点辅助绘图实例

示，实际切点的位置会由系统根据两个圆的实际位置和尺寸智能推算出来。

5. 对象捕捉工具条

以上介绍的对象捕捉功能通常称为实时对象捕捉，即在绘图时可以实时捕捉用户设置的各种捕捉特征点。除此之外，用户还可以利用对象捕捉工具条进行临时对象捕捉。这种捕捉方式只对用户通过工具按钮选择的捕捉功能有效，同时还屏蔽了实时对象捕捉，当这种捕捉功能结束后，AutoCAD 又会恢复到实时对象捕捉状态。对象捕捉工具条如图 11-40 所示，其对应的捕捉对象与"草图设置"对话框中的"对象捕捉"选项卡类似。

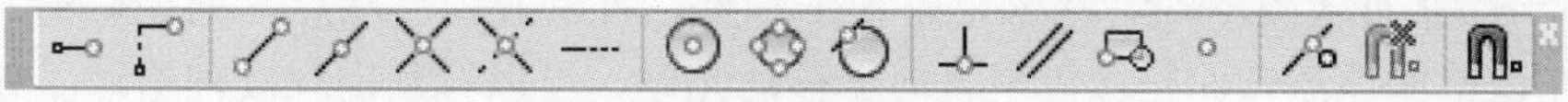

图 11-40　"对象捕捉"工具条

例 11-10　已知一条倾斜直线和一个圆，试从圆心做该直线的平行线，如图 11-41 所示。

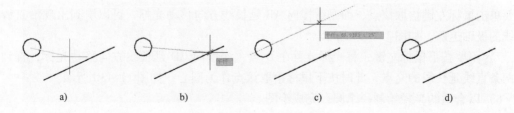

图 11-41　绘制平行线实例

绘图过程如下：

1）开启实时对象捕捉功能和圆心捕捉功能。

2）调出对象捕捉工具条。

3）单击绘制直线图标 ，用捕捉圆心方式拾取圆心，向右移动鼠标，引出一条"橡皮筋"直线，如图 11-41a 所示。

4）单击对象捕捉工具条上的"捕捉到平行线"图标 ，再将光标放置在直线上。此时系统将屏蔽其他捕捉，只进行平行线捕捉，因此当光标放置在直线上的时候，出现平行图标，如图 11-41b 所示。

5）将光标移到直线以外，接近平行线的位置时，出现一条与原来直线平行的极轴，光标在该轴上移动，如图 11-41c 所示。在合适位置单击鼠标左键，拾取一个点，即可绘制出一条平行直线。最后的结果如图 11-41d 所示，此时系统又恢复到实时对象捕捉状态，平行线捕捉不再起作用。

6. 对象捕捉追踪

对象捕捉追踪是一种将对象捕捉和极轴追踪结合起来的方式，也是一种经常用到的捕捉方式。这种模式可以捕捉已有点所在直线延长线，或沿极轴方向上的延伸点。默认情况下，对象捕捉追踪功能是处于开启状态的，用户也可以通过鼠标单击状态栏的"对象捕捉追踪"图标 或按下键盘上的 <F11> 键，来开启和关闭该功能。

例 11-11 绘制图 11-42 所示的图形。其中直线 AB 与直线 CD 成一定夹角，并且两条直线的左右端点在竖直方向上分别对齐；圆心 O 在两直线延长线的交点上；不必标注点的标记符号。

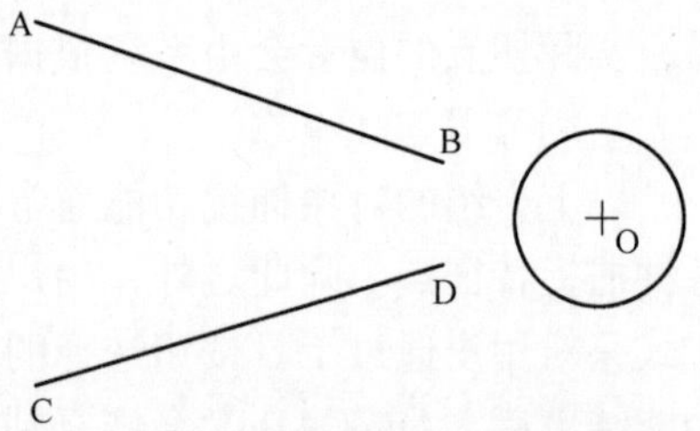

图 11-42 对象捕捉追踪绘图实例

绘图过程如下：

1）绘制直线 AB。

2）依次单击状态栏的 、 和 三个图标，开启极轴追踪、对象捕捉和对象捕捉追踪功能。

3）单击绘制直线图标 ，将鼠标放置在 A 点，可以看到"端点"捕捉提示，此时不要单击鼠标左键拾取该点，而是缓慢竖直向下移动光标，可以看到出现极轴追踪。如图 11-43a 所示。

4）在合适位置单击鼠标左键，该点作为 C 点，与 A 点在水平方向上对齐。

5）在鼠标出现"橡皮筋"直线的情况下，将光标放置在 B 点，用与绘制 C 点相同的方式绘制出 D 点，注意确保两条直线延长后可以相交，如图 11-43b 所示。

6）单击绘制圆图标 ，将光标光标放置在 B 点，可以看到"端点"捕捉提示，此时不要单击鼠标左键拾取该点，而是缓慢向 AB 延长线方向移动光标，可以看到出现沿直线延长线的极轴追踪，如图 11-43c 所示。

7）不要按下鼠标左键，将光标放置在 D 点，缓慢向 CD 延长线方向移动光标，直到看到两条直线延长线的交点，此时按下鼠标拾取该点作为圆心，如图 11-43d 所示。

8）以合适的半径绘制一个圆，完成绘图。

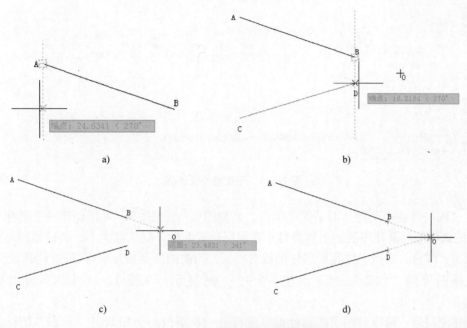

图 11-43　对象捕捉追踪绘图步骤

第五节　图层与对象属性

工程图样中包含了多种不同类型的元素，如轮廓线、中心线、虚线、剖面线、尺寸标注以及文字说明等元素。如果将这些元素分门别类地进行管理，对不同类型的元素给定不同的颜色、线型和线宽，不仅能使图形的各种信息清晰有序，便于观察，而且也会给图形的编辑、修改和输出带来方便。

一、图层

在 AutoCAD 中，图层就是管理图形的有效工具。图层相当于相互叠加在一起的透明纸，当用户在一个图层绘制图形时，不会受到其他图层的影响。同一个图层中的各个图形元素往往具有相同的某些属性，如颜色、线宽和线型等。在 AutoCAD 中，所有图形对象都具有图层、颜色、线型和线宽 4 个基本属性。因此可用不同的图层、不同的颜色、不同的线型和线宽绘制不同的对象，以方便地控制对象的显示和编辑，提高绘制复杂图形的效率和准确性。

1. 图层特性管理器

通过单击图层工具条上的按钮 ，或选择下拉菜单中的"格式"→"图层"命令，可以打开如图 11-44 所示的"图层特性管理器"。图层的建立和管理工作可以通过该管理器完成。

2. 创建新图层

在默认情况下，AutoCAD 自动创建一个名称为"0"的特殊图层，"0"层被自动指定为白色或黑色（通常为背景色的反色），线型为"Continuous"，线宽 为"默认"线宽等，用户不能删除或重命名"0"层。在绘图过程中，如果用户要使用更多的图层来组织和管理图形，就需要先创建新图层。

图 11-44 图层特性管理器

在"图层特性管理器"对话框中单击"新建图层"按钮，可以创建一个名称为"图层1"的新图层，新建图层的名称将显示在图层列表框中。默认情况下，新建图层与当前图层的状态、颜色、线型、线宽等属性的设置相同。当前图层是指目前可以进行图形绘制的图层，在该图层的"状态"列下，有一个对号 ✔ 显示，在图 11-44 中，当前图层即为"0"层。

创建图层后，可以对图层的属性信息进行进一步更改。例如双击"状态"图标，可以将其设为当前图层；单击图层名称，可以对其进行重新命名；单击"开"图标 ♀，可以改变其显示的打开与关闭状态；单击"冻结"图标 ☼，可以改变其冻结/解冻状态，以控制该图层的图形是否参与深层图形运算；单击"锁定"图标 ☐，可以改变其锁定/解锁状态，实现对该图层图形的保护；单击"颜色"图标 ■白，可以改变该图层图形的显示颜色；单击"线宽"栏，可以修改该图层图形的线型宽度等。如图 11-45 所示，新创建了粗实线、细实线、点画线、虚线和尺寸等几个图层，并给予了不同的属性，同时将"粗实线"层设为了当前层。

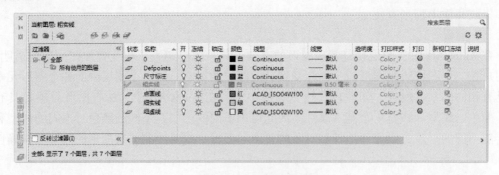

图 11-45 创建新图层

3. 设置图层线宽

线宽设置就是改变线条的宽度，制图国家标准规定了不同类型线型的宽度。同时，在 AutoCAD 中使用不同宽度的线条表现对象的大小或类型，可以提高图形的表达能力和可读性。

在"图层特性管理器"对话框的"线宽"列中单击线型图标可以调出"线宽选择"对话框，如图 11-46 所示。在该对话框中选择相应的线宽即可将其赋予对应的图层，以后在该图层中绘制的图线将按给定的线宽显示。

但是必须注意，默认情况下 AutoCAD 关闭了线宽显示，用户必须通过单击绘图区下方状态栏的"显示/隐藏线宽"图标 ▤ 才能将线宽显示出来。默认线宽的设置和线宽显示比例可以通过"线宽设置"对话框完成。该对话框可通过右键单击"显示/隐藏线宽"图标 ▤，或选择下拉菜单中的"格式"→"线宽"打开，如图 11-47 所示。图中将默认线宽设定为0.25mm，则图 11-45 中具有默认线宽属性的图层将以 0.25mm 线宽绘制图形。另外，"调整显示比例"一栏可用来调整线宽在屏幕上的显示粗细，以方便进行图形观察，而实际打印图形时按照设定的线宽值进行打印，不受显示比例的影响。

图 11-46　"线宽"对话框

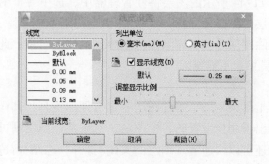

图 11-47　"线宽设置"对话框

4. 设置线型

线型是指图形元素中线条的组成和显示方式，如实线、虚线和点画线等。通过指定图层的线型可以使绘制在该层中的所有图形元素具有相同的线型。在图 11-45 中，点画线层和细虚线层还需要进行线型的设置。

在图 11-45 所示的"图层特性管理器"对话框的"线型"列中，单击该图层对应的线型名称（如"Continuous"），可以打开如图 11-48 所示的"选择线型"对话框（也可以选择下拉菜单中的"格式"→"线型"命令），单击其中的"加载（L）"选项，可打开 Auto-CAD 系统提供的线型库文件，如图 11-49 所示。线型库中包含了数十种线型定义，用户可随时加载这些线型。例如选择"ACAD_ISO04W100"作为点画线图层的线型，选择"ACAD_ISO02W100"作为细虚线图层的线型。加载后的线型需要在图 11-48 的"选择线型"对话框中进一步选择并确认，才可以赋予相应的图层。

需要注意的是，在使用虚线和点画线这一类非实线线型绘图时，过于紧密或过于稀疏的线型密度，往往会造成显示上的错误。例如，过于紧密的线型密度在对图形进行缩小时，容易显示为连续线型；过于稀疏的线型密度在绘制一些较短的线时，也容易以连续线绘出。为了得到合适的显示效果，往往需要调整线型的比例因子，该比例因子由"LtScale"命令来控制。

— 269 —

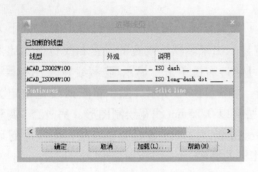

图 11-48 "选择线型"对话框

图 11-49 "加载或重载线型"对话框

5. 删除图层

在图 11-44 所示的图层特性管理器中，选中一个图层，并选择删除图层按钮✖，可以删除一个图层。但必须注意："0"层和当前层不能删除；绘制有对象的图层也不能删除，也就是说删除图层之前要删除图层上绘制的所有对象；此外一些系统自动生成的图层（如 Defpoints 图层）也不能删除。

6. 使用图层工具条

图层工具条是一个管理图层非常方便的工具，其样式如图 11-50 所示。工具条中间的下拉列表给出了用户设置的各个图层，选中某一图层则可以将其设置为当前图层，同时单击相应的图标还可以快速实现图层的关闭/打开、冻结/解冻、锁定/解锁等操作。通过按钮🖥可以调出图形特性管理器；通过按钮🔊可以把用户选择的对象所在图层提取为当前图层；通过按钮🔊可以把最近一次用过的图层重新作为当前图层。

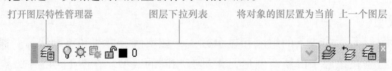

图 11-50　图层工具条

二、对象属性

除了图层工具之外，还可以通过其他工具查看对象的特性，这些工具主要有特性工具条和对象特性管理器。

1. 特性工具条

特性工具条给出了图形对象的颜色、线型、线宽和打印样式四个属性，如图 11-51 所示。当用户选择一个图形对象时，其颜色、线型和线宽等属性就会显示在相应的下拉框内。这些属性若标识了"ByLayer"字样，则表示该属性由对象所在的图层决定。要想更改某个属性，可以选中图形对象以后再选择下拉列表框内相应的属性选项，就可将该属性赋给选择的图形对象。

2. 对象特性管理器

特性工具条只给出了颜色、线型和线宽等几个属性，要想查看或修改对象的其他属性，可以通过标准工具条上的"特性"图标按钮🖩调出对象特性管理器来进行详细属性的查看。该管理器也可以通过"修改"→"特性"或"工具"→"选项板"→"特性"方式调出。

图 11-51 "特性"工具条

例如，当查看一个对象的特性时，除了可以显示颜色、图层、线型等信息外，还可以根据选择对象的不同类型，显示其坐标、长度、角度、周长、面积等信息。若选择多个不同的对象，则显示这些对象的共同属性。图 11-52 给出了选择直线、选择圆和同时选择直线和圆的特性显示。

图 11-52 查看对象的特性

a) 查看直线特性　b) 查看圆特性　c) 查看多个对象的特性

图 11-52 中列出的某些属性还可以进行更改，直接在属性栏内输入新的值或选择相应选项即可。

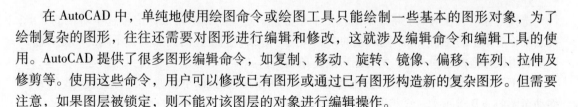

第六节　编辑图形对象

在 AutoCAD 中，单纯地使用绘图命令或绘图工具只能绘制一些基本的图形对象，为了绘制复杂的图形，往往还需要对图形进行编辑和修改，这就涉及编辑命令和编辑工具的使用。AutoCAD 提供了很多图形编辑命令，如复制、移动、旋转、镜像、偏移、阵列、拉伸及修剪等。使用这些命令，用户可以修改已有图形或通过已有图形构造新的复杂图形。但需要注意，如果图层被锁定，则不能对该图层的对象进行编辑操作。

一、选择对象

在对图形进行编辑操作之前，首先需要选择要编辑的对象。在 AutoCAD 中，可以用鼠标单击对象的方式逐个选择，也可利用矩形窗口或交叉窗口选择。选中的对象通常用虚线高亮显示。

1. 单击对象逐个选择

当需要选择的对象不多时，可直接用鼠标左键单击图形元素，顺序选择多个对象，按空格键或＜Enter＞键退出。按下＜Shift＞键的同时，点选已经选中的对象，可以取消先前对其的选择。

2. 矩形窗口选择

"矩形窗口"模式是指用户通过拖拽出一个矩形来进行框选对象的方法。具体方法为：用户利用鼠标光标在屏幕上指定两个点来定义一个矩形窗口，如果某些对象完全包含在该窗口之中，则这些对象将被选中。鼠标指定的两点会作为矩形窗口的对角点，并且要求第一个点要在左侧，第二个点要在右侧，矩形窗口以蓝色实现矩形框显示。

如图 11-53 所示，图中直线、正六边形、圆以及三角形左侧的边完全包含在了矩形窗口中，因此将被选中，而三角形右侧的两条边由于仅仅与矩形窗口相交，不被选中，椭圆完全位于矩形窗口之外，也不被选中。

3. 交叉窗口选择

"交叉窗口"选择与"矩形窗口"选择的操作方式类似，只是要求指定矩形窗口两个对角点的顺序为从右到左，窗口以绿色虚线框显示。凡是包含和相交于该窗口的对象将全部被选中。如图 11-54 所示，正六边形、圆以及三角形左侧的边完全包含在窗口中，将被选中；直线和三角形右侧的两条边与窗口边缘相交，也会被选中；椭圆与矩形窗口完全分离，因此不被选中。

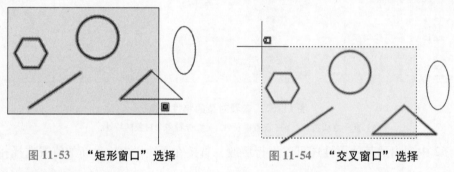

图 11-53　"矩形窗口"选择　　　　图 11-54　"交叉窗口"选择

二、编辑对象的方法

在 AutoCAD 中，可以使用"夹点"对图形进行简单编辑，或综合使用"修改"菜单和"修改"工具条中的多种编辑命令对图形进行较为复杂的编辑。

1. 夹点

选择对象时，在对象上将显示出若干个小方框，这些小方框用来标记被选中对象的夹点，夹点就是对象上的控制点。不同对象的夹点和同一对象不同位置的夹点具有不同的功能，用户可以利用鼠标拖拽这些夹点，实现图形的简单编辑，如拉伸、移动、旋转和缩放等。

例 11-12　使用夹点编辑的方法将图 11-55a 中的图形做以下修改：①将直线 AB 的 A 点移动至圆心，B 点不动；②将圆下方的直线移到圆的上方；③将圆的直径适当增大一些。

操作过程如下：

1）确保端点捕捉、圆心捕捉处于打开状态。

2）用鼠标左键单击直线，使其亮显并出现夹点，再用鼠标左键单击直线的端点 A，使该处的夹点变为红色，然后拖动光标到圆心处，再单击鼠标左键，完成 A 点向圆心的移动，如图 11-55b 所示。

3）单击圆下方的直线，在直线上出现三个夹点，单击中间的夹点拾取直线，向上平移鼠标，并在圆上方选择一点单击鼠标，完成直线的平移，如图 11-55c 所示。

4）单击圆，并选择圆周上的一个夹点，将其向外拉伸一定距离，可以看到圆的直径有所增大，在合适位置单击鼠标，完成圆直径的调整，如图 11-55d 所示。

最后完成的图形如图 11-55e 所示。

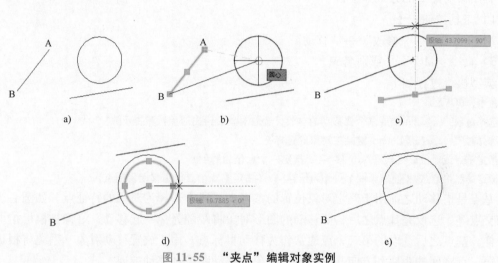

图 11-55　"夹点"编辑对象实例

2. "修改"菜单和"修改"工具条

"修改"菜单用于编辑图形，创建复杂的图形对象，如图 11-56 所示。"修改"菜单中包含了 AutoCAD 的大部分编辑命令，通过选择该菜单中的命令或子命令，可以完成对图形的所有编辑操作。

"修改"工具条给出了经常用到的修改命令，方便用户快速调用。每个工具按钮都与"修改"菜单中相应的编辑命令相对应，单击即可执行相应的修改操作，如图 11-57 所示。

图中按钮对应命令的名称可参考图 11-56。

三、常用编辑命令

1. 删除命令

删除命令可以删除用户选择的一个或多个对象。对于一个已删除对象，虽然在屏幕上看不到它，但在图形文件没有被关闭之前，该对象仍保留在图形数据库中，可利用"UNDO"或"OOPS"命令进行恢复。当图形文件被关闭后，该对象将被永久性地删除。调用删除命令的方式如下：

1）工具按钮：。

2）下拉菜单："修改"→"删除"。

3）命令：ERASE（或别名 E）。

用户可以先执行删除命令，再选择对象并按 < Enter > 键确认；也可以在选择完对象后，再执行删除命令。

图 11-56　"修改"菜单

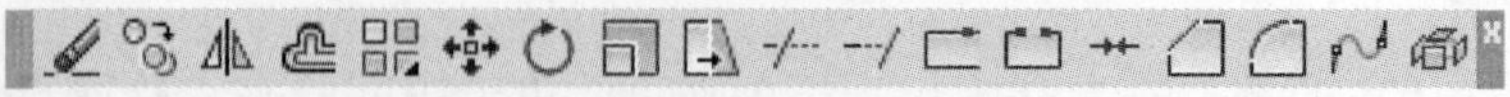

图 11-57 "修改"工具条

2. 移动命令

移动命令可以将用户选择的一个或多个对象平移到其他位置，但不改变对象的方向和大小。调用移动命令的方式如下：

1）工具按钮：✥。

2）下拉菜单："修改"→"移动"。

3）命令：MOVE（或别名 M）。

典型执行过程如下：

命令：MOVE ↵

选择对象：（选取一个或多个要移动的对象，选取对象后给出对象数量提示）

选择对象：↵（按 <Enter> 键结束对象的选择）

指定基点或［位移（D）］ <位移>：（指定一个点作为基点）

指定第二个点或 <使用第一个点作为位移>：（指定第二个点作为移动目标点）

基点是指移动之前用于确定对象位置的参考点，通常选择为对象的特征点，如圆心、端点和交点等。选取完基点之后，要移动的图形对象将跟随光标一起移动，好像被鼠标拾取起来一样。基点之后选取的第二个点通常作为移动目标点，用于放置移动对象。系统将根据基点到第二点之间的距离和方向来确定选中对象的移动距离和移动方向。

3. 复制命令

复制命令可以将用户选择的一个或多个对象生成一个副本，并将该副本放置到其他位置。调用复制命令的方式如下：

1）工具按钮：℃。

2）下拉菜单："修改"→"复制"。

3）命令：COPY（或别名 CP）。

复制命令的操作过程和移动命令完全相同。不同之处仅在于操作结果，即移动命令是将原选择对象移动到指定位置，而复制命令则将其副本放置在指定位置，而原选择对象并不发生任何变化。可以连续复制，直到按空格键或 <Enter> 键结束。

4. 旋转命令

旋转命令可以将用户选择的对象以某一点为旋转中心进行给定角度的旋转操作。调用旋转命令的方式如下：

1）工具按钮：○。

2）下拉菜单："修改"→"旋转"。

3）命令：ROTATE（或别名 RO）。

典型执行过程如下：

命令：ROTATE ↵

UCS 当前的正角方向： ANGDIR = 逆时针 ANGBASE = 0（提示坐标系的正角度方向）

选择对象：（选取一个或多个要旋转的对象，选取对象后系统给出已选取对象数量提示）

选择对象：↵（按 <Enter> 键结束对象的选择）

指定基点：（指定一个点作为基点，该点将作为旋转中心）

指定旋转角度，或［复制（C）/参照（R）］<0>：45（输入旋转角度进行旋转，若选择"C"，则旋转的同时对图形进行复制）

5. 比例命令

比例命令可以改变所选择对象的大小，即在 X、Y 方向等比例放大或缩小对象。调用比例命令的方式如下：

1）工具按钮：□。

2）下拉菜单："修改"→"比例"。

3）命令：SCALE（或别名 SC）。

典型执行过程如下：

命令：SCATE ↵

选择对象：（选取一个或多个要缩放的对象，选取对象后系统给出已选取对象数量提示）

选择对象：↵（按<Enter>键结束对象的选择）

指定基点：（指定一个点作为基点，该点将作为缩放中心）

指定比例因子或［复制（C）/参照（R）］：2（输入缩放的比例因子，2 表示将图形放大两倍）

6. 拉伸命令

拉伸命令可以将所选对象在某一个方向上进行拉伸或压缩，而在另一个方向上的尺寸保持不变。调用拉伸命令的方式如下：

1）工具按钮：□。

2）下拉菜单："修改"→"拉伸"。

3）命令：STRETCH。

例 11-13　已知图形如图 11-58a 所示，将图形中 AB 直线右侧的部分水平向右拉伸 15 个单位，高度方向保持不变。操作过程及命令行提示如下：

命令：STRETCH ↵（或单击拉伸命令按钮执行拉伸命令）

以交叉窗口或交叉多边形选择要拉伸的对象…

选择对象：（以交叉窗口的方式选择图形 AB 线右侧部分，如图 11-58b 所示）

选择对象：↵（按<Enter>键结束对象的选择）

指定基点或［位移（D）］<位移>：（任意指定一个基点作为拉伸的参考点，如图 11-58c 所示）

指定第二个点或<使用第一个点作为位移>：（向右水平移动鼠标，当出现水平极轴时，输入 15 并按<Enter>键。）

完成后的图形如图 11-58d 所示。

从本例中可以看出，图形中需要拉伸的部分必须用交叉窗口的方式选中，未选中的部分不进行拉伸，而包含在交叉窗口中的部分将实现移动操作。

7. 倒角命令

倒角命令用于对相交图形进行倒角处理。调用倒角命令的方式如下：

1）工具按钮：□。

2）下拉菜单："修改"→"倒角"。

3）命令：CHAMFER。

典型执行过程如下：

命令：CHAMFER ↵

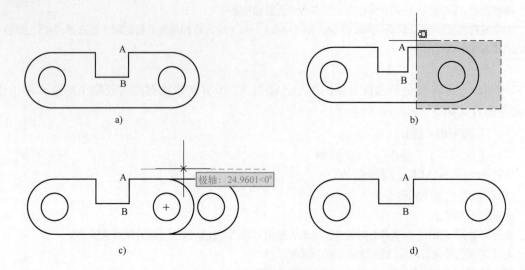

图 11-58 拉伸图形实例

（"修剪"模式）当前倒角距离 1 = 0.0000，距离 2 = 0.0000

选择第一条直线或［放弃（U）/多段线（P）/距离（D）/角度（A）/修剪（T）/方式（E）/多个（M）］：d（输入 d，进行倒角距离设定）

指定 第一个 倒角距离 ＜0.0000＞：5（给定倒角的一个距离数值，如 5）

指定 第二个 倒角距离 ＜5.0000＞：（直接按＜Enter＞键选择与第一个距离相等，或输入新的距离数值）

选择第一条直线或［放弃（U）/多段线（P）/距离（D）/角度（A）/修剪（T）/方式（E）/多个（M）］：（在靠近倒角生成位置选取第一条边）

选择第二条直线，或按住＜Shift＞键选择直线以应用角点或［距离（D）/角度（A）/方法（M）］：（在靠近倒角生成位置选取第二条边）

完成一次倒角命令之后，所输入的距离数据将被系统自动记录下来，再次使用该命令时，这些数据将自动获取。

8. 圆角命令

圆角命令与倒角命令类似，用于对相交图形进行圆角处理。调用圆角命令的方式如下：

1）工具按钮：⬜。

2）下拉菜单："修改"→"圆角"。

3）命令：FILLET。

典型执行过程如下：

命令：FILLET ↵

当前设置：模式 = 修剪，半径 = 0.0000

选择第一个对象或［放弃（U）/多段线（P）/半径（R）/修剪（T）/多个（M）］：r（输入 r，进行圆角半径设定）

指定圆角半径 ＜0.0000＞：5（给定圆角半径数值，如 5）

选择第一个对象或［放弃（U）/多段线（P）/半径（R）/修剪（T）/多个（M）］：（在靠近圆角生成位置选取第一条边）

选择第二个对象，或按住＜Shift＞键选择对象以应用角点或［半径（R）］：（在靠近圆角生成位置选取第二条边）

9. 修剪、偏移、环形阵列、延伸和镜像命令

下面以绘制压力表的过程为例介绍修剪、偏移、环形阵列、延伸和镜像命令的使用方法。

（1）绘制压力表轮廓　首先使用圆命令，以点（100，100）为圆心，以50为半径绘制一个圆；然后调用矩形命令，在点（85，45）和点（115，155）之间绘制一个矩形。结果如图11-59所示。

（2）利用修剪命令将圆内的矩形部分去掉　修剪命令可以根据图线的相交情况对图形进行修剪。调用修剪命令的方式如下：

1）工具按钮：-/---。

2）下拉菜单："修改"→"修剪"。

3）命令：TRIM（或别名TR）。

在本例中，命令行执行过程如下：

命令：TRIM ↵
当前设置：投影=UCS，边=无
选择剪切边…
选择对象或＜全部选择＞：（选择圆周作为修剪的边界）
选择对象：↵（结束选择修剪边界）
选择要修剪的对象，或按住＜Shift＞键选择要延伸的对象，或
［栏选（F）/窗交（C）/投影（P）/边（E）/删除（R）/放弃（U）］：（选择圆内左侧需要修剪的线段）
选择要修剪的对象，或按住＜Shift＞键选择要延伸的对象，或
［栏选（F）/窗交（C）/投影（P）/边（E）/删除（R）/放弃（U）］：（选择圆内右侧需要修剪的线段）

修剪后的结果如图11-60所示。

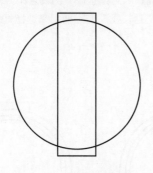

图11-59　修剪前的图形

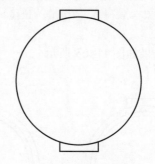

图11-60　修剪后的图形

（3）绘制表盘　偏移命令可以将对象向某个方向上进行等距离复制，例如可以利用该命令绘制一系列平行线或同心圆。在本例中，内部另外两个圆的绘制就是采用偏移命令绘制的，由已有的圆直接生成新的圆。为了便于说明，将上一步骤中绘制的圆称为圆1，本步骤中所绘制的圆分别称为圆2和圆3。偏移命令的调用方式如下：

1）工具按钮：⌗。

2）下拉菜单："修改"→"偏移"。

3）命令：OFFSET（或别名O）。

在本例中，偏移命令的操作过程如下：

命令：OFFSET ↵

当前设置：删除源 = 否 图层 = 源 OFFSETGAPTYPE = 0

指定偏移距离或［通过(T)/删除(E)/图层(L)］＜通过＞：5 ↵（指定偏移距离为5）

选择要偏移的对象，或［退出(E)/放弃(U)］＜退出＞：（选择圆1作为偏移对象）

指定要偏移的那一侧上的点，或［退出(E)/多个(M)/放弃(U)］＜退出＞：（选择圆1内任一点来指定偏移方向）

选择要偏移的对象，或［退出(E)/放弃(U)］＜退出＞：↵

命令：OFFSET ↵（第二次执行偏移命令，用来创建圆3）

当前设置：删除源 = 否 图层 = 源 OFFSETGAPTYPE = 0

指定偏移距离或［通过(T)/删除(E)/图层(L)］＜5.0000＞：3 ↵（指定偏移距离为3）

选择要偏移的对象，或［退出(E)/放弃(U)］＜退出＞：（选择圆2作为偏移对象）

指定要偏移的那一侧上的点，或［退出(E)/多个(M)/放弃(U)］＜退出＞：（选择圆2内任一点来指定偏移方向）

选择要偏移的对象，或［退出(E)/放弃(U)］＜退出＞：↵

　　通过对圆1的偏移操作而生成了与其具有同一圆心的圆2，通过对圆2的偏移操作而生成了与其具有同一圆心的圆3，结果如图11-61所示。

　　(4) 绘制刻度线　首先绘制零刻度线。调用直线命令，利用"圆心"捕捉来选择圆心作为起点，然后输入极坐标"@3 < -45"确定端点。绘制结果如图11-62所示。

　　将绘制好的零刻度线移动到指定的位置。选择移动命令，并根据提示进行如下操作：

命令：MOVE ↵

选择对象：找到1个（选择已绘制好的直线）

选择对象：↵

指定基点或［位移（D）］＜位移＞：（利用"端点"捕捉来选择直线右侧端点作为移动的基点）

指定第二个点或 ＜使用第一个点作为位移＞：（利用"延长线"交点捕捉来选择直线与圆3的交点作为移动的目标点）

　　完成后的结果如图11-63所示。

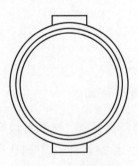 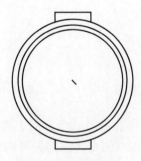 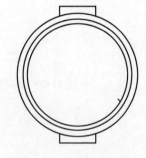

图11-61　绘制表盘　　　　图11-62　绘制零刻度线　　　　图11-63　移动零刻度线

　　其他刻度线的绘制采用"环形阵列"方式生成。

　　阵列命令是一种多重复制命令，有矩形阵列、路径阵列和圆周阵列三种形式。环形阵列命令的调用方式如下：

　　1）工具按钮：▫。

2）下拉菜单："修改"→"阵列"→"环形阵列"。

3）命令：ARRAYPOLAR。

在本例中，环形阵列命令的操作过程如下：

命令：ARRAYPOLAR ↵

选择对象：（选择零刻度线作为阵列的对象）

选择对象：↵

类型 = 极轴 关联 = 是

指定阵列的中心点或［基点（B）/旋转轴（A）］：（捕捉圆心作为阵列中心点）

选择夹点以编辑阵列或［关联(AS)/基点(B)/项目(I)/项目间角度(A)/填充角度(F)/行(ROW)/层(L)/旋转项目（ROT）/退出（X）］＜退出＞：f（输入 f，进行填充角度设置）

指定填充角度（ + =逆时针、 − =顺时针）或［表达式（EX）］＜360＞：270（给定填充角度为270°）

选择夹点以编辑阵列或［关联（AS）/基点（B）/项目（I）/项目间角度（A）/填充角度（F）/行(ROW)/层(L)/旋转项目(ROT)/退出(X)]＜退出＞：i（输入 i，进行阵列数量设置）

输入阵列中的项目数或［表达式（E）］＜6＞：31（给定阵列数量为31个）

选择夹点以编辑阵列或［关联（AS）/基点（B）/项目（I）/项目间角度（A）/填充角度（F）/行(ROW)/层（L）/旋转项目(ROT)/退出(X)］＜退出＞：as（输入 as，进行关联性设置）

创建关联阵列［是(Y)/否(N)]＜是＞：n（输入 n，取消阵列后对象的关联）

选择夹点以编辑阵列或［关联(AS)/基点(B)/项目(I)/项目间角度(A)/填充角度(F)/行(ROW)/层(L)/旋转项目(ROT)/退出(X)]＜退出＞：↵

完成阵列后的结果如图 11-64 所示。

为了使刻度清晰易读，还需要将某些刻度线调整为主刻度线，即从零刻度线开始，每隔 4 条刻度线设置一条较长的主刻度线。这些主刻度线采用延伸命令实现。

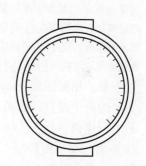

图 11-64 通过阵列命令绘制其他刻度线图

延伸命令可以使直线或圆弧向某一方向延伸，直到与设定的边界相交为止。延伸命令的调用方式如下：

1）工具按钮：--./。

2）下拉菜单："修改"→"延伸"。

3）命令：EXTEND（或别名 EX）。

在本例中，首先使用偏移命令，将圆 3 以 5.5 个单位向内部偏移，生成一个临时的圆作为延伸边界，之后调用延伸命令生成主刻度线。操作过程如下：

命令：OFFSET ↵

当前设置：删除源 = 否 图层 = 源 OFFSETGAPTYPE = 0

指定偏移距离或［通过(T)/删除(E)/图层(L)］＜3.0000＞：5.5（偏移距离为5.5）

选择要偏移的对象，或［退出(E)/放弃(U)]＜退出＞：（选择圆 3 作为偏移对象）

指定要偏移的那一侧上的点，或［退出(E)/多个(M)/放弃(U)]＜退出＞：（选择圆 3 内部的任意一点）

选择要偏移的对象，或［退出（E）/放弃（U）］＜退出＞：↵

命令：EXTEND ↵

当前设置：投影 = UCS，边 = 无

选择边界的边…

选择对象或 <全部选择>：（选择圆3作为延伸的边界）

选择对象：↵

选择要延伸的对象，或按住 <Shift> 键选择要修剪的对象，或

［栏选(F)/窗交(C)/投影(P)/边(E)/放弃(U)］：（每隔4条刻度线选择一条作为主刻度线，将其延伸至圆3）

选择要延伸的对象，或按住 <Shift> 键选择要修剪的对象，或

［栏选(F)/窗交(C)/投影(P)/边(E)/放弃(U)］：↵

完成后的结果如图11-65所示。绘制结束后删除辅助圆3。

（5）绘制表针　首先仍以点（100，100）为圆心，分别以3和5为半径绘制两个圆；再绘制一条穿过这两个圆的直线，其端点坐标为（85，120）、（107，98），如图11-66所示。

使用镜像命令可以方便地绘制具有轴对称特点的图形对象。镜像命令的调用方式如下：

1）工具按钮：。

3）下拉菜单："修改"→"镜像"。

3）命令：MIRROR（或别名 MI）。

在本例中，采用镜像命令绘制表针的过程如下：

命令：MIRROR ↵

选择对象：（选择已绘制好的直线）

选择对象：↵（结束选择对象）

指定镜像线的第一点：（利用端点捕捉来选择直线上的端点，即针尖上的点）

指定镜像线的第二点：（利用中心点捕捉来选择圆心点）

要删除源对象吗？［是(Y)/否(N)］<N>：↵

接下来，用画圆命令以直径方式（"2p"方式）画圆，选择镜像后两条直线的下方端点作为直径的两个端点，如图11-67所示。

最后调用修剪命令，将直线和圆弧进行修剪，得到如图11-68所示的表针效果。

（6）书写文字和数字　在绘制文字前，应先对当前的文字样式进行设置。选择菜单"格式"→"文字样式"，弹出"文字样式"对话框，在"字体名称"下拉列表框中选择"宋体"项，并保持其他选项不变。按"应用"按钮关闭对话框。

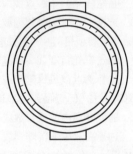

图 11-65　绘制主刻度线

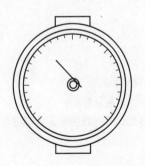

图 11-66　表针绘制图一

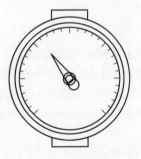

图 11-67　表针绘制图二

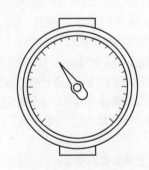

图 11-68　表针绘制图三

用单行文本的方式，在指针下方创建文字"压力表"，字高为5。

继续用单行文本的方式，在右下角主刻度线位置创建刻度数字0。完成后的图形如图11-69所示。

其他数字可以在数字0的基础上，利用环形阵列生成，操作过程如下：

1）调用环形阵列命令。

2）选择数字"0"为阵列对象。

3）选择圆心作为阵列中心。

4）指定"项目（I）"总数为7。

5）指定"填充角度（F）"为270。

6）指定"旋转项目（ROT）"为"否"。

7）指定"关联（AS）"性为"否"。

完成上述设置后，单击"确定"按钮结束阵列命令。绘制结果如图11-70所示。

直接在要修改的第二个数字"0"上双击鼠标左键，将"0"改为"1"，并按 < Enter > 键确定。依次将其他数字分别改为2、3、4、5和6，最后完成的结果如图11-71所示。

图 11-69 创建数字"0"

图 11-70 创建其他数字

图 11-71 完成后的压力表

第七节 尺寸标注

尺寸标注是 AutoCAD 的重要功能之一。通常在绘图完成后，通过调用各种尺寸标注命令来自动测量图形的数值，并按设定的尺寸样式完成尺寸标注。标注完成的尺寸还可以再进行编辑。

要想按照国家标准的要求进行尺寸标注，通常需要经过尺寸样式设定、尺寸标注和尺寸编辑三个步骤。

一、尺寸样式的设定

AutoCAD 内部预设了不同的尺寸样式，其中默认的尺寸样式为 ISO－25，但这种样式并不完全符合我国的国标要求，通常需要对其进行调整或建立新的尺寸样式。尺寸样式是由多个系统变量控制的，在对话框中可直观地改变这些系统变量。

AutoCAD 提供了一个标注样式管理器，用于建立新的尺寸样式及管理已有的尺寸样式。

1. 标注样式管理器

标注样式管理器的调用方式如下：

1）工具按钮：（该图标位于"样式"工具条中）。

2）下拉菜单："格式"→"标注样式"。

3）命令：DIMSTYLE。

命令执行后，打开的"标注样式管理器"对话框如图 11-72 所示。

该对话框中包括一些说明区和命令按钮。

1）"当前标注样式"给出了当前正在使用的尺寸标注样式，图中的当前样式为"ISO－25"，如果不改变当前标注样式，AutoCAD 将把这种样式用于所有的尺寸标注。

2）在"样式"区中，显示了所有系统给定和用户建立的尺寸标注样式名称，而在"预览"区中显示当前尺寸样式的预览。

3）"置为当前"按钮用于将在"样式"区中选定的尺寸样式设置为当前样式。

4）"新建"按钮用于调出"创建新标注样式"对话框，实现新样式的创建，如图11-73所示。

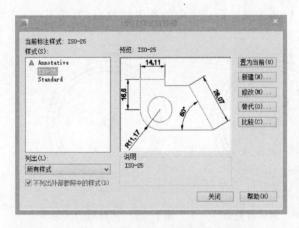

图 11-72　"标注样式管理器"对话框

图 11-73　"创建新标注样式"对话框

5）"修改"按钮用于调出"修改标注样式"对话框，对当前的尺寸样式进行修改。

6）"替代"按钮用于调出"替代标注样式"对话框，设置临时替代尺寸样式。

7）"比较"按钮用于调出"比较标注样式"对话框，比较两个不同的标注样式或查看某个标注样式的特性。

2. 新建、修改和替代标注样式

单击图 11-73 所示的"创建新标注样式"对话框中的"继续"按钮，即可进入"新建标注样式"对话框（"修改标注样式"和"替代标注样式"两个对话框中的选项与该对话框完全一样，在此一并说明）。

"新建标注样式"对话框（图 11-74）包含有七个选项卡，分别控制尺寸标注中的不同部分，下面将工程制图中常用的设置作出说明。

（1）"线"选项卡　该选项卡用于设置尺寸线、尺寸界线的颜色、宽度等属性，并可分别控制两端的尺寸界线是否显示。在机械制图中，尺寸线是直接从轮廓线引出的，因此"起点偏移量"应设置为"0"。

（2）"符号和箭头"选项卡　该选项卡用于设置箭头、圆心标记、弧长符号和半径标注折弯的格式与位置，如图 11-75 所示。

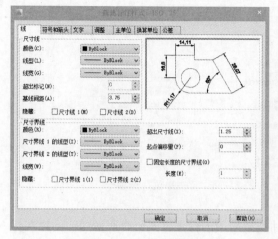

图 11-74 "线"选项卡

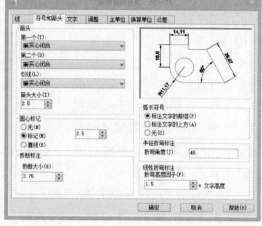

图 11-75 "符号和箭头"选项卡

（3）"文字"选项卡 该选项卡用于设定文字外观、文字位置及文字对齐方式等，如图 11-76 所示。用户可以在"文字样式"栏内选择事先已经定义好的尺寸标注文字样式。另外对于机械图样，通常将"文字高度"设置为 3.5 或 5。

（4）"调整"选项卡 该选项卡用于调整箭头和文字的放置位置，如图 11-77 所示。其中在"调整选项"栏中，可根据两尺寸界线间空间的大小，确定箭头和尺寸数字放置在两尺寸界线间还是放在尺寸界线外。另外，用户还可以通过设定"使用全局比例"的数值来调整尺寸标注时的显示比例。

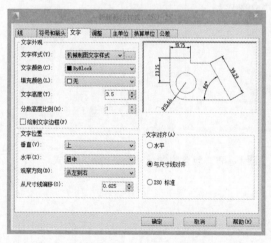

图 11-76 "文字"选项卡

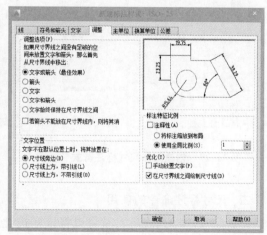

图 11-77 "调整"选项卡

（5）"主单位"选项卡　该选项卡用于设置线性尺寸和角度尺寸的格式及精度，并可设置标注文字的前缀和后缀，如图 11-78 所示。绘制机械图样时，通常将线性尺寸的单位格式选为"小数"，角度尺寸的单位格式选为"度/分/秒"，小数分隔符设为实心句点"."的形式。另外，比例因子用于控制尺寸实际标注数值和测量数值之间的缩放倍数，例如输入 2，则将尺寸测量数值放大两倍标注出来。

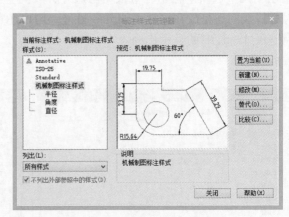

图 11-78　"主单位"选项卡

3. 附加尺寸标注样式的设置

在实际图形的尺寸标注过程中，不同的尺寸类型采用的标注方式会有所不同，例如在标注直径和半径时，必须采用箭头作为尺寸起止符号；标注角度时，尺寸数字水平放置等。因此在设定了通用的尺寸标注样式之后，往往需要对这些有特殊要求的尺寸样式进行附加设定。

在图 11-79 所示的"创建新标注样式"对话框中，在"用于"下方的下拉列表框中，选择"角度标注"或其他类型的标注，单击"继续"按钮之后，所做的设定将只对这种类型的样式有效。同时，在标注样式管理器中可以看到，当前样式下方出现了添加后的附加样式，如图 11-80 所示。

图 11-79　创建附加尺寸标注样式

图 11-80　包含附加尺寸标注的尺寸样式

二、尺寸标注命令的使用

设置完尺寸样式之后，就可以将该样式设为当前样式进行尺寸标注了，本例中使用的尺寸样式名称为"机械制图标注样式"。"标注"菜单中包含了 AutoCAD 的所有尺寸标注命令，如图11-81所示。通过选择该菜单中的命令或子命令，可以完成对图形的尺寸

— 284 —

标注。

"标注"工具条给出了经常用到的尺寸标注命令，方便用户快速调用。每个工具按钮都与"标注"菜单中相应的命令对应，单击即可执行相应的标注操作，如图11-82所示。

图中按钮对应命令的名称可参考图11-81。

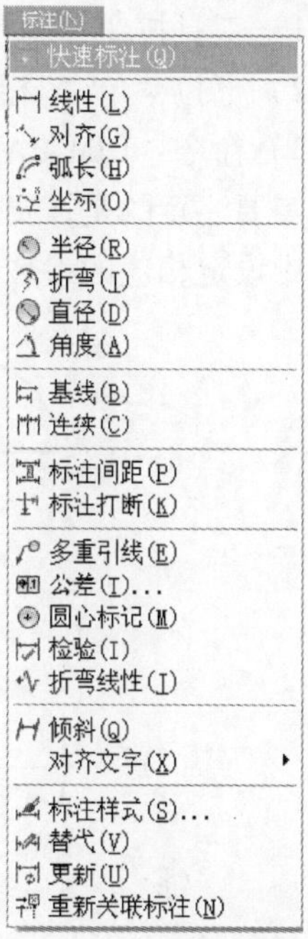

1. 标注线性尺寸

线性尺寸通常是指处于水平或垂直方向的直线段，也是标注使用得最频繁的一类尺寸。标注线性尺寸的调用方式如下：

1）工具按钮：⊢。

2）下拉菜单："标注"→"线性"。

3）命令：DIMLINEAR。

例11-14　标注如图11-83a所示矩形的长度和宽度。

图 11-81　"标注"菜单

图 11-82　"标注"工具条

命令：DIMLINEAR ↵

指定第一条尺寸界线原点或 <选择对象>：（捕捉图中点 A）

指定第二条尺寸界线原点：（捕捉图中点 B）

指定尺寸线位置或［多行文字(M)/文字(T)/角度(A)/水平(H)/垂直(V)/旋转(R)］：（移动鼠标到合适位置，按下鼠标左键，则自动标出水平尺寸，其中的尺寸数字由 AutoCAD 自动测量得出，若需要输入其他尺寸数字，可先输入字母 T，再输入所需数字。）

标注文字 = 45

命令：↵

命令：DIMLINEAR ↵

指定第一条尺寸界线原点或 <选择对象>：（捕捉图中点 C）

指定第二条尺寸界线原点：（捕捉图中点 B）

指定尺寸线位置或［多行文字(M)/文字(T)/角度(A)/水平(H)/垂直(V)/旋转(R)］：（移动光标到合适位置，按下鼠标左键，则自动标出垂直尺寸。）

标注文字 = 30

2. 标注圆弧直径尺寸和半径尺寸

在圆弧上标注直径尺寸和半径尺寸非常简单，调用相应的命令后，只需要选择要标注圆弧的圆周并拖动鼠标，即可在相应位置标注出直径或半径。标注直径、半径和折弯半径的命令调用方式如下：

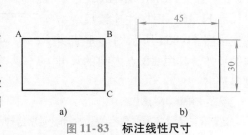

a)　　　　b)

图 11-83　标注线性尺寸

1）工具按钮：⊘/ ⊙/ ⌒。

2）下拉菜单："标注"→"直径"/"半径"/"折弯"。

3）命令：DIMDIAMETER/DIMRADIUS/DIMJOGGED。

需要注意的是，要想获得不同的标注效果，如文字方向、箭头位置等，需要在附加尺寸样式中设定相应的参数。图 11-84 给出了几种圆弧标注的样例。

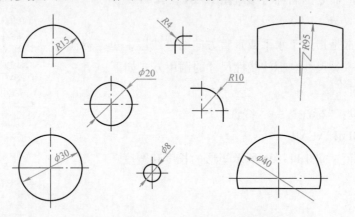

图 11-84　直径、半径尺寸标注样例

3. 标注角度尺寸

角度尺寸的标注也比较简单，只需要分别选择相交的两条边即可自动获取角度值并进行标注。调用标注角度尺寸的方式如下：

1）工具按钮：⊘。

2）下拉菜单："标注"→"角度"。

3）命令：DIMCONTINUE。

为了使角度数值的位置和方向符合国标的要求，需要进行附加尺寸样式的设定，通常需要将文字的对齐方向调整为水平，文字位置为尺寸线外部。

4. 标注连续尺寸

连续尺寸标注方式可用于标注线性尺寸和角度尺寸。调用标注连续尺寸命令的方式如下：

1）工具按钮：⊢⊣。

2）下拉菜单： "标注"→"连续"。

3）命令：DIMCONTINUE。

例 11-15　用标注连续尺寸方式注出图 11-85a 所示图形垂直方向的尺寸，其中 AB 点之间的尺寸已经给出。

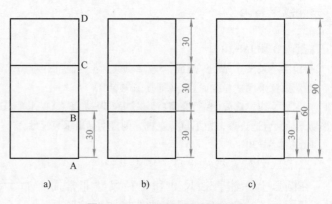

图 11-85　连续标注和基线标注

命令：DIMCONTINUE ↵

指定第二条尺寸界线原点或［放弃（U）/选择（S）］＜选择＞：S ↵（连续标注方式是在已有尺寸的基

础进行标注，如直接按下 < Enter > 键，则自动选择最后一次标注的尺寸）

选择连续标注：（选定图 11-85a 中的点 B 处的尺寸界线）

指定第二条尺寸界线原点或［放弃（U）/选择（S）］< 选择 >：（捕捉图 11-85a 中的点 C）

标注文字 = 30

指定第二条尺寸界线原点或［放弃（U）/选择（S）］< 选择 >：（捕捉图 11-85a 中的点 D）

标注文字 = 30

指定第二条尺寸界线原点或［放弃（U）/选择（S）］< 选择 >：↵

标注完成之后的效果如图 11-85b 所示。

5. 标注基线尺寸

基线尺寸标注方式可用于标注线性尺寸和角度尺寸，标注时选定某一尺寸界线作为基准线后，可自动排列多个尺寸，尺寸线之间的距离在"符号和箭头"选项卡中设定。调用标注基线尺寸命令的方式如下：

1）工具按钮： ᗜᗜᗜ 。

2）下拉菜单："标注"→"基线"。

3）命令：DIMBASELINE。

例 11-16　用基线标注方式注出图 11-85a 所示图形垂直方向的尺寸，其中 AB 点之间的尺寸已经给出。

命令：DIMBASELINE ↵

指定第二条尺寸界线原点或［放弃（U）/选择（S）］< 选择 >：S ↵

选择基准标注：（选定图 11-85a 中的点 A 处的尺寸界线）

指定第二条尺寸界线原点或［放弃（U）/选择（S）］< 选择 >：（捕捉图 11-85a 中的点 C）

标注文字 = 60

指定第二条尺寸界线原点或［放弃（U）/选择（S）］< 选择 >：（捕捉图 11-85a 中的点 D）

标注文字 = 90

指定第二条尺寸界线原点或［放弃（U）/选择（S）］< 选择 >：↵

标注完成之后的效果如图 11-85c 所示。

三、尺寸标注的编辑

标注完成的尺寸还可以进行后续编辑，通常可采用对象特性管理器、编辑标注命令以及编辑标注文字命令进行编辑，编辑的内容包括组成尺寸标注的各要素（尺寸线、标注文字、尺寸界线等）的颜色、线型、位置、方向、高度、标注文字的样式等。

1. 用对象特性管理器修改尺寸特性

利用对象特性管理器，可以方便地修改尺寸标注的各组成要素的多种特性。当选择一个尺寸之后，在对象特征管理器中显示的特征如图 11-86 所示，其中包括了常规特性、直线和箭头、文字、各组成要素的位置关系、主单位、换算单位和公差等。要想修改这些特征，直接输入数值或选择对应选项即可。

例如，要修改图 11-87a 所示圆孔的直径尺寸，给其增加直径符号 φ，可展开其对象特性管理器下"主单位"一栏，在"前缀"后输入"％％C"，即可用尺寸数字"φ60"取代原来的尺寸数字"60"，完成标注文字的修改，如图 11-87b 所示。

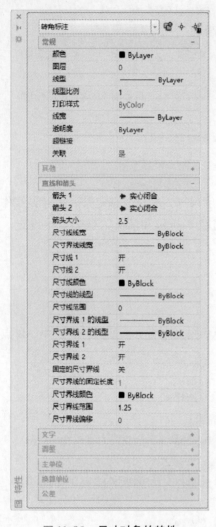

图 11-86　尺寸对象的特性

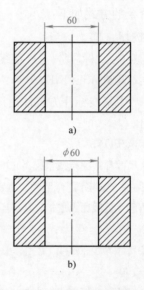

图 11-87　修改尺寸对象的特性

2. 编辑标注命令

编辑标注命令可以实现的功能有：用新文字替代现有的标注文字、旋转现有的文字、将文字移动到新的位置、改变尺寸线和尺寸界线的倾角等。调用编程标注命令的方式如下：

1）工具按钮：🖉。

2）下拉菜单："标注"→"编辑尺寸"。

3）命令：DIMEDIT。

执行命令后，命令行会提示输入需要编辑的类型：

输入标注编辑类型 ［默认(H)/新建(N)/旋转(R)/倾斜(O)］ ＜默认＞：

各项含义解释如下：

1）默认：将文字放回默认位置。

2）新建：显示"多行文字编辑器"对话框，可用于修改尺寸数字。

3）旋转：将尺寸数字旋转用户指定的角度。

4）倾斜：将尺寸界线倾斜用户指定的角度。

3. 编辑标注文字命令

编辑标注文字命令用于移动和旋转标注的文字，改变其位置和方向。调用编辑标注文字命令的方式如下：

1）工具按钮：🅐。

2）下拉菜单："标注"→"编辑标注文字"。

3）命令：DIMTEDIT。

执行命令后，命令行会提示选择一个需要编辑的标注文字及文字的新位置：

选择标注：（选择一个尺寸标注）

为标注文字指定新位置或［左对齐（L）/右对齐（R）/居中（C）/默认（H）/角度（A）］：

新位置提示的各个选项含义如下：

1）默认：将文字放回默认位置。

2）左对齐：靠近左边尺寸界线放置文字。

3）右对齐：靠近右边尺寸界线放置文字。

4）居中：在中间位置放置文字。

5）角度：将尺寸数字倾斜用户指定的角度。

附　　录

附录 A　普通螺纹公称尺寸

（摘自 GB/T 193—2003、GB/T 196—2003）　　　　　　　（单位：mm）

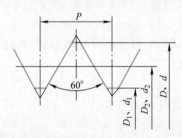

公称直径 D、d		螺距 P		粗牙小径
第一系列	第二系列	粗 牙	细 牙	D_1、d_1
3		0.5	0.35	2.459
	3.5	0.6		2.850
4		0.7	0.5	3.242
				3.688
	4.5	0.75		4.134
5		0.8		
6		1	0.75	4.917
8		1.25	1、0.75	6.647
10		1.5	1.25、1、0.75	8.376
12		1.75	1.5、1.25、1	10.106
	14	2	1.5、1.25[①]、1	11.835
16		2	1.5、1	13.835
	18	2.5	2、1.5、1	15.294
20		2.5		17.294
	22	2.5	2、1.5、1	19.294
24		3	2、1.5、1	20.752
	27	3	3、2、1.5、1	23.752
30		3.5	3、2、1.5、1	26.211
	33	3.5	3、2、1.5	29.211
36		4	3、2、1.5	31.670
	39	4		34.670
42		4.5	4、3、2、1.5	37.129
	45	4.5		40.129
48		5		42.588
	52	5		46.587
56		5.5	4、3、2、1.5	50.046

注：1. 优先选用第一系列。

　　2. 第三系列未列入。

① 仅用于发动机的火花塞。

附录 B　梯形螺纹公称尺寸

（摘自 GB/T 5796.2—2005、GB/T 5796.3—2005）　　　　（单位：mm）

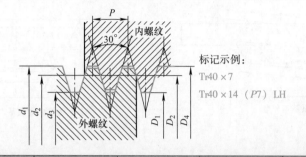

标记示例：
Tr40×7
Tr40×14（P7）LH

公称直径 d_1		螺距	中径	大径	小　　径	
第一系列	第二系列	P	$d_2 = D_2$	D_4	d_3	D_1
8		1.5	7.25	8.30	6.20	6.50
	9	1.5	8.25	9.30	7.20	7.50
		2	8.00	9.50	6.50	7.00
10		1.5	9.25	10.30	8.20	8.50
		2	9.00	10.50	7.50	8.00
	11	2	10.00	11.50	8.50	9.00
		3	9.50	11.50	7.50	8.00
12		2	11.00	12.50	9.50	10.00
		3	10.50	12.50	8.50	9.00
	14	2	13.00	14.50	11.50	12.00
		3	12.50	14.50	10.50	11.00
16		2	15.00	16.50	13.50	14.00
		4	14.00	16.50	11.50	12.00
	18	2	17.00	18.50	15.50	16.00
		4	16.00	18.50	13.50	14.00
20		2	19.00	20.50	17.50	18.00
		4	18.00	20.50	15.50	16.00
	22	3	20.50	22.50	18.50	19.00
		5	19.50	22.50	16.50	17.00
		8	18.00	23.00	13.00	14.00
24		3	22.50	24.50	20.50	21.00
		5	21.50	24.50	18.50	19.00
		8	20.00	25.00	15.00	16.00
	26	3	24.50	26.50	22.50	23.00
		5	23.50	26.50	20.50	21.00
		8	22.00	27.00	17.00	18.00
28		3	26.50	28.50	22.50	25.00
		5	25.50	28.50	22.50	23.00
		8	24.00	29.00	19.00	20.00
	30	3	28.50	30.50	26.50	27.00
		6	27.00	31.00	23.00	24.00
		10	25.00	31.00	19.00	20.00
32		3	30.50	32.50	28.50	29.00
		6	29.00	33.00	25.00	26.00
		10	27.00	33.00	21.00	22.00
	34	3	32.50	34.50	30.50	31.00
		6	31.00	35.00	27.00	28.00
		10	29.00	35.00	23.00	24.00
36		3	34.50	36.50	32.50	33.00
		6	33.00	37.00	29.00	30.00
		10	31.00	37.00	25.00	26.00
	38	3	36.50	38.50	34.50	35.00
		7	34.50	39.00	30.00	31.00
		10	33.00	39.00	27.00	28.00
40		3	38.50	40.50	36.50	37.00
		7	36.50	41.00	32.00	33.00
		10	35.00	41.00	29.00	30.00

注：D 为内螺纹，d 为外螺纹。

附录 C　55°密封管螺纹的公称尺寸（摘自 GB/T 7306.1—2000、GB/T 7306.2—2000）

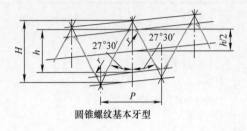

圆锥螺纹基本牙型

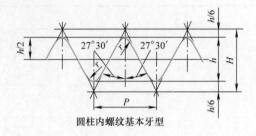

圆柱内螺纹基本牙型

$$P = \frac{25.4}{n}$$

$H = 0.960237P$

$h = 0.640327P$

$r = 0.137278P$

$$P = \frac{25.4}{n}$$

$H = 0.960491P$

$h = 0.640327P$

$r = 0.137329P$

$\dfrac{H}{6} = 0.160082P$

标记示例：

Rc1½（圆锥内螺纹）

$R_2$1½—LH（圆锥外螺纹，左旋）

尺寸代号	每25.4mm内的牙数 n	螺距 P /mm	牙高 h /mm	圆弧半径 $r \approx$ /mm	基面上的基本半径			基准距离 /mm	有效螺距长度 /mm
					大径（基准直径）$d = D$ /mm	中径 $d_2 = D_2$ /mm	小径 $d_1 = D_1$ /mm		
1/16	28	0.907	0.581	0.125	7.723	7.142	6.561	4.0	6.5
1/8	28	0.907	0.581	0.125	9.728	9.147	8.566	4.0	6.5
1/4	19	1.337	0.856	0.184	13.157	12.301	11.445	6.0	9.7
3/8	19	1.337	0.856	0.184	16.662	15.806	14.950	6.4	10.1
1/2	14	1.814	1.162	0.249	20.955	19.793	18.631	8.2	13.2
3/4	14	1.814	1.162	0.249	26.441	25.279	24.117	9.5	14.5
1	11	2.309	1.479	0.317	33.249	31.770	30.291	10.4	16.8
1¼	11	2.309	1.479	0.317	41.910	40.431	38.952	12.7	19.1
1½	11	2.309	1.479	0.317	47.803	46.324	44.845	12.7	19.1
2	11	2.309	1.479	0.317	59.614	58.135	56.656	15.9	23.4
2½	11	2.309	1.479	0.317	75.184	73.705	72.226	17.5	26.7
3	11	2.309	1.479	0.317	87.884	86.405	84.926	20.6	29.8
4	11	2.309	1.479	0.317	113.030	111.551	110.072	25.4	35.8
5	11	2.309	1.479	0.317	138.430	136.951	135.472	28.6	40.1
6	11	2.309	1.479	0.317	163.830	162.351	160.872	28.6	40.1

附录 D　55°非密封管螺纹的公称尺寸（摘自 GB/T 7307—2001）

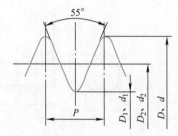

尺寸代号	每 25.4mm 中的螺纹牙数 n	螺距 P/mm	螺纹直径/mm	
			大径 D、d	小径 D_1、d_1
1/8	28	0.907	9.728	8.566
1/4	19	1.337	13.157	11.445
3/8	19	1.337	16.662	14.950
1/2	14	1.814	20.955	18.631
5/8	14	1.814	22.911	20.587
3/4	14	1.814	26.441	24.117
7/8	14	1.814	30.201	27.877
1	11	2.309	33.249	30.291
1⅛	11	2.309	37.897	34.939
1¼	11	2.309	41.910	38.952
1½	11	2.309	47.803	44.845
1¾	11	2.309	53.746	50.788
2	11	2.309	59.614	56.656
2¼	11	2.309	65.710	62.752
2½	11	2.309	75.184	72.266
2¾	11	2.309	81.534	78.576
3	11	2.309	87.884	84.926

附录 E 六角头螺栓（摘自 GB/T 5780—2016、GB/T 5782—2016） （单位：mm）

六角头螺栓——C 级
（摘自 GB/T 5780—2016）

六角头螺栓——A 和 B 级
（摘自 GB/T 5782—2016）

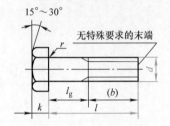

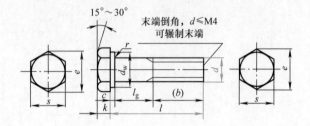

标记示例：

螺纹规格 d = M12，公称长度 l = 80mm，A 级的六角头螺栓

螺栓 GB/T 5782 M12×80

螺纹规格 d		M5	M6	M8	M10	M12	M16	M20	M24	M30	M36
b 参考	$l \leqslant 125$	16	18	22	26	30	38	46	54	66	78
	$125 < l \leqslant 200$	—	—	28	32	36	44	52	60	72	84
	$l > 200$	—	—	—	—	—	57	65	73	85	97
c		0.5	0.5	0.6	0.6	0.6	0.8	0.8	0.8	0.8	0.8
d_w 产品等级	A	6.9	8.9	11.6	14.6	16.6	22.5	28.2	33.6	—	—
	B	6.7	8.7	11.4	14.4	16.4	22	27.7	33.2	42.7	51.1
k		3.5	4	5.3	6.4	7.5	10	12.5	15	18.7	22.5
r		0.2	0.25	0.4	0.4	0.6	0.6	0.8	0.8	1	1
e 产品等级 GB/T 5780—2016 及 GB/T 5782—2016	A	8.79	11.05	14.38	17.77	20.03	26.75	33.53	39.98	—	—
	B	8.63	10.89	14.20	17.59	19.85	26.17	32.95	39.55	50.85	60.79
s		8	10	13	16	18	24	30	36	46	55
l		25 ~ 50	30 ~ 60	35 ~ 80	40 ~ 100	45 ~ 120	50 ~ 160	65 ~ 200	80 ~ 240	90 ~ 300	110 ~ 360
l_g		$l_g = l - b$									
l（系列）		25、30、35、40、45、50、(55)、60、(65)、70、80、90、100、110、120、130、140、150、160、180、200、220、240、260、280、300、320、340、360									

注：1. 括号内的规格尽可能不采用。

2. A 级用于 $d \leqslant 24$ 和 $l \leqslant 10d$ 或 $\leqslant 150$mm（按较小值）的螺栓；B 级用于 $d > 24$ 和 $l > 10d$ 或 > 150mm（按较小值）的螺栓。

附录 F　螺柱（摘自 GB/T 897—1988 ～ GB/T 900—1988）　　　（单位：mm）

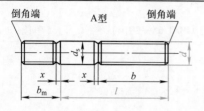

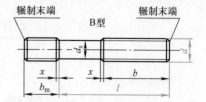

标记示例：

两端均为粗牙普通螺纹、$d = 10$mm、$l = 50$mm、性能等级 4.8 级、不经热处理及表面处理、B 型、$b_m = 1d$ 的双头螺柱：

螺柱　GB/T 897　M10×50

旋入机体的一端为粗牙普通螺纹、旋螺母一端为螺距 $P = 1$mm，细牙螺纹、$d = 10$mm、$l = 50$mm、性能等级为 4.8 级，不经表面处理、A 型、$b_m = 1d$ 的双头螺柱：

螺柱　GB/T 897　AM10-M10×1×50

螺纹规格 d	b_m 公称				d_s		b	l 公称	x
	GB/T 897—1988	GB/T 898—1988	GB/T 899—1988	GB/T 900—1988	max	min			max
M5	5	6	8	10	5	4.7	10	16 ~ 20	
							16	25 ~ 30	
M6	6	8	10	12	6	5.7	10	20，(22)	
							14	25，(28)，30	
							18	32 ~ 75	
M8	8	10	12	16	8	7.64	12	20，(22)	
							16	25，(28)，30	
							22	32 ~ 90	
M10	10	12	15	20	10	9.64	14	25，(28)	
							16	30 ~ 38	
							26	40 ~ 120	
							32	130	
M12	12	15	18	24	12	11.57	16	25 ~ 30	1.5P
							20	(32) ~ 40	
							30	45 ~ 120	
							36	130 ~ 180	
M16	16	20	24	32	16	15.57	20	30 ~ (38)	
							30	40 ~ 50	
							38	60 ~ 120	
							44	130 ~ 200	
M18	20	25	30	40	20	19.48	25	35 ~ 40	
							35	45 ~ 60	
							46	70 ~ 120	
							52	130 ~ 200	
M24	24	30	36	48	23	48	30	45 ~ 50	
							40	(55) ~ (75)	
							50	80 ~ 120	
							60	130 ~ 200	
l (系列)	16，(18)，20，(22)，25，(28)，30，(32)，35，(38)，40，45，50，(55)，60，(65)，70，(75)，80，(85)，90，(95)，100 ~ 200（10 进位）								

注：1. P 表示螺距。

　　2. 括号内的尺寸尽可能不用。

附录 G 螺 钉

表 **G-1** 开槽圆柱头螺钉（摘自 GB/T 65—2016）　　　　　　　（单位：mm）

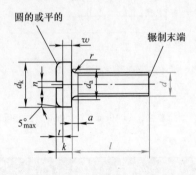 

标记示例：

螺纹规格 $d = M5$，公称长度 $l = 20mm$

螺钉　GB/T 65　M5×20

螺纹规格 d	M4	M5	M6	M8	M10
P（螺距）	0.7	0.8	1	1.25	1.5
a_{max}	1.4	1.6	2	2.5	3
b_{min}	38	38	38	38	38
d_{kmax}	7	8.5	10	13	16
d_{amax}	4.7	5.7	6.8	9.2	11.2
k_{max}	2.6	3.3	3.9	5	6
$n_{公称}$	1.2	1.2	1.6	2	2.5
r_{min}	0.2	0.2	0.25	0.4	0.4
t_{min}	1.1	1.3	1.6	2	2.4
w_{min}	1.1	1.3	1.6	2	2.4
x_{max}	1.75	2	2.5	3.2	3.8
公称长度 l	5 ~ 40	6 ~ 50	8 ~ 60	10 ~ 80	12 ~ 80
l（系列）	5、6、8、10、12、(14)、16、20、25、30、35、40、45、50、(55)、60、(65)、70、(75)、80				

注：1. 括号内的规格尽可能不采用。

　　2. 公称长度在 40mm 以内的螺钉，制出全螺纹。

表 **G-2**　开槽沉头螺钉（摘自 GB/T 68—2016）　　　　　（单位：mm）

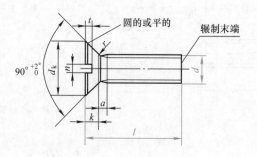 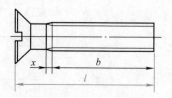

标记示例：

螺纹规格 d = M5，公称长度 l = 20mm

螺钉　GB/T 68　M5 × 20

螺纹规格 d	M1.6	M2	M2.5	M3	M4	M5	M6	M8	M10
P（螺距）	0.35	0.4	0.45	0.5	0.7	0.8	1	1.25	1.5
a_{max}	0.7	0.8	0.9	1	1.4	1.4	2	2.5	3
b_{min}	25	25	25	25	38	38	38	38	38
d_{kmax}	3	3.8	4.7	5.5	8.4	9.3	11.3	15.8	18.3
k_{max}	1	1.2	1.5	1.65	2.7	2.7	3.3	4.66	5
$n_{公称}$	0.4	0.5	0.6	0.8	1.2	1.2	1.6	2	2.5
r_{max}	0.4	0.5	0.6	0.8	1	1.3	1.5	2	2.5
t_{max}	0.5	0.6	0.75	0.85	1.3	1.4	1.6	2.3	2.6
x_{max}	0.9	1	1.1	1.25	1.75	2	2.5	3.2	3.8
公称长度 l	2.5~16	3~20	4~25	5~30	6~40	8~50	8~60	10~80	12~80
l（系列）	2.5、3、4、5、6、8、10、12、（14）、16、20、25、30、35、40、45、50、（55）、60、（65）、70、（75）、80								

注：1. 括号内的规格尽可能不采用。

2. M1.6~M3 的螺钉，在公称长度 30mm 以内的制出全螺纹；M4~M10 的螺钉，在公称长度 45mm 以内的制出全螺纹。

表 G-3　内六角圆柱头螺钉（摘自 GB/T 70.1—2008）　　　（单位：mm）

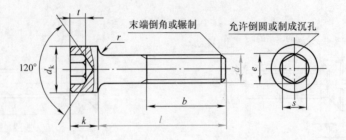

标记示例：

螺纹规格 d = M5，公称长度 l = 20mm

螺钉　GB/T 70.1　M5 × 20

螺纹规格 d	M2.5	M3	M4	M5	M6	M8	M10	M12	M（14）	M16
P（螺距）	0.45	0.5	0.7	0.8	1	1.25	1.5	1.75	2	2
b 参考	17	18	20	22	24	28	32	36	40	44
d_k	4.5	5.5	7	8.5	10	13	16	18	21	24
k	2.5	3	4	5	6	8	10	12	14	16
t	1.1	1.3	2	2.5	3	4	5	6	7	8
s	2	2.5	3	4	5	6	8	10	12	14
e	2.30	2.87	3.44	4.58	5.72	6.86	9.15	11.43	13.72	16.00
r	0.1	0.1	0.2	0.2	0.25	0.4	0.4	0.6	0.6	0.6
公称长度 l	4~25	5~30	6~40	8~50	10~60	12~80	16~100	20~120	25~140	25~160
l（系列）	2.5、3、4、5、6、8、10、12、（14）、16、20、25、30、35、40、45、50、（55）、60、（65）、70、80、90、100、110、120、130、140、150、160									

注：1. 括号内规格尽可能不采用。

　　2. M2.5~M3 的螺钉，在公称长度 20mm 以内的制出全螺纹；

　　　M4~M5 的螺钉，在公称长度 25mm 以内的制出全螺纹；

　　　M6 的螺钉，在公称长度 30mm 以内的制出全螺纹；

　　　M8 的螺钉，在公称长度 35mm 以内的制出全螺纹；

　　　M10 的螺钉，在公称长度 40mm 以内的制出全螺纹；

　　　M12 的螺钉，在公称长度 45mm 以内的制出全螺纹；

　　　M14~M16 的螺钉，在公称长度 55mm 以内的制出全螺纹。

附录 H　紧定螺钉（摘自 GB/T 71—1985、GB/T 73—2017、GB/T 75—1985）

（单位：mm）

开槽锥端紧定螺钉　　　　　　开槽平端紧定螺钉　　　　　　开槽长圆柱端紧定螺钉
（GB/T 71—1985）　　　　　　（GB/T 73—2017）　　　　　　（GB/T 75—1985）

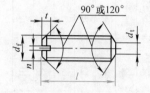　　　　

标记示例：螺纹规格 d = M5，公称长度 l = 20mm，性能等级为 12H 级，表面氧化的开槽锥端紧定螺钉：

螺钉　GB/T 71　M5 × 12

螺纹规格 d			M2	M2.5	M3	M4	M5	M6	M8	M10	M12
$d_f \approx$ 或 max			螺纹小径								
n　公称			0.25	0.4	0.4	0.6	0.8	1	1.2	1.6	2
t		min	0.64	0.72	0.8	1.12	1.28	1.6	2	2.4	2.8
		max	0.84	0.95	1.05	1.42	1.63	2	2.5	3	3.6
GB/T 71—1985	d_t	min	—	—	—	—	—	—	—	—	—
		max	0.2	0.25	0.3	0.4	0.5	1.5	2	2.5	3
	l		3 ~ 10	3 ~ 12	4 ~ 16	6 ~ 20	8 ~ 25	8 ~ 30	10 ~ 40	12 ~ 50	(14) ~ 60
GB/T 73—1985 GB/T 75—1985	d_p	min	0.75	1.25	1.75	2.25	3.2	3.7	5.2	6.64	8.14
		max	1	1.5	2	2.5	3.5	4	5.5	7	8.5
GB/T 73—1985	l	120°	2 ~ 2.5	2.5 ~ 3	3	4	5	6	—	—	—
		90°	3 ~ 10	4 ~ 12	4 ~ 16	5 ~ 20	6 ~ 25	8 ~ 30	8 ~ 40	8 ~ 50	12 ~ 60
GB/T 75—1985	Z	min	1	1.25	1.5	2	2.5	3	4	5	6
		max	1.25	1.5	1.75	2.25	2.75	3.25	4.3	5.3	6.3
	l	120°	3	4	5	6	8	8 ~ 10	(10) ~ 14	12 ~ 16	(14) ~ 20
		90°	4 ~ 10	5 ~ 12	6 ~ 16	8 ~ 20	10 ~ 25	12 ~ 30	16 ~ 40	20 ~ 50	25 ~ 60
l（系列）			2, 2.5, 3, 4, 5, 6, 8, 10, 12, (14), 16, 20, 25, 30, 35, 40, 45, 50, (55), 60								

注：1. GB/T 71—1985 中，当 d = M2.5，l = 3mm 时，螺钉两端倒角为 120°。

2. 尽可能不采用括号内的规格。

附录 I 螺母（摘自 GB/T 6170—2015、GB/T 6172.1—2016、GB/T 41—2016）

（单位：mm）

I 型六角螺母—C 级（GB/T 41—2016） I 型六角螺母—A 和 B 级（GB/T 6170—2015） 六角螺母—A 和 B 级（GB/T 6172.1—2016）

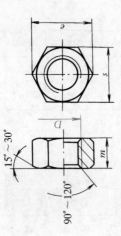

标记示例：

螺纹规格 D = M12
C 级 I 型六角螺母
螺母 GB/T 41 M12

标记示例：

螺纹规格 D = M12
A 级 I 型六角螺母
螺母 GB/T 6170 M12

标记示例：

螺纹规格 D = M12
A 级六角螺母
螺母 GB/T 6172.1 M12

螺纹规格 D		M3	M4	M5	M6	M8	M10	M12	M16	M20	M24	M30	M36
e	GB/T 41—2016			8.63	10.89	14.20	17.59	19.85	26.17	32.95	39.55	50.85	60.79
	GB/T 6170—2015	6.01	7.66	8.79	11.05	14.38	17.77	20.03	26.75	32.95	39.55	50.85	60.79
	GB/T 6172.1—2016	6.01	7.66	8.79	11.05	14.38	17.77	20.03	26.75	32.95	39.55	50.85	60.79
s	GB/T 41—2016			8	10	13	16	18	24	30	36	46	55
	GB/T 6170—2015	5.5	7	8	10	13	16	18	24	30	36	46	55
	GB/T 6172.1—2016	5.5	7	8	10	13	16	18	24	30	36	46	55
m	GB/T 41—2016			5.6	6.1	7.9	9.5	12.2	15.9	18.7	22.3	26.4	31.5
	GB/T 6170—2015	2.4	3.2	4.7	5.2	6.8	8.4	10.8	14.8	18	21.5	25.6	31
	GB/T 6172.1—2016	1.8	2.2	2.7	3.2	4	5	6	8	10	12	15	18

注：A 级用于 D≤16；B 级用于 D>16。

附录 J　六角开槽螺母（摘自 GB 6178—1986）

（单位：mm）

I 型六角开槽螺母—A 和 B 级（GB 6178—1986）

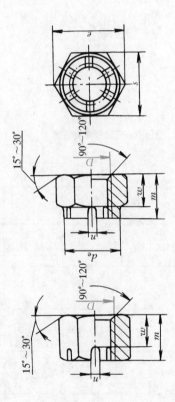

标记示例：

螺纹规格 D = M5、A 级的 I 型六角开槽螺母

螺母　GB/T 6178　M5

螺纹规格 D	M4	M5	M6	M8	M10	M12	M（14）	M16	M20	M24	M30	M36
d_e	—	—	—	—	—	—	—	—	28	34	42	50
e	7.66	8.79	11.05	14.38	17.77	20.03	23.35	26.75	32.95	39.55	50.85	60.79
m	5	6.7	7.7	9.8	12.4	15.8	17.8	20.8	24	29.5	34.6	40
n	1.2	1.4	2	2.5	2.8	3.5	3.5	4.5	4.5	5.5	7	7
s	7	8	10	13	16	18	21	24	30	36	46	55
w	3.2	4.7	5.2	6.8	8.4	10.8	12.8	14.8	18	21.5	25.6	31
开口销	1×10	1.2×12	1.6×14	2×16	2.5×20	3.2×22	3.2×25	4×28	4×36	5×40	6.3×50	6.3×63

注：1. 括号内规格尽可能不采用。

　　2. A 级用于 D≤16；B 级用于 D>16。

附录 K　**标准型弹簧垫圈**（摘自 GB/T 93—1987、GB/T 859—1987）（单位：mm）

标准型弹簧垫圈（GB/T 93—1987）　　　　　　　　轻型弹簧垫圈（GB/T 859—1987）

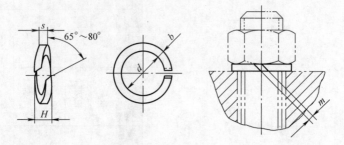

标记示例：　　　　　　　　　　　　　　　　　　　标记示例：

规格 16mm 标准型弹簧垫圈　　　　　　　　　　　　规格 16mm 轻型弹簧垫圈

垫圈 GB/T 93　16　　　　　　　　　　　　　　　　垫圈　GB/T 859　16

规格（螺纹大径）		3	4	5	6	8	10	12	(14)	16	(18)	20	(22)	24	(27)	30
d		3.1	4.1	5.1	6.1	8.1	10.2	12.2	14.2	16.2	18.2	20.2	22.5	24.5	27.5	30.5
H	GB/T 93—1987	1.6	2.2	2.6	3.2	4.2	5.2	6.2	7.2	8.2	9	10	11	12	13.6	15
	GB/T 859—1987	1.2	1.6	2.2	2.6	3.2		5	6	6.4	7.2	8	9	10	11	12
s (b)	GB/T 93—1987	0.8	1.1	1.3	1.6	2.1	2.6	3.1	3.6	4.1	4.5	5	5.5	6	6.8	7.5
s	GB/T 859—1987	0.6	0.8	1.1	1.3	1.6	2	2.5	3	3.2	3.6	4	4.5	5	5.5	6
$m \leqslant$	GB/T 93—1987	0.4	0.55	0.65	0.8	1.05	1.3	1.55	1.8	2.05	2.25	2.5	2.75	3	3.4	3.75
	GB/T 859—1987	0.3	0.4	0.55	0.65	0.8	1	1.25	1.5	1.6	1.8	2	2.25	2.5	2.75	3
b	GB/T 859—1987	1	1.2	1.5	2	2.5	3	3.5	4	4.5	5	5.5	6	7	8	9

注：1. 括号内规格尽可能不采用。

　　2. m 应大于 0。

附录 L 垫圈（摘自 GB/T 848—2002、GB/T 97.1—2002、GB/T 97.2—2002、GB/T 95—2002）

小垫圈—A级 GB/T 848—2002　　平垫圈—A级 GB/T 97.1—2002　　平垫圈倒角型—A级 GB/T 97.2—2002　　平垫圈—C级 GB/T 95—2002

标记示例：公称尺寸 $d=8$mm，性能等级为140HV级，倒角型，不经表面处理的平垫圈。

垫圈 GB/T 97.2-8-140HV

其余标记相仿。

（单位：mm）

公称尺寸（螺纹规格 d）		3	4	5	6	8	10	12	14	16	20	24	30	36
内径 d_1	产品等级 A	3.2	4.3	5.3	6.4	8.4	10.5	13	15	17	21	25	31	37
	产品等级 C			5.5	6.6	9	11	13.5	15.5	17.5	22	26	33	39
GB/T 848—2002	外径 d_2	6	8	9	11	15	18	20	24	28	34	39	50	60
	厚度 h	0.5	0.5	1	1.6	1.6	1.6	2	2.5	2.5	3	4	4	5
GB/T 97.1—2002 GB/T 97.2—2002* GB/T 95—2002*	外径 d_2	7	9	10	12	12	20	24	28	30	37	44	56	66
	厚度 h	0.5	0.8	1	1.6	1.6	2	2.5	2.5	3	3	4	4	5

注：1. * 主要用于规格为 M5～M36 的标准六角螺栓、螺钉和螺母。

2. 性能等级 140HV 表示材料钢的硬度，HV 表示维氏硬度，140 为硬度值，有 140HV、200HV 和 300HV 等三种。

附录 M 平键和键槽的剖面尺寸（摘自 GB/T 1095～1096—2003）

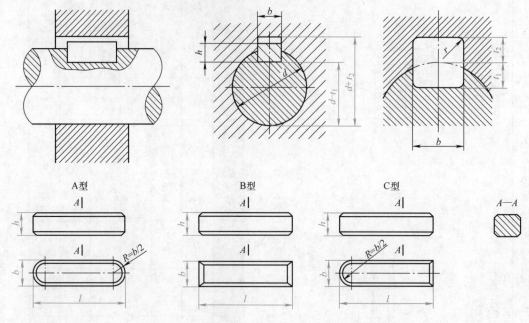

A型   B型   C型   A—A

标记示例：

GB/T 1096 键 $16 \times 10 \times 100$（宽度 $b = 16$、高度 $h = 10$、长度 $l = 100$ 的普通 A 型平键）

GB/T 1096 键 B$16 \times 10 \times 100$（宽度 $b = 16$、高度 $h = 10$、长度 $l = 100$ 的普通 B 型平键）

GB/T 1096 键 C$16 \times 10 \times 100$（宽度 $b = 16$、高度 $h = 10$、长度 $l = 100$ 的普通 C 型平键）

（单位：mm）

键		键 槽											
键尺寸 $b \times h$	长度 l	宽 度 b						深 度				半 径 r	
		公称尺寸	极 限 偏 差					轴 t_1		毂 t_2			
			正常联接		紧密联接	松 联 接		公称尺寸	极限偏差	公称尺寸	极限偏差		
			轴 N9	毂 JS9	轴和毂 P9	轴 H9	毂 D10					min	max
4×4	8～45	4	0 −0.030	±0.015	−0.012 −0.042	+0.030 0	+0.078 +0.030	2.5	+0.1 0	1.8	+0.1 0	0.08	0.16
5×5	10～56	5						3.0		2.3		0.16	0.25
6×6	14～70	6						3.5		2.8			
8×7	18～90	8	0 −0.036	±0.018	−0.015 −0.051	+0.036 0	+0.098 +0.040	4.0		3.3			
10×8	22～110	10						5.0		3.3			
12×8	28～140	12	0 −0.043	±0.0215	−0.018 −0.061	+0.043 0	+0.120 +0.050	5.0		3.3		0.25	0.40
14×9	36～160	14						5.5		3.8			
16×10	45～180	16						6.0	+0.2 0	4.3	+0.2 0		
18×11	50～200	18						7.0		4.4			
20×12	56～220	20	0 −0.052	±0.026	−0.022 −0.074	+0.052 0	+0.149 +0.065	7.5		4.9		0.40	0.60
22×14	63～250	22						9.0		5.4			
25×14	70～280	25						9.0		5.4			
28×16	80～320	28						10.0		6.4			

注：1. $(d - t_1)$ 和 $(d + t_2)$ 两组组合尺寸的偏差按相应的 t_1 和 t_2 的极限偏差选取，但 $(d - t_1)$ 的下偏差值应取负号（−）。

　　2. L 系列：6、8、10、12、14、16、18、20、22、25、28、32、36、40、45、50、56、63、70、80、90、100、110、125、140、160、180、200、220、250、280、320、360、400、450、500。

附录 N　半圆键和键槽的剖面尺寸（摘自 GB/T 1098—2003，GB/T 1099.1—2003）

标记示例：

GB/T 1099.1　键 6×10×25（宽度 b=6，高度 h=10，直径 D=25 普通型半圆键）

（单位：mm）

b×h×D	键尺寸 宽度 b 公称尺寸	键尺寸 宽度 b 极限偏差	键尺寸 高度 h(h12) 公称尺寸	键尺寸 高度 h(h12) 极限偏差	键尺寸 直径 D(h12) 公称尺寸	键尺寸 直径 D(h12) 极限偏差	键槽 槽宽 b 松联接 轴 H9	键槽 槽宽 b 松联接 毂 D10	键槽 槽宽 b 正常联接 轴 N9	键槽 槽宽 b 正常联接 毂 JS9	键槽 槽宽 b 紧密联接 轴和毂 P9	键槽 深度 轴 t_1 公称尺寸	键槽 深度 轴 t_1 极限偏差	键槽 深度 毂 t_2 公称尺寸	键槽 深度 毂 t_2 极限偏差	键槽 半径 r min	键槽 半径 r max
3×5×13	3	0 / −0.025	5	0 / −0.12	13	0 / −0.18	+0.025 / 0	+0.060 / +0.020	−0.004 / −0.029	±0.0125	−0.006 / −0.031	3.8	+0.2 / 0	1.4	+0.1 / 0	0.08	0.16
3×6.5×16	3	0 / −0.025	6.5	0 / −0.15	16	0 / −0.18	+0.025 / 0	+0.060 / +0.020	−0.004 / −0.029	±0.0125	−0.006 / −0.031	5.3	+0.2 / 0	1.4	+0.1 / 0	0.08	0.16
4×6.5×16	4	0 / −0.025	6.5	0 / −0.15	16	0 / −0.18	+0.030 / 0	+0.078 / +0.030	0 / −0.030	±0.015	−0.012 / −0.042	5.0	+0.2 / 0	1.8	+0.1 / 0	0.16	0.25
4×7.5×19	4	0 / −0.025	7.5	0 / −0.15	19	0 / −0.21	+0.030 / 0	+0.078 / +0.030	0 / −0.030	±0.015	−0.012 / −0.042	6.0	+0.2 / 0	1.8	+0.1 / 0	0.16	0.25
5×6.5×16	5	0 / −0.025	6.5	0 / −0.15	16	0 / −0.18	+0.030 / 0	+0.078 / +0.030	0 / −0.030	±0.015	−0.012 / −0.042	4.5	+0.2 / 0	2.3	+0.1 / 0	0.16	0.25
5×7.5×19	5	0 / −0.025	7.5	0 / −0.15	19	0 / −0.21	+0.030 / 0	+0.078 / +0.030	0 / −0.030	±0.015	−0.012 / −0.042	5.5	+0.2 / 0	2.3	+0.1 / 0	0.16	0.25
5×9×22	5	0 / −0.025	9	0 / −0.15	22	0 / −0.21	+0.030 / 0	+0.078 / +0.030	0 / −0.030	±0.015	−0.012 / −0.042	7.0	+0.2 / 0	2.3	+0.1 / 0	0.16	0.25
6×9×22	6	0 / −0.025	9	0 / −0.15	22	0 / −0.21	+0.030 / 0	+0.078 / +0.030	0 / −0.030	±0.015	−0.012 / −0.042	6.5	+0.2 / 0	2.8	+0.1 / 0	0.16	0.25
6×10×25	6	0 / −0.025	10	0 / −0.15	25	0 / −0.21	+0.030 / 0	+0.078 / +0.030	0 / −0.030	±0.015	−0.012 / −0.042	7.5	+0.2 / 0	2.8	+0.1 / 0	0.16	0.25
8×11×28	8	0 / −0.025	11	0 / −0.18	28	0 / −0.21	+0.036 / 0	+0.098 / +0.040	0 / −0.036	±0.018	−0.015 / −0.051	8.0	+0.3 / 0	3.3	+0.2 / 0	0.25	0.4
10×13×32	10	0 / −0.025	13	0 / −0.18	32	0 / −0.25	+0.036 / 0	+0.098 / +0.040	0 / −0.036	±0.018	−0.015 / −0.051	10.0	+0.3 / 0	3.3	+0.2 / 0	0.25	0.4

注：$(d-t_1)$ 和 $(d+t_2)$ 两组组合尺寸的偏差按相应的 t_1 和 t_2 的极限偏差选取，但 $(d-t_1)$ 的下偏差值应取负号（−）。

附录 O 销（摘自 GB/T 119.1—2000，GB/T 117—2000）

圆柱销（GB/T 119.1—2000）

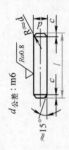

d公差：m6

d公差：h8

标记示例：

公称直径10mm、公差为 m6、长 50mm 的圆柱销：

销 GB/T 119.1 10 m6×50

（单位：mm）

d	4	5	6	8	10	12	16	20	25	30	40	50
c≈	0.63	0.80	1.2	1.6	2.0	2.5	3.0	3.5	4.0	5.0	6.3	8.0
长度范围 l	8~40	10~50	12~60	14~80	18~95	22~140	26~180	35~200	50~200	60~200	80~200	95~200
l（系列）	6、8、10、12、14、16、18、20、22、24、26、28、30、32、35、40、45、50、55、60、65、70、75、80、85、90、95、100、120、140、160、180、200											

圆锥销 GB/T 117—2000

A型

$$R_1 ≈ d$$

$$R_2 ≈ d + \frac{l-2a}{50}$$

标记示例：

公称直径10mm、长 60mm 的 A 型圆锥销：

销 GB/T 117 10×60

（单位：mm）

d	4	5	6	8	10	12	16	20	25	30	40	50
a≈	0.5	0.63	0.8	1	1.2	1.6	2	2.5	3	4	5	6.3
长度范围 l	14~55	18~60	22~90	22~120	26~160	32~180	40~200	45~200	50~200	55~200	60~200	65~200
l（系列）	14、16、18、20、22、24、26、28、30、32、35、40、45、50、55、60、65、70、75、80、85、90、95、100、120、140、160、180、200											

附录 P　轴　承

表 P-1　滚动轴承　深沟球轴承（GB/T 276—2013）　　　　　（单位：mm）

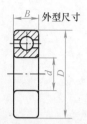

外型尺寸

类型代号　　　标记示例

60000 型　　　滚动轴承 6208 GB/T 276

轴承型号	外形尺寸			轴承型号	外形尺寸		
	d	D	B		d	D	B
6004	20	42	12	6304	20	52	15
6005	25	47	12	6305	25	62	17
6006	30	55	13	6306	30	72	19
6007	35	62	14	6307	35	80	21
6008	40	68	15	6308	40	90	23
6009	45	75	16	6309	45	100	25
6010	50	80	16	6310	50	110	27
6011	55	90	18	6311	55	120	29
6012	60	95	18	6312	60	130	31
6013	65	100	18	6313	65	140	33
6014	70	110	20	6314	70	150	35
6015	75	115	20	6315	75	160	37
6016	80	125	22	6316	80	170	39
6017	85	130	22	6317	85	180	41
6018	90	140	24	6318	90	190	43
6019	95	145	24	6319	95	200	45
6020	100	150	24	6320	100	215	47
6204	20	47	14	6404	20	72	19
6205	25	52	15	6405	25	80	21
6206	30	62	16	6406	30	90	23
6207	35	72	17	6407	35	100	25
6208	40	80	18	6408	40	110	27
6209	45	85	19	6409	45	120	29
6210	50	90	20	6410	50	130	31
6211	55	100	21	6411	55	140	33
6212	60	110	22	6412	60	150	35
6213	65	120	23	6413	65	160	37
6214	70	125	24	6414	70	180	42
6215	75	130	25	6415	75	190	45
6216	80	140	26	6416	80	200	48
6217	85	150	28	6417	85	210	52
6218	90	160	30	6418	90	225	54
6219	95	170	32	6419	95	240	55
6220	100	180	34	6420	100	250	58

特轻（10）系列　　轻（02）窄系列　　中（03）窄系列　　重（04）窄系列

表 P-2 圆锥滚子轴承（GB/T 297—2015） （单位：mm）

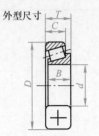

外型尺寸

类型代号　　　标记示例

30000 型　　　滚动轴承 32306 GB/T 296

轴承型号	外形尺寸					轴承型号	外形尺寸				
	d	D	T	B	C		d	D	T	B	C
30204	20	47	15.25	14	12	32204	20	47	19.25	18	15
30205	25	52	16.25	15	13	32205	25	52	19.25	18	16
30206	30	62	17.25	16	14	32206	30	62	21.25	20	17
30207	35	72	18.25	17	15	32207	35	72	24.25	23	19
30208	40	80	19.75	18	16	32208	40	80	24.75	23	19
30209	45	85	20.75	19	16	32209	45	85	24.75	23	19
30210	50	90	21.75	20	17	32210	50	90	24.75	23	19
30211	55	100	22.75	21	18	32211	55	100	26.75	25	21
30212	60	110	23.75	22	19	32212	60	110	29.75	28	24
30213	65	120	24.75	23	20	32213	65	120	32.75	31	27
30214	70	125	26.25	24	21	32214	70	125	33.25	31	27
30215	75	130	27.25	25	22	32215	75	130	33.25	31	27
30216	80	140	28.25	26	22	32216	80	140	35.25	33	28
30217	85	150	30.50	28	24	32217	85	150	38.50	36	30
30218	90	160	32.50	30	26	32218	90	160	42.50	40	34
30219	95	170	34.50	32	27	32219	95	170	45.50	43	37
30220	100	180	37	34	29	32220	100	180	49	46	39
30304	20	52	16.25	15	13	32304	20	52	22.25	21	18
30305	25	62	18.25	17	15	32305	25	62	25.25	24	20
30306	30	72	20.75	19	16	32306	30	72	28.75	27	23
30307	35	80	22.75	21	18	32307	35	80	32.75	31	25
30308	40	90	25.25	23	20	32308	40	90	35.25	33	27
30309	45	100	27.25	25	22	32309	45	100	38.25	36	30
30310	50	110	29.25	27	23	32310	50	110	42.25	40	33
30311	55	120	31.50	29	25	32311	55	120	45.50	43	35
30312	60	130	33.50	31	26	32312	60	130	48.50	46	37
30313	65	140	36	33	28	32313	65	140	51	48	39
30314	70	150	38	35	30	32314	70	150	54	51	42
30315	75	160	40	37	31	32315	75	160	58	55	45
30316	80	170	42.50	39	33	32316	80	170	61.50	58	48
30317	85	180	44.50	41	34	32317	85	180	63.50	60	49
30318	90	190	46.50	43	36	32318	90	190	67.50	64	53
30319	95	200	49.50	45	38	32319	95	200	71.50	67	55
30320	100	215	51.50	47	39	32320	100	215	77.50	73	60

特轻（02）窄系列（30204~30220）
中（03）窄系列（30304~30320）
宽（22）系列（32204~32220）
中宽（23）系列（32304~32320）

表 P-3　推力球轴承（GB/T 301—2015）　　　　　　（单位：mm）

外型尺寸

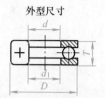

类型代号　　标记示例

50000 型　　滚动轴承 51108 GB/T 301

轴承型号	外形尺寸				轴承型号	外形尺寸			
	d	D	T	d_{1min}		d	D	T	d_{1min}
51104	20	35	10	21	51304	20	47	18	22
51105	25	42	11	26	51305	25	52	18	27
51106	30	47	11	32	51306	30	60	21	32
51107	35	52	12	37	51307	35	68	24	37
51108	40	60	13	42	51308	40	78	26	42
51109	45	65	14	47	51309	45	85	28	47
51110	50	70	14	52	51310	50	95	31	52
51111	55	78	16	57	51311	55	105	35	57
51112	60	85	17	62	51312	60	110	35	62
51113	65	90	18	67	51313	65	115	36	67
51114	70	95	18	72	51314	70	125	40	72
51115	75	100	19	77	51315	75	135	44	77
51116	80	105	19	82	51316	80	140	44	82
51117	85	110	19	87	51317	85	150	49	88
51118	90	120	22	92	51318	90	155	50	93
51120	100	135	25	102	51320	100	170	55	103
51204	20	40	14	22	51405	25	60	24	27
51205	25	47	15	27	51406	30	70	28	32
51206	30	52	16	32	51407	35	80	32	37
51207	35	62	18	37	51408	40	90	36	42
51208	40	68	19	42	51409	45	100	39	47
51209	45	73	20	47	51410	50	110	43	52
51210	50	78	22	52	51411	55	120	48	57
51211	55	90	25	57	51412	60	130	51	62
51212	60	95	26	62	51413	65	140	56	68
51213	65	100	27	67	51414	70	150	60	73
51214	70	105	27	72	51415	75	160	65	78
51215	75	110	27	77	51416	80	170	68	83
51216	80	115	28	82	51417	85	180	72	88
51217	85	125	31	88	51418	90	190	77	93
51218	90	135	35	93	51420	100	210	85	103
51220	100	150	38	103	51422	110	230	95	113

特轻（11）系列为第一组左侧；轻（12）系列为下组左侧；中（13）系列为右上组；重（14）系列为右下组。

附录 Q　倒角和圆角半径（摘自 GB/T 6403.4—2008）

（单位：mm）

直径 D	>3~6	>6~10	>10~18	>18~30	>30~50	>50~80	>80~120	>120~180
R C (max)	0.4	0.6	0.8	1	1.6	2.0	2.5	3
R_1 C_1 (max)	0.8	1.2	1.6	2	3	4	5	6
$D-d$	3	4	8	12	20	30	40	40

注：1. 倒角一般均用45°，也允许用30°、60°。
　　2. R_1、C_1 的偏差取正，R、C 的偏差取负。

附录 R　砂轮越程槽（摘自 GB/T 6403.5—2008）

（单位：mm）

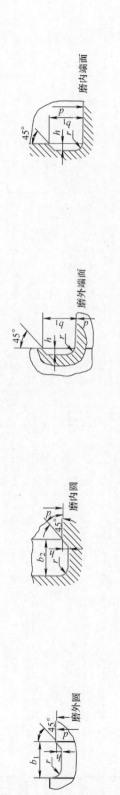

磨外圆　　磨内圆　　磨外端面　　磨内端面

磨外圆及端面　　磨内圆及端面

	~10		>10~50		>50~100		>100	
b_1	0.6	1.0	1.6	2.0	3.0	4.0	5.0	8.0	10
b_2	2.0	3.0		4.0		5.0		8.0	10
h	0.1	0.2		0.3		0.4	0.6	0.8	1.2
r	0.2	0.5	0.8		1.0		1.6	2.0	3.0
d	~10		>10~50		>50~100		>100		

附录S 螺纹退刀槽和倒角（GB/T 3—1997）

（单位：mm）

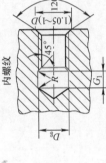

内螺纹

外螺纹

		P	0.5	0.6	0.7	0.75	0.8	1	1.25	1.5	1.75	2	2.5	3
外螺纹		g_2 max	1.5	1.8	2.1	2.25	2.4	3	3.75	4.5	5.25	6	7.5	9
		g_1 min	0.8	0.9	1.1	1.2	1.3	1.6	2	2.5	3	3.4	4.4	5.2
		d_g	$d-0.8$	$d-1$	$d-1.1$	$d-1.2$	$d-1.3$	$d-1.6$	$d-2$	$d-2.3$	$d-2.6$	$d-3$	$d-3.6$	$d-4.4$
		$r\approx$	0.2	0.4	0.4	0.4	0.4	0.6	0.6	0.8	1	1	1.2	1.6
		倒角一般为45°，深度应大于或等于螺纹牙型高度；过渡角α不应小于30°												
内螺纹		G_1	2	2.4	2.8	3	3.2	4	5	6	7	8	10	12
		D_g			$D+0.3$					$D+0.5$				
		$R\approx$	0.2	0.3	0.4	0.4	0.4	0.5	0.6	0.8	0.9	1	1.2	1.5
		倒角一般为120°，端面倒角直径为（1.05~1）D												

附录 T　标准公差数值（摘自 GB/T 1800.1—2009）

公称尺寸 /mm 大于	至	IT1	IT2	IT3	IT4	IT5	IT6	IT7	IT8	IT9	IT10	IT11	IT12	IT13	IT14	IT15	IT16	IT17	IT18
		/μm											/mm						
—	3	0.8	1.2	2	3	4	6	10	14	25	40	60	0.1	0.14	0.25	0.4	0.6	1	1.4
3	6	1	1.5	2.5	4	5	8	12	18	30	48	75	0.12	0.18	0.3	0.48	0.75	1.2	1.8
6	10	1	1.5	2.5	4	6	9	15	22	36	58	90	0.15	0.22	0.36	0.58	0.9	1.5	2.2
10	18	1.2	2	3	5	8	11	18	27	43	70	110	0.18	0.27	0.43	0.7	1.1	1.8	2.7
18	30	1.5	2.5	4	6	9	13	21	33	52	84	130	0.21	0.33	0.52	0.84	1.3	2.1	3.3
30	50	1.5	2.5	4	7	11	16	25	39	62	100	160	0.25	0.39	0.62	1	1.6	2.5	3.9
50	80	2	3	5	8	13	19	30	46	74	120	190	0.3	0.46	0.74	1.2	1.9	3	4.6
80	120	2.5	4	6	10	15	22	35	54	87	140	220	0.35	0.54	0.87	1.4	2.2	3.5	5.4
120	180	3.5	5	8	12	18	25	40	63	100	160	250	0.4	0.63	1	1.6	2.5	4	6.3
180	250	4.5	7	10	14	20	29	46	72	115	185	290	0.46	0.72	1.15	1.85	2.9	4.6	7.2
250	315	6	8	12	16	23	32	52	81	130	210	320	0.52	0.81	1.3	2.1	3.2	5.2	8.1
315	400	7	9	13	18	25	36	57	89	140	230	360	0.57	0.89	1.4	2.3	3.6	5.7	8.9
400	500	8	10	15	20	27	40	63	97	155	250	400	0.63	0.97	1.55	2.5	4	6.3	9.7
500	630	9	11	16	22	32	44	70	110	175	280	440	0.7	1.1	1.75	2.8	4.4	7	11
630	800	10	13	18	25	36	50	80	125	200	320	500	0.8	1.25	2	3.2	5	8	12.5
800	1000	11	15	21	28	40	56	90	140	230	360	560	0.9	1.4	2.3	3.6	5.6	9	14
1000	1250	13	18	24	33	47	66	105	165	260	420	660	1.05	1.65	2.6	4.2	6.6	10.5	16.5
1250	1600	15	21	29	39	55	78	125	195	310	500	780	1.25	1.9	3.1	5	7.8	12.5	19.5
1600	2000	18	25	35	46	65	92	150	230	370	600	920	1.5	2.3	3.7	6	9.2	15	23
2000	2500	22	30	41	55	78	110	175	280	440	700	1100	1.75	2.8	4.4	7	11	17.5	28
2500	3150	26	36	50	68	96	135	210	330	540	860	1350	2.1	3.3	5.4	8.6	13.5	21	33

注：1. 公称尺寸大于 500mm 的 IT1～IT5 的标准公差数值为试行的。
　　2. 公称尺寸小于或等于 1mm 时，无 IT14～IT18。

附录 U　轴的基本偏差数值

公称尺寸/mm 大于	至	上极限偏差 es 所有标准公差等级											js	基本偏 j IT5和IT6	j IT7	j IT8	k IT4至IT7	k ≤IT3 >IT7
		a	b	c	cd	d	e	ef	f	fg	g	h	js	j			k	
—	3	−270	−140	−60	−34	−20	−14	−10	−6	−4	−2	0	偏差 = ± IT$_n$/2，式中 IT$_n$ 是 IT 值数	−2	−4	−6	0	0
3	6	−270	−140	−70	−46	−30	−20	−14	−10	−6	−4	0		−2	−4		+1	0
6	10	−280	−150	−80	−56	−40	−25	−18	−13	−8	−5	0		−2	−5		+1	0
10	14	−290	−150	−95		−50	−32		−16		−6	0		−3	−6		+1	0
14	18	−290	−150	−95		−50	−32		−16		−6	0		−3	−6		+1	0
18	24	−300	−160	−110		−65	−40		−20		−7	0		−4	−8		+2	0
24	30	−300	−160	−110		−65	−40		−20		−7	0		−4	−8		+2	0
30	40	−310	−170	−120		−80	−50		−25		−9	0		−5	−10		+2	0
40	50	−320	−180	−130		−80	−50		−25		−9	0		−5	−10		+2	0
50	65	−340	−190	−140		−100	−60		−30		−10	0		−7	−12		+2	0
65	80	−360	−200	−150		−100	−60		−30		−10	0		−7	−12		+2	0
80	100	−380	−220	−170		−120	−72		−36		−12	0		−9	−15		+3	0
100	120	−410	−240	−180		−120	−72		−36		−12	0		−9	−15		+3	0
120	140	−460	−260	−200		−145	−85		−43		−14	0		−11	−18		+3	0
140	160	−520	−280	−210		−145	−85		−43		−14	0		−11	−18		+3	0
160	180	−580	−310	−230		−145	−85		−43		−14	0		−11	−18		+3	0
180	200	−660	−340	−240		−170	−100		−50		−15	0		−13	−21		+4	0
200	225	−740	−380	−260		−170	−100		−50		−15	0		−13	−21		+4	0
225	250	−820	−420	−280		−170	−100		−50		−15	0		−13	−21		+4	0
250	280	−920	−480	−300		−190	−110		−56		−17	0		−16	−26		+4	0
280	315	−1050	−540	−330		−190	−110		−56		−17	0		−16	−26		+4	0
315	355	−1200	−600	−360		−210	−125		−62		−18	0		−18	−28		+4	0
355	400	−1350	−680	−400		−210	−125		−62		−18	0		−18	−28		+4	0
400	450	−1500	−760	−440		−230	−135		−68		−20	0		−20	−32		+5	0
450	500	−1650	−840	−480		−230	−135		−68		−20	0		−20	−32		+5	0

注：1. 公称尺寸小于或等于 1mm 时，基本偏差 a 和 b 均不采用。

　　2. 公差带 js7 至 js11，若 IT$_n$ 值数是奇数，则取偏差 = ± $\dfrac{IT_n - 1}{2}$。

（摘自 GB/T 1800.1—2009）　　　　　　　　　　　　　　　　　　　　　　　　　　（单位：μm）

差 数 值

下极限偏差 ei

所有标准公差等级

m	n	p	r	s	t	u	v	x	y	z	za	zb	zc
+2	+4	+6	+10	+14		+18		+20		+26	+32	+40	+60
+4	+8	+12	+15	+19		+23		+28		+35	+42	+50	+80
+6	+10	+15	+19	+23		+28		+34		+42	+52	+67	+97
+7	+12	+18	+23	+28		+33		+40		+50	+64	+90	+130
							+39	+45		+60	+77	+108	+150
+8	+15	+22	+28	+35		+41	+47	+54	+63	+73	+98	+136	+188
					+41	+48	+55	+64	+75	+88	+118	+160	+218
+9	+17	+26	+34	+43	+48	+60	+68	+80	+94	+112	+148	+200	+274
					+54	+70	+81	+97	+114	+136	+180	+242	+325
+11	+20	+32	+41	+53	+66	+87	+102	+122	+144	+172	+226	+300	+405
			+43	+59	+75	+102	+120	+146	+174	+210	+274	+360	+480
+13	+23	+37	+51	+71	+91	+124	+146	+178	+214	+258	+335	+445	+585
			+54	+79	+104	+144	+172	+210	+254	+310	+400	+525	+690
+15	+27	+43	+63	+92	+122	+170	+202	+248	+300	+365	+470	+620	+800
			+65	+100	+134	+190	+228	+280	+340	+415	+535	+700	+900
			+68	+108	+146	+210	+252	+310	+380	+465	+600	+780	+1000
+17	+31	+50	+77	+122	+166	+236	+284	+350	+425	+520	+670	+880	+1150
			+80	+130	+180	+258	+310	+385	+470	+575	+740	+960	+1250
			+84	+140	+196	+284	+340	+425	+520	+640	+820	+1050	+1350
+20	+34	+56	+94	+158	+218	+315	+385	+475	+580	+710	+920	+1200	+1550
			+98	+170	+240	+350	+425	+525	+650	+790	+1000	+1300	+1700
+21	+37	+62	+108	+190	+268	+390	+475	+590	+730	+900	+1150	+1500	+1900
			+114	+208	+294	+435	+530	+660	+820	+1000	+1300	+1650	+2100
+23	+40	+68	+126	+232	+330	+490	+595	+740	+920	+1100	+1450	+1850	+2400
			+132	+252	+360	+540	+660	+820	+1000	+1250	+1600	+2100	+2600

附录 Ⅴ　孔的基本偏差数值

公称尺寸/mm 大于	至	下极限偏差 EI 所有标准公差等级												基 本 偏						
		A	B	C	CD	D	E	EF	F	FG	G	H	JS	J (IT6)	J (IT7)	J (IT8)	K (≤IT8)	K (>IT8)	M (≤IT8)	M (>IT8)
—	3	+270	+140	+60	+34	+20	+14	+10	+6	+4	+2	0		+2	+4	+6	0	0	−2	−2
3	6	+270	+140	+70	+46	+30	+20	+14	+10	+6	+4	0		+5	+6	+10	−1+Δ		−4+Δ	−4
6	10	+280	+150	+80	+56	+40	+25	+18	+13	+8	+5	0		+5	+8	+12	−1+Δ		−6+Δ	−6
10	14	+290	+150	+95		+50	+32		+16		+6	0		+6	+10	+15	−1+Δ		−7+Δ	−7
14	18	+290	+150	+95																
18	24	+300	+160	+110		+65	+40		+20		+7	0		+8	+12	+20	−2+Δ		−8+Δ	−8
24	30	+300	+160	+110																
30	40	+310	+170	+120		+80	+50		+25		+9	0	$偏差 = \pm \dfrac{IT_n}{2}$ 式中 IT_n 是 IT 值数	+10	+14	+24	−2+Δ		−9+Δ	−9
40	50	+320	+180	+130																
50	65	+340	+190	+140		+100	+60		+30		+10	0		+13	+18	+28	−2+Δ		−11+Δ	−11
65	80	+360	+200	+150																
80	100	+380	+220	+170		+120	+72		+36		+12	0		+16	+22	+34	−3+Δ		−13+Δ	−13
100	120	+410	+240	+180																
120	140	+460	+260	+200		+145	+85		+43		+14	0		+18	+26	+41	−3+Δ		−15+Δ	−15
140	160	+520	+280	+210																
160	180	+580	+310	+230																
180	200	+660	+340	+240		+170	+100		+50		+15	0		+22	+30	+47	−4+Δ		−17+Δ	−17
200	225	+740	+380	+260																
225	250	+820	+420	+280																
250	280	+920	+480	+300		+190	+110		+56		+17	0		+25	+36	+55	−4+Δ		−20+Δ	−20
280	315	+1050	+540	+330																
315	355	+1200	+600	+360		+210	+125		+62		+18	0		+29	+39	+60	−4+Δ		−21+Δ	−21
355	400	+1350	+680	+400																
400	450	+1500	+760	+440		+230	+135		+68		+20	0		+33	+43	+66	−5+Δ		−23+Δ	−23
450	500	+1650	+840	+480																

注：1. 公称尺寸小于或等于1mm时，基本偏差 A 和 B 及大于 IT8 的 N 均不采用。

2. 公差带 JS7 至 JS11，若 IT_n 值数是奇数，则取偏差 $= \pm \dfrac{IT_n - 1}{2}$。

3. 对小于或等于 IT8 的 K、M、N 和小于或等于 IT7 的 P 至 ZC，所需 Δ 值从表内右侧选取。

例如：18～30mm 段的 K7：$\Delta = 8\mu m$，所以 ES $= -2 + 8 = +6\mu m$

18～30mm 段的 S6：$\Delta = 4\mu m$，所以 ES $= -35 + 4 = -31\mu m$

4. 特殊情况：250～315mm 段的 M6，ES $= -9\mu m$（代替 $-11\mu m$）。

（摘自 GB/T 1800.1—2009）　　　　　　　　　　　　　　　　　　　　　　　（单位：μm）

差 数 值															Δ值					
上极限偏差 ES																				
≤IT8	>IT8	≤IT7	标准公差等级大于IT7												标准公差等级					
N		P至ZC	P	R	S	T	U	V	X	Y	Z	ZA	ZB	ZC	IT3	IT4	IT5	IT6	IT7	IT8
-4	-4		-6	-10	-14		-18		-20		-26	-32	-40	-60	0	0	0	0	0	0
-8 +Δ	0	在大于IT7的相应数值上增加一个Δ值	-12	-15	-19		-23		-28		-35	-42	-50	-80	1	1.5	1	3	4	6
-10 +Δ	0		-15	-19	-23		-28		-34		-42	-52	-67	-97	1	1.5	2	3	6	7
-12 +Δ	0		-18	-23	-28		-33		-40		-50	-64	-90	-130	1	2	3	3	7	9
								-39	-45		-60	-77	-108	-150						
-15 +Δ	0		-22	-28	-35	-41	-41	-47	-54	-63	-73	-98	-136	-188	1.5	2	3	4	8	12
						-41	-48	-55	-64	-75	-88	-118	-160	-218						
-17 +Δ	0		-26	-34	-43	-48	-60	-68	-80	-94	-112	-148	-200	-274	1.5	3	4	5	9	14
						-54	-70	-81	-97	-114	-136	-180	-242	-325						
-20 +Δ	0		-32	-41	-53	-66	-87	-102	-122	-144	-172	-226	-300	-405	2	3	5	6	11	16
				-43	-59	-75	-102	-120	-146	-174	-210	-274	-360	-480						
-23 +Δ	0		-37	-51	-71	-91	-124	-146	-178	-214	-258	-335	-445	-585	2	4	5	7	13	19
				-54	-79	-104	-144	-172	-210	-254	-310	-400	-525	-690						
-27 +Δ	0		-43	-63	-92	-122	-170	-202	-248	-300	-365	-470	-620	-800	3	4	6	7	15	23
				-65	-100	-134	-190	-228	-280	-340	-415	-535	-700	-900						
				-68	-108	-146	-210	-252	-310	-380	-465	-600	-780	-1000						
-31 +Δ	0		-50	-77	-122	-166	-236	-284	-350	-425	-520	-670	-880	-1150	3	4	6	9	17	26
				-80	-130	-180	-258	-310	-385	-470	-575	-740	-960	-1250						
				-84	-140	-196	-284	-340	-425	-520	-640	-820	-1050	-1350						
-34 +Δ	0		-56	-94	-158	-218	-315	-385	-475	-580	-710	-920	-1200	-1550	4	4	7	9	20	29
				-98	-170	-240	-350	-425	-525	-650	-790	-1000	-1300	-1700						
-37 +Δ	0		-62	-108	-190	-268	-390	-475	-590	-730	-900	-1150	-1500	-1900	4	5	7	11	21	32
				-114	-208	-294	-435	-530	-660	-820	-1000	-1300	-1650	-2100						
-40 +Δ	0		-68	-126	-232	-330	-490	-595	-740	-920	-1100	-1450	-1850	-2400	5	5	7	13	23	34
				-132	-252	-360	-540	-660	-820	-1000	-1250	-1600	-2100	-2600						

附录 W　几何公差及其公差带的定义和标注示例

名称	公差带定义		标注与解释	
直线度		在给定方向上，公差带是距离为公差值 t 的两平行平面之间的区域		被测圆柱面的任一素线必须位于距离为公差值 0.02mm 的两平行平面之内
		如在公差值前加注 ϕ，则公差带是直径为 t 的圆柱面内的区域		被测圆柱面的轴线必须位于直径为 ϕ0.04mm 的圆柱面内
平面度		公差带是距离为公差值 t 的两平行平面之间的区域		被测表面必须位于距离为公差值 0.08mm 的两平行平面内
圆度		公差带是在同一正截面上，半径差为公差值 t 的两同心圆之间的区域		被测圆柱面任一正截面的圆周必须位于半径差为公差值 0.03mm 的两同心圆之间
圆柱度		公差带是半径差为公差值 t 的两同轴圆柱面之间的区域		被测圆柱必须位于半径差为公差值 0.05mm 的两同轴圆柱面之间
平行度	线对线		公差带是直径为公差值 t 且平行于基准线的圆柱面内的区域		被测轴线必须位于直径为公差值 0.03mm 且平行于基准轴线的圆柱面内
	面对面		公差带是距离为公差值 t 且平行于基准面的两平行平面之间的区域		被测平面必须位于距离为公差值 0.05mm，且平行于基准平面 A 的两平行平面之间

名称		公差带定义	标注与解释
垂直度	线对线	公差带是距离为公差值 t 且垂直于基准线的两平行平面之间的区域	被测轴线必须位于距离为公差值 0.06mm，且垂直于基准线 A（基准轴线）的两平行平面之间
	面对面	公差带是距离为公差值 t 且垂直于基准面的两平行平面之间的区域	被测面必须位于距离为公差值 0.05mm，且垂直于基准平面 A 的两平行平面之间
同轴度		公差带是直径为公差值 ϕt 的圆柱面内的区域，该圆柱面的轴线与基准轴线同轴	ϕd 的实际轴线必须位于直径为公差值 $\phi 0.1$mm，且与基准轴线 A 同轴的圆柱面内
对称度		公差带是距离为公差值 t，且相对基准的中心平面对称配置的两平行平面之间的区域	被测中心平面必须位于距离为公差值 0.08mm，且相对于基准中心平面 A 对称配置的两平行平面之间
位置度		如公差带前加注 ϕ，公差带是直径为公差值 t 的圆内的区域。圆公差带的中心点的位置由相对于基准 A 和 B 的理论正确尺寸确定	两个中心线的交点必须位于直径为公差值 0.1mm 的圆内，该圆的圆心位于相对基准 A 和 B（基准直线）的理论正确尺寸所确定的点的理想位置上
圆跳动		公差带是垂直于基准轴线的任一测量平面内，半径差为公差值 t 且圆心在基准轴线上的两同心圆之间的区域	ϕd 的实际圆柱面绕基准轴线无轴向移动地回转时，在任一测量平面内的径向圆跳动量不得大于公差值 0.05mm

附录 X 常用的金属材料

标准	名称	牌号		应 用 举 例	说 明
GB/T 700—2006	碳素结构钢	Q215	A级	金属结构件、拉杆、套圈、铆钉、螺栓、短轴、心轴、凸轮（载荷不大的）垫圈，渗碳零件及焊接件	"Q"为碳素结构钢屈服点"屈"字的汉语拼音首位字母，后面数字表示屈服点数值，如 Q235 表示碳素结构钢屈服点为 235N/mm² 新旧牌号对照： Q215——A2 Q235——A3 Q275——A5
			B级		
		Q235	A级	金属结构件，心部强度要求不高的渗碳或氰化零件，吊钩、拉杆、套圈、气缸、齿轮、螺栓、螺母、连杆、轮轴、楔、盖及焊接件	
			B级		
			C级		
			D级		
		Q275		轴、轴销、刹车杆、螺母、螺栓、垫圈、连杆、齿轮以及其他强度较高的零件	
GB/T 699—2015	优质碳素结构钢	10F 10		用作拉杆、卡头、垫圈、铆钉及用作焊接零件	牌号的两位数字表示平均碳的质量分数，45 钢即表示碳的质量分数为 0.45% 碳的质量分数 ≤0.25% 的碳钢属低碳钢（渗碳钢） 碳的质量分数在 0.25%～0.6% 之间的碳钢属中碳钢（调质钢） 碳的质量分数大于 0.6% 的碳钢属高碳钢 沸腾钢在牌号后加符号"F" 锰的质量分数较高的钢，须加注化学元素符号"Mn"
		15F 15		用于受力不大和韧性较高的零件、渗碳零件及紧固件（如螺栓、螺钉），法兰盘和化工储器	
		35		用于制造曲轴、转轴、轴销、杠杆、连杆、螺栓、螺母、垫圈、飞轮（多在正火、调质下使用）	
		45		用作要求综合力学性能高的各种零件，通常经正火或调质处理后使用。用于制造轴、齿轮、齿条、链轮、螺栓、螺母、销钉、键、拉杆等	
		65		用于制造弹簧、弹簧垫圈、凸轮、轧辊等	
		15Mn		制作心部力学性能要求较高，且需渗碳的零件	
		65Mn		用作要求耐磨性高的圆盘、衬板、齿轮、花键轴、弹簧等	
GB/T 3077—2015	合金结构钢	30Mn2		起重机行车轴、变速箱齿轮、冷镦螺栓及较大截面的调质零件	钢中加入一定量的合金元素，提高了钢的力学性能和耐磨性，也提高了钢的淬透性，保证金属在较大截面上获得高的力学性能
		20Cr		用于要求心部强度较高、承受磨损、尺寸较大的渗碳零件，如齿轮、齿轮轴、蜗杆、凸轮、活塞销等，也用于速度较大、中等冲击的调质零件	
		40Cr		用于受变载、中速、中载、强烈磨损而无很大冲击的重要零件，如重要的齿轮、轴、曲轴、连杆、螺栓、螺母	
		35SiMn		可代替 40Cr 用于中小型轴类、齿轮等零件及 430℃ 以下的重要紧固件等	
		20CrMnTi		强度韧度均高，可代替镍铬钢用于承受高速、中等或重负荷以及冲击、磨损等重要零件，如渗碳齿轮、凸轮等	
GB/T 11352—2009	铸钢	ZG230—450		轧机机架、铁道车辆摇枕、侧梁、铁铮台、机座、箱体、450℃ 以下的管路附件等	"ZG"为铸钢汉语拼音的首位字母，后面数字表示屈服强度和抗拉强度。如 ZG230—450 表示屈服强度 230N/mm²、抗拉强度 450N/mm²
		ZG310—570		联轴器、齿轮、气缸、轴、机架、齿圈等	

（续）

标　准	名称	牌　号	应　用　举　例	说　明
GB/T 9439—2010	灰铸铁	HT150	用于小负荷和对耐磨性无特殊要求的零件，如端盖、外罩、手轮、一般机床底座、床身及其复杂零件，滑台、工作台和低压管件等	"HT"为灰铁的汉语拼音的首位字母，后面的数字表示抗拉强度。如HT200表示抗拉强度为200N/mm² 的灰铸铁
		HT200	用于中等负荷和对耐磨性有一定要求的零件，如机床床身、立柱、飞轮、气缸、泵体、轴承座、活塞、齿轮箱、阀体等	
		HT250	用于中等负荷和对耐磨性有一定要求的零件，如阀壳、液压缸、气缸、联轴器、机体、齿轮、齿轮箱外壳、飞轮、衬套、凸轮、轴承座、活塞等	
		HT300	用于受力大的齿轮、床身导轨、车床卡盘、剪床床身、压力机的床身、凸轮、高压液压缸、液压泵和滑阀壳体、冲模模体等	
GB/T 1176—2013	5-5-5 锡青铜	ZCuSn5 Pb5Zn5	耐磨性和耐蚀性均好，易加工，铸造性和气密性较好。用于较高负荷、中等滑动速度下工作的耐磨、耐腐蚀零件，如轴瓦、衬套、缸套、油塞、离合器、蜗轮等	"Z"为铸造汉语拼音的首位字母，各化学元素后面的数字表示该元素的平均质量分数，如ZCuAl10Fe3表示 $w_{Al}=(8.5 \sim 11)\%$ ， $w_{Fe}=(2 \sim 4)\%$ ，其余为Cu的平均质量分数的铸造铝青铜
	10-3 铝青铜	ZCuAl; 10Fe3	力学性能高，耐磨性、耐蚀性、抗氧化性好，可焊接性好，不易钎焊，大型铸件自700℃空冷可防止变脆。可用于制造强度高、耐磨、耐蚀的零件，如蜗轮、轴承、衬套、管嘴、耐热管配件等	
	25-6 -3-3 铝黄铜	ZCuZn 25Al6 Fe3Mn3	有很高的力学性能，铸造性良好，耐蚀性较好，有应力腐蚀开裂倾向，可以焊接。适用于高强耐磨零件，如桥梁支承板、螺母、螺杆、耐磨板、滑块和蜗轮等	
	58-2-2 锰黄铜	ZCu58 Mn2Pb2	有较高的力学性能和耐蚀性，耐磨性较好，切削性良好。可用于一般用途的构件、船舶仪表等使用的外型简单的铸件，如套筒、衬套、轴瓦、滑块等	
GB/T 1173—2013	铸造铝合金	ZL102 ZL202	耐磨性中上等，用于制造负荷不大的薄壁零件	ZL102表示 $w_{Si}=(10 \sim 13)\%$ 、余量为铝的铝硅合金；ZL202表示 $w_{Cu}=(9 \sim 11)\%$ 、余量为铝的铝铜合金
GB/T 3190—2008	硬铝	2A12	焊接性能好，适于制作中等强度的零件	
	工业纯铝	1060	适于制作储槽、塔、热交换器、防止污染及深冷设备等	

附录 Y 常用的非金属材料

标 准	名 称	牌号	说 明	应 用 举 例
GB/T 539—2008	耐油石棉橡胶板		有厚度（0.4~3.0）mm 的十种规格	供航空发动机用的煤油、润滑油及冷气系统结合处的密封衬垫材料
GB/T 5574—2008	耐酸碱橡胶板	2707 2807 2709	较高硬度 中等硬度	具有耐酸碱性能，在温度 -30~+60℃的20%浓度的酸碱液体中工作，用作冲制密封性能较好的垫圈
	耐油橡胶板	3707 3807 3709 3809	较高硬度	可在一定温度的全损耗系统用油、变压器油、汽油等介质中工作，适用于冲制各种形状的垫圈
	耐热橡胶板	4708 4808 4710	较高硬度 中等硬度	可在 -30~+100℃、且压力不大的条件下，于热空气、蒸汽介质中工作，用作冲制各种垫圈和隔热垫板

附录 Z 常用的热处理和表面处理名词解释

名 词		代号及标注示例	说 明	应 用
退火		5111	将钢件加热到适当温度，保温一段时间，然后缓慢冷却（一般在炉中冷却）	用来消除铸、锻、焊零件的内应力，降低硬度，便于切削加工，细化金属晶粒，改善组织，增加韧度
正火		5121	将钢件加热到临界温度以上 30~50℃，保温一段时间，然后在空气中冷却，冷却速度比退火为快	用来处理低碳和中碳结构钢及渗碳零件，使其组织细化，增加强度与韧度，减少内应力，改善切削性能
淬火		5131	将钢件加热到临界温度以上某一温度，保温一段时间，然后在水、盐水或油中（个别材料在空气中）急速冷却，使其得到高硬度	用来提高钢的硬度和强度极限。但淬火会引起内应力使钢变脆，所以淬火后必须回火
回火		5141	回火是将淬硬的钢件加热到临界点以下的某一温度，保温一段时间，然后冷却到室温	用来消除淬火后的脆性和内应力，提高钢的塑性和冲击韧度
调质		5151	淬火后在 450~650℃进行高温回火，称为调质	用来使钢获得高的韧度和足够的强度。重要的齿轮、轴及丝杠等零件必须经调质处理
表面淬火	火焰淬火	5213（火焰淬火后，回火至 52~58HRC）	用火焰或高频电流将零件表面迅速加热至临界温度以上，急速冷却	使零件表面获得高硬度，而心部保持一定的韧度，使零件既耐磨又承受冲击。表面淬火常用来处理齿轮等
	高频淬火	5212（高频淬火后，回火至 50~55HRC）		

（续）

名　词	代号及标注示例	说　明	应　用
渗碳淬火	5310	在渗碳剂中将钢件加热到 900～950℃，保温一定时间，将碳渗入钢表面，深度约为 0.5～2mm，再淬火后回火	增加钢件的耐磨性能、表面强度、抗拉强度及疲劳极限 适用于低碳、中碳（$w_C < 0.40\%$）结构钢的中小型零件
渗氮	5330	氮化是在 500～600℃通入氮的炉子内加热，向钢的表面渗入氮原子的过程	增加钢件的耐磨性能、表面硬度、疲劳极限和抗蚀能力 适用于合金钢、碳钢、铸铁件，如机床主轴、丝杠以及在潮湿碱水和燃烧气体介质的环境中工作的零件
氮碳共渗	5340	在 820～860℃炉内通入碳和氮，保温 1～2h，使钢件的表面同时渗入碳、氮原子	增加表面硬度、耐磨性、疲劳强度和耐蚀性 用于要求硬度高、耐磨的中、小型及薄片零件和刀具等
时效	时效	低温回火后，精加工之前，加热到 100～160℃，保持 10～40h。对铸件也可用天然时效（放在露天中一年以上）	使工件消除内应力和稳定形状，用于量具、精密丝杠、床身导轨、床身等
发蓝发黑	发蓝或发黑	将金属零件放在很浓的碱和氧化剂溶液中加热氧化，使金属表面形成一层氧化铁所组成的保护性薄膜	防腐蚀、美观。用于一般连接的标准件和其他电子类零件
硬度	HB（布氏硬度）	材料抵抗硬的物体压入其表面的能力称"硬度"。根据测定的方法不同，可分布氏硬度、洛氏硬度和维氏硬度 硬度的测定是检验材料经热处理后的力学性能——硬度	用于退火、正火、调质的零件及铸件的硬度检验
	HRC（洛氏硬度）		用于经淬火、回火及表面渗碳、渗氮等处理的零件硬度检验
	HV（维氏硬度）		用于薄层硬化零件的硬度检验

参 考 文 献

[1] 窦忠强，曹彤，陈锦昌，等 . 工业产品设计与表达 [M]. 3 版 . 北京：高等教育出版社，2016.

[2] 刘林，张瑞秋 . AutoCAD2016 中文版高级应用教程 [M]. 广州：华南理工大学出版社，2016.

[3] 陈锦昌，刘林 . 计算机工程制图 [M]. 4 版 . 广州：华南理工大学出版社，2014.

[4] 杨振宽 . 技术制图与机械制图标准应用手册 [M]. 北京：中国标准出版社，2013.

[5] 刘林 . 计算机辅助设计绘图员职业技能鉴定复习指导：机械类 [M]. 广州：广东高等教育出版社，2013.

[6] 陈锦昌，陈炽坤，孙炜 . 构型设计制图 [M]. 北京：高等教育出版社，2012.